U0311285

生态建设实践

——毕节试验区 30 年林业发展纪实

Ecological Construction Practice

Record of Forestry Development
in Bijie Experimental Area for 30 Years

高守荣 ◎ 主编

中国林业出版社
China Forestry Publishing House

图书在版编目(CIP)数据

生态建设实践：毕节试验区30年林业发展纪实 /
高守荣主编. -- 北京：中国林业出版社, 2018.5
ISBN 978-7-5038-9548-7

Ⅰ. ①生… Ⅱ. ①高… Ⅲ. ①林业－生态环境建
设－研究－毕节地区 Ⅳ. ①S718.5

中国版本图书馆CIP数据核字(2018)第077779号

中国林业出版社·生态保护出版中心
策划编辑：刘家玲
责任编辑：曾琬淋　刘家玲

出　　版	中国林业出版社
	（100009 北京西城区德内大街刘海胡同7号）
网　　址	http://lycb.forestry.gov.cn
电　　话	(010) 83143576　83143519
发　　行	中国林业出版社
印　　刷	固安县京平诚乾印刷有限公司
版　　次	2018 年 5 月第 1 版
印　　次	2018 年 5 月第 1 次
开　　本	787mm×1092mm　1/16
印　　张	18
字　　数	405 千字
定　　价	180.00 元

生态建设实践

——毕节试验区 30 年林业发展纪实

编委会

总顾问：周建琨　张集智　宫晓农

顾　问：尹志华　李玉平　吴学军　付业春

主　任：高守荣

副主任：肖朝荣　赵　伟　糜小林　袁朝仙

委　员：李曙光　张槐安　王明金　何一清　邓万祥
　　　　聂祥军　金　宇　顾国斌　余成银　贾　茜
　　　　汪　军　阮友剑　彭世学　张晓峰　唐玉萍
　　　　张　禹　唐　恬　李贵远　杨先义　万　艳
　　　　周应书　吴道国　彭良信　蒲德宽　蒋　华
　　　　班　继　王　玮　兰洪贵　李纪能　熊启新
　　　　雷仲华

编写组

主　　编：高守荣

执行主编：阮友剑

成　　员：张晓峰　李登陆　马伟杰　唐玉萍　林清霞
　　　　　廖冬云　周　赟　杨先义　董　路　张　艳
　　　　　程　婷　付开萍

图片提供：高守荣　阮友剑　彭世学　张晓峰　李登陆
　　　　　李贵远　简　进　董　路　刘正忠　聂宗荣
　　　　　卢　娟　姜继森　黎万钊　洪本江　贺福元
　　　　　张应旭　汪义康　柴启军　况华斌　李　栋
　　　　　王厚祥　尚金文　饶　丽　刘　开　石在长
　　　　　廖祥志　王　锋

前 言

　　毕节地处乌蒙山腹地，川、滇、黔锁钥，是一个民风淳朴、资源富集、神奇秀美、"红星"闪耀的地方，曾因森林植被遭受严重破坏，经济发展水平落后，而一度陷入黯然失"色"的穷困局面。1988 年，国务院批准设立毕节"开发扶贫、生态建设"试验区，开启了治山治水、治穷治愚、添绿增收、探索实践的新征程，书写了一个个平凡而感人的传奇故事，奏响了一首首可歌可泣的华章。

　　30 年来，毕节试验区始终坚持山顶种植松杉柏涵养水源"戴帽子"、山腰种植经济林增加收入"系带子"、山下抓调整结构发展现代化高效农业"铺毯子"、富余劳动力务工创业"挣票子"、增收致富建设美丽乡村"盖房子"的"五子登科"发展理念，准确把握生态与产业、保护与发展的关系，始终尊重自然、顺应自然、保护自然，自觉按科学规律和自然规律办事，还自然以宁静、和谐、美丽，让人与自然相得益彰。生态建设和自然资源保护是毕节试验区建立 30 年来的重中之重，取得了重要收获。

　　30 年来，毕节试验区始终坚持"生态产业化，产业生态化"的发展理念，积极改善农村生态环境、着力调整林业产业结构，以特色经果林、森林旅游、林下经济为"三大支撑"的林业生态产业发展格局基本形成。七星关、金海湖的刺梨，大方的天麻，黔西的皂角，金沙的茶叶，织金的竹荪，纳雍的'玛瑙红'樱桃，威宁的苹果，赫章的核桃，百里杜鹃的森林旅游，成为试验区林业产业的新名片。

　　30 年来，毕节试验区始终严守生态和发展"两条底线"，建立生态文明考核奖惩机制，划定林地面积保有量、森林面积保有量、森林覆盖率保有量、公益林面积保有量、湿地面积保有量、石漠化综合治理面积、生物多样性保护 7 条生态保护红线，实行分类管理。密织森林防火墙，出台《毕节市森林防火层级管理责任追究办法》，构建了"以县区为主体，以乡镇为基础，以村组为根本，以农户为关键"的工作机制，落实层级管理。采取有力措施扎实开展森林保护"六个严禁"（严禁盗伐滥伐林木，严禁掘根剥皮等毁林活动，严禁非法采集野生植物，严禁烧荒野炊等容易引发林区火灾行为，严禁擅自破坏植被从事采石采砂取土等活动，严禁擅自改变林地用途造成生态系统逆向演替）专项行动，坚决打击破坏森林资源的各种违法犯罪活动。通过严格执法、联动执法、持续执法，切实保护毕节绿水青山，为毕节后发赶超、加快全面小康建设提供生态保障。

30年来，毕节试验区始终深入实施"科教兴林"、"人才强林"战略，充分发挥科技在林业发展中的引领、支撑和保障作用。组织申报各类科研项目190余项，组织实施了"核桃优良种质资源挖掘保护与优良品种选育"、"桦木育苗及造林技术研究"、"百里杜鹃花期预报研究"等110余项国家、省、市级重大课题，170余项中央财政林业科技推广示范项目取得了良好的示范效果，林业科技实力显著提升。

30年来，在党中央、国务院的亲切关怀下，在贵州省委、省政府的领导下，在中央统战部、各民主党派中央、全国工商联、试验区专家顾问组、国家有关部委等对口帮扶下，以及社会各界的支持帮助下，通过全市广大干部群众的艰苦奋斗和不懈努力，在生态建设的探索实践中，为建设富裕、和谐、美丽新毕节奠定了坚实基础。《生态建设实践——毕节试验区30年林业发展纪实》正是记录这一伟大历程的剪影，虽不能翔实记录下30年的点点滴滴，但从一个侧面反映了林业生态建设的缩影，体现林业实践中的一些主要做法、成效和取得的经验。

实现林业经济的可持续发展和建成美丽家园，不仅仅需要有爱护生态环境和保护自然资源的满腔热情，还需要扎扎实实地做好林业生态建设的各项工作。面向未来，我们将坚定不移地以党的十九大精神和习近平新时代中国特色社会主义思想为指引，牢固树立"创新、协调、绿色、开放、共享"五大发展理念，不忘初心、牢记使命，勇于担当、扎实工作，继续以守住发展和生态"两条底线"为根本，以森林资源总量扩张为核心，以森林资源保护为保障，以科技创新为支撑，以林业重点生态工程为主要依托，积极推广"生态建设实践"总结的宝贵经验，到2020年完成造林700万亩*，森林面积达到2416.77万亩，森林覆盖率达到60%以上，全面提升新时代林业现代化水平，为建设生态文明和美丽中国、满足人民对美好生活的向往而努力。

《生态建设实践——毕节试验区30年林业发展纪实》一书共分为7章，收录了毕节市林业干部撰写的林业生态建设中的主要做法、成效、经验和体会，以及主流媒体聚焦毕节试验区林业生态建设的新观察和新观点，共计56篇文章，内容丰富。但由于编者水平有限，书中错漏和不足在所难免，望广大读者批评指正。

编者

2018 年 3 月

---

*1 亩≈667 平方米，余同。

目录

第四章　改革创新

第五章　科技支撑

第六章 对 外 合 作

第七章 媒 体 关 注

第一章

生 态 修 复

　　毕节试验区紧紧围绕"开发扶贫、生态建设"主题,坚守发展和生态"两条底线",大力实施退耕还林、长江防护林建设、石漠化综合治理等林业生态建设工程,开展了大规模植树造林活动。坚持从实际情况出发,因地制宜、科学治理,既注重建设速度,又注重质量效益。把生态建设作为治穷脱贫的突破口,做到开发山上保山下,建设山上促山下,寓开发扶贫于生态建设之中,以生态建设促进开发扶贫和经济发展,实现了"生态环境从不断恶化到明显改善的跨越"。

深耕林业三十载　　生态改善惠民生

——毕节试验区 30 年林业发展综述

高宁荣

　　毕节地处乌蒙山腹地，位于四川、云南、贵州三省结合部，是乌江、珠江发源地，属典型的喀斯特岩溶山区，生态区位重要、生态环境脆弱。1988 年 6 月，经国务院批准建立毕节"开发扶贫、生态建设"试验区，开启了治山治水、治穷治愚探索实践的新征程。30 年来，毕节紧紧围绕试验区主题，牢固树立"创新、协调、绿色、开放、共享"五大发展理念，坚持"既要金山银山、也要绿水青山"的发展理念，坚守生态和发展"两条底线"，全面加快生态建设，着力深化林业改革，大力发展林业产业，强化森林资源保护，扎实推进林业现代化。试验区森林资源总量不断增加，森林质量不断提升，生态功能不断增强。国家先后将毕节列为"生态文明先行区"、"全国生态文明示范工程试点"、"全国生态保护与建设示范区"、"全国林业生态建设示范区"、"全国石漠化防治示范区"。2014 年 5 月，习近平总书记对毕节试验区做出的重要批示指出："毕节曾是西部贫困地区的典型。毕节试验区创办 26 年来，坚持扶贫开发与生态保护并重，艰苦奋斗，顽强拼搏，实现了人民生活从普遍贫困到基本小康、生态环境从不断恶化到明显改善的跨越。"

一、主要成效

　　（一）林业生态持续向好　　大力实施天然林保护、退耕还林等重点林业生态工程，成功走出了"越垦越穷"的生态恶化怪圈，生态环境明显改善。全市森林面积从 1988 年的 601.8 万亩增加到 2017 年的 2127 万亩，森林覆盖率从 14.9% 增长到 52.8%，森林蓄积量从 872 万立方米增加到 4798 万立方米，实现了森林资源的持续同步增长；水土流失面积从 16830 平方千米减少到 10342.54 平方千米；累计治理石漠化面积 1362.17 平方千米；城市绿化覆盖率从 2007 年的 9% 上升到 35% 以上。

　　（二）林业产业日益壮大　　经果林发展步伐不断加快，连片种植经果林面积达 448.31 万亩，最具典型性和示范性的有赫章、威宁的核桃，七星关、大方、黔西和金海湖新区的刺梨，黔西、大方的皂角和石榴，威宁的苹果、油茶，六冲河流域的樱桃，赤水河流域的柑橘等特色经果林。按照"林旅一体化"的发展思路，着力发展森林生态旅游，2017年累计接待游客944.2万人次，森林旅游收入65.9亿元；发展林下经济面积150万亩，实现产值34亿元，带动农户20余万户。全市林业产值达251亿元。

（三）**生态保护不断增强**　建立生态文明考核奖惩机制，划定林地面积保有量、森林面积保有量、森林覆盖率保有量、公益林面积保有量、湿地面积保有量、石漠化综合治理面积、生物多样性保护7条生态保护红线，严格保护林地、森林、湿地和生物多样性。深入开展森林保护"六个严禁"专项行动，依法处理各类违法犯罪人员。建立森林防火层级管理责任制及林业有害生物防治预案制度，加强基础设施和治理能力建设，森林防火和林业有害生物防治成效显著，森林火灾受害率、有害生物成灾率大大低于国家控制指标。

（四）**深化改革成果丰硕**　针对生态建设、产业发展、质量提升等重点领域和关键环节深化改革。创新"五子登科"（山顶种植松杉柏涵养水源"戴帽子"、山腰种植经济林木增加收入"系带子"、山下抓结构调整发展现代化高效农业"铺毯子"、富余劳动力务工创业"挣票子"、增收致富建设美丽乡村"盖房子"）生态建设模式，实现山、水、林、田、路、房的综合治理和生态效益、经济效益、社会效益统筹兼顾。坚持公益型事业单位改革方向，"五改五推"（改革管理体制、推进分类经营，改革激励机制、推进招商引资，改革经营模式、推进产业发展，改革考评制度、推进责任落实，改革机构设置、推进队伍建设）深化国有林场改革，促进了森林资源增长，激发了国有林场活力，增强了林场发展后劲，改革经验在全国得到推广。在造林绿化实践中探索出先建后补、先退后补、第三方验收、造林绿化资质认定、多元化投入等造林绿化新机制，激发大户、能人、专业合作组织、企业参与林业生态建设的积极性，克服了长期以来造林主体不明、责任不清的难题，补齐了造林资金短缺和林业产业发展缓慢两块短板。在"绿色贵州建设三年行动"中，毕节市名列前茅，创造了造林面积、投资规模等多个第一，改革经验在全省得到推广。国家林业局将毕节市列入全国22个国家集体林业综合改革示范区之一，全市在集体林地"三权分置"（所有权、承包权、经营权）、健全社会化服务体系、完善财政扶持制度和完善森林保险制度等关键领域和重点坏节进行了大量探索。累计办理林权抵押贷款7475万元，森林保险投保面积1113.7万亩，流转林地面积12.29万亩，成立新兴林业经营主体641个。

（五）**林业科技显著提升**　深入实施"科教兴林"、"人才强林"战略，充分发挥科技在林业发展中的引领、支撑和保障作用。组织申报各类科研项目190余项，实施了"核桃优良种质资源挖掘保护与优良品种选育"、"桦木育苗及造林技术研究"、"百里杜鹃花期预报研究"等110余项国家、省、市级重大课题。组织实施中央财政林业科技推广示范项目170余项，并取得了良好的示范效果，多次获得国家林业局、贵州省林业厅有关领导和专家的好评。累计培训各类林业技术人员及专业合作社、苗木生产企业技术骨干80余万人次。探索推进社会化承包防治服务，大力推广使用白僵菌对松叶蜂、核桃扁叶甲等食叶类害虫进行防治，应对自然灾害的能力不断增强。

二、主要做法

（一）以"三型"治理石漠化 一是封山育林与人促修复主导型。针对缺水少土、生态承载力低、居民生活能源紧缺和生存条件困难的强度石漠化地区，采取封育管护和人工促进封山育林的方法，达到恢复林草植被、减少水土流失、改善生态环境和农村生产生活环境的目的。石漠化工程封山育林面积达198.91万亩。二是植被恢复与特色产业主导型。针对人地矛盾突出、耕地支离破碎的中度和轻度石漠化地区，实施坡改梯、人工造林、水利水保等措施，积极发展特色经果林和道地中药材产业，达到改善生态环境、实现生态富民的目的。石漠化区域人工造林面积达527.64万亩，特色经济林发展到300万亩。三是岩溶景观资源开发与生态旅游主导型。针对独特的石漠化景观和民族文化积淀的石漠化地区，着力抓好旅游规划，打造旅游特色链条，提高植被覆盖率，构建良好的生态岩溶景观，为积极发展生态旅游业提供必要的条件和创造良好的环境。先后建成了百里杜鹃、毕节、赫章夜郎、贵州油杉河大峡谷和贵州金沙冷水河5个国家级森林公园，以及威宁锁黄仓、纳雍大坪箐和黔西柯海3个国家级湿地公园。

（二）以"四式"实施绿化工程 一是先建后补式。由县级政府制定方案，出台不同树种、不同造林密度营造林补助标准，按照"自行育苗、自我栽培、验收合格、兑现补助"的办法，由专业合作社、企业、农户等先行造林，验收合格后，分期兑现补助资金。近3年来，已完成200余万亩营造林，兑现造林补助金3000余万元。二是代种代管式。采取"政府定价、

■ 大方县退耕还林成效

乡镇育苗、群众出地、专业造管"的操作方法,由县级政府规定苗木价格,农民提供土地,乡镇在造林区采集优良乡土品种培育苗木,村"两委"或专业合作社根据林业部门规划设计,代农户种植、嫁接、抚育和管理苗木,建好后经验收合格政府兑现代种费,移交给农户管理和经营,收益归农户所有。例如,赫章县在核桃产业发展中,每亩种植核桃22株,政府给予84元/亩的代种代管费用。三是承包造林式。按照"大户承包、流转土地、规模栽植、合格扶持"的方式,由林业专业大户或合作社流转土地,使用林业部门统一提供或自己采购的苗木造林,造林验收合格后给予扶持。同时,还采取"县里统一供苗、乡镇组织发动、专业队伍栽植、受益主体经管"的方式,将专业队伍栽植的林木验收并兑现造林承包费后,移交给土地使用者进行经营管理。四是企业带动式。采取"公司牵头、农民参与、政府补助、保底回收"的方法,由企业提供苗木、技术指导,农户出土地和劳动力种植,验收合格后,政府按工程投资标准给予补助;投产后,企业以保底价回收农户生产的产品。2017年,全市建成省级龙头企业12家,市级龙头企业35家,全国农民专业合作社示范社6个,市级农民专业合作社示范社6个,市级示范基地47个。

(三)以"四法"保护生态建设 一是立法保护法。立足实际,毕节积极探索创新生态环境资源管理体制和保护制度。2000年4月出台了《草海保护条例》,使草海生态环境资源保护有了更强力的法治支撑。2017年启动了百里杜鹃风景名胜区和韭菜坪保护立法。二是划定红线法。2014年,召开新闻发布会,对外公布林地面积保有量、森林面积保有量、森林覆盖率保有量、公益林面积保有量、湿地面积保有量、石漠化综合治理面积、生物多

样性保护7条生态保护红线。2017年出台了《毕节市林业生态保护红线责任考核办法》，对7条生态保护红线进行修订，明确了林业生态保护红线责任主体、组织考核和责任追究等内容，执行更为严格的林业生态保护红线考核制度。三是灾害防控法。坚持"预防为主、科学防控、依法治理、促进健康"的方针，积极有效组织开展林业有害生物防治，突出抓好重点用材林、防护林、经济林病虫害防治，以及外来危险性林业有害生物入侵防范和野生动物疫源疫病监测防控工作，果断处置林业动植物疫情；加强和完善林业有害生物监测预警、检疫御灾、防灾减灾、灾害应急、防治法规等体系建设，制定重大有害生物应急预案，有效控制林业生物灾害；争取森林保险投入，积极推进社会化防治措施，创新防治机制和手段，强化科技支撑；按照"政府主导，属地管理"的原则，市、县、乡建立林业有害生物防治主要领导负责制，层层签订防治目标责任状，促进生态建设，保障生态安全。近年来，全市林业有害生物成灾率远低于国家控制指标，无公害防治率、测报准确率均达到90%以上，种苗产地检疫率达到100%。四是责任追究法。始终坚守生态和发展"两条底线"，建立生态文明考核奖惩机制，把生态效益纳入经济社会发展评价体系，严格保护林地、森林、湿地和生物多样性，严格依法行政，严格责任追究，抓好森林资源常态化管理。利用森林保护"六个严禁"、"雷霆行动"、"天网行动"、"利剑行动"等执法专项行动，严厉打击破坏森林资源的违法犯罪行为。严格执行《毕节市森林防火层级管理责任追究办法》，森林火灾受害率大大低于国家控制指标。

（四）以"四动"推进林下经济发展 一是选择产业驱动。通过几年的发展，全市逐步形成林下种植、林下养殖、林产品采集加工和森林景观综合利用四大林下经济板块，涵盖林禽、林畜、林药、林菌、林蜂、竹荪采集加工、城郊农家乐、森林公园休闲游等林下经济模式，大方天麻、织金竹荪等产业初步形成。2017年，实现利用森林资源发展林下经济面积150万亩，产值34亿元，带动农户20余万户。林下经济逐步成为发展农村经济、促进农民增收、推进地方经济发展的有效产业之一。二是引导资本撬动。为破解长期制约林下经济产业发展的资金短缺、发展后劲不足等问题，毕节市采取"引导民间资本投入为主、狠抓各级财政扶持为辅"的投入模式。据统计，近5年来，各级财政投入林下经济发展资金超2000万元，民间资本投入近20亿元，涌现出了"朱昌发启村民筹资1800万元成立家庭林场发展林下种养殖"、"野角乡邓家湾村96户村民用6900亩承包经营权入股成立家庭林场发展林下天麻种植"等典型。三是技术支撑拉动。市、县两级组建了专业队伍，帮助林业专业合作社建立健全组织、财务、档案、生产、技术等规章制度，提供全程跟踪指导，积极做好技术咨询、资源普查等相关工作，为合作社续建和标准化生产推广提供优质服务。目前，全市拥有林业乡土专家300余人。四是利益联结推动。创新新型经营主体培育机制，在确保将国家政策补助资金全额兑现到农户手中的基础上，大力推广"公司＋基地＋农户"、"专业合作组织＋基地＋农户"等经营模式，引进培育150余家企业、专业合作社等经济组织承包退耕地开展规模化经营。如：黔西县杨勇种植农民专业合作社，采取"合作社＋村委会＋农户"的三方联管合作模式，所得收益合作社占20%，村委会占10%，农户占70%，目前合作社覆盖8个乡镇，发展皂角产业3万余亩，每年解决1万人次农村剩余劳动力就业问题，带动 2000 余农户增收致富，先后获得"国家级林业合作示范社"、"贵州省重点扶贫龙头企业"等荣誉。

三、取得的经验

（一）坚持把尊重自然作为林业发展的基本原则 在推进林业生态建设中，坚持从实际情况出发，因地制宜、科学治理，既注重建设速度，又注重质量效益。把生态建设作为治穷脱贫的突破口，与扶贫开发有机结合，开发山上保山下，建设山上促山下。寓开发扶贫于生态建设之中，以生态建设促进开发扶贫和经济发展。着力发展生态林业、民生林业，探索出针对不同区域水土条件、生态承载力和居民生活水平的封山育林与人工促进主导型、植被恢复与特色产业主导型、森林景观资源开发与生态旅游主导型、水土保持与基本农田建设主导型的生态建设综合治理模式，取得了良好的生态、经济综合效益。

（二）坚持把生态建设作为林业发展的首要任务 始终牢记"近期做示范、远期探路子"

■ 七星关区森林资源保护

■ 大方县星宿乡森林资源
保护

的历史使命，紧紧围绕"生态建设"试验主题，大力实施生态建设工程，致力于生态环境的修复重建，先后实施了荒山造林、退耕还林、天然林资源保护、石漠化综合治理等10多项生态建设工程，实现了森林覆盖率年均增长1个百分点以上的目标。昔日的荒山秃岭变成了今天的"绿色银行"。

（三）坚持把保护资源作为林业发展的坚强保障　一是实行森林资源保护和发展目标责任制，坚持把林地面积保有量、森林覆盖率、造林面积、限额采伐等森林资源保护和发展任务作为工作目标进行考核。二是制定并推行森林防火层级管理制度，将责任层层落实到县、乡、村、组、户，构建了政府统一领导、部门依法监管、林场和基层组织全面负责、社会参与监督的层级管理责任体系，森林火灾受害率远远低于1‰的控制指标。三是科学划定并发布林地面积保有量、森林面积保有量、森林覆盖率保有量、公益林面积保有量、湿地面积保有量、石漠化综合治理面积、生物多样性保护7条生态保护红线，将其纳入县(区)年度工作目标考核。四是认真贯彻落实省委、省政府森林保护"六个严禁"要求，加强对破坏森林资源违法违纪案件的查处，坚决打击乱砍滥伐林木、乱征乱占林地、破坏野生动物资源等违法犯罪活动。

（四）坚持把特色产业作为林业发展的重要内容　始终坚持寓生态建设于经济发展之中，把林业发展与经济结构调整、扶贫开发和农民增收致富有机结合，统筹推进生态建设和产业发展，同步实现生态改善和民生改善。通过整合林业、扶贫、畜牧、移民等相关项目，采取引资开发、合股经营、部门扶持等多种方式，大力发展特色经果林和林下经济，开发绿色食品，发展生态旅游，促进农村产业结构调整，打造出了中国"核桃之乡"、"樱桃之乡"、"天麻之乡"、"竹荪之乡"等品牌。

（五）坚持把制度创新作为林业发展的活力源泉　一是深化集体林权制度改革。在完

■ 大方县油杉河封山育林

善集体林权制度主体改革的基础上，继续深化林权流转、森林保险、林权抵押贷款等配套改革，进一步盘活林地资源，吸引资金、技术、人才等现代生产要素向农村流动，切实提高林农的生产性和财产性收入。二是建立林业合作经营机制。按照"建一批组织、兴一项产业、活一地经济、富一方群众"的思路，加快发展产业化、经营特色化、管理规范化、产品品牌化、服务标准化的新型林业合作经济组织。三是深入推进国有林场改革。毕节市委、市政府出台了《关于进一步加快国有林场改革发展的意见》，进一步明确国有林场公益性质，扎实推进财政全额拨款事业单位管理。以分类经营为突破口，积极推进国有林场管理体制、经营机制、产业发展等改革措施，充分激发国有林场活力。改革成果得到了国家林业局的高度赞扬和充分肯定，先后以两期《林业要情》在全国进行宣传推广。四是创新造林绿化机制。改革传统造林绿化机制，出台了《毕节市林业生态工程先建后补管理办法》、《毕节市造林绿化施工单位资质认定办法》和《毕节市营造林项目市级验收办法》，激发企业、合作社、大户等参与造林的积极性，促进造林模式多元化，有效规范造林施工队伍管理，提升施工水平。

实施综合治理　助力生态改善
——毕节试验区石漠化综合治理工程纪实

金　宇　李登陆

石漠化不仅是岩溶地区的首要生态问题，是国土生态安全的最大隐患，也是实现绿色增长、建设美丽中国的主要障碍。毕节市石漠化土地分布广、面积大、危害程度深，严重制约当地社会经济可持续发展。持续推进石漠化防治工作，巩固治理成效，是破解毕节试验区生态建设瓶颈的重要工作抓手，是打造生态文明建设先行区的必然选择。毕节市石漠化综合治理工程自 2008 年启动以来，经过 10 年的持续努力，取得了初步成效，有力推动了"从石漠化严重地区向生态环境优美地区转变"。

一、石漠化土地现状

毕节市地处长江、珠江上游，是贵州的母亲河——乌江的发源地，处于世界三大连片岩溶发育区之一的东亚片区中心的滇黔桂连片岩溶腹心地带，是极具典型性和代表性的岩溶贫困山区。据 2011 年监测数据显示，毕节市国土总面积 26853.1 平方千米，石漠化面积 5983.6 平方千米，占毕节市国土总面积的 22.28%。其中轻度石漠化面积 1734 平方千米，占全市石漠化面积的 28.98%；中度石漠化面积 3561.39 平方千米，占 59.52%；重度石漠化面积 630.68 平方千米，占 10.54%；极重度石漠化面积 57.53 平方千米，占 0.96%。

2008 年国家启动石漠化综合治理工程以来，10 年间，先后经历了 3 年试点工程阶段、5 年重点县治理阶段和"十三五"调减治理重点县 3 个阶段。在此期间，毕节市所有县(区)都一直被列为国家石漠化综合治理工程实施重点区域。按照国家治理石漠化土地 50 万元/平方千米的投资标准，截至 2017 年底，全市以石漠化地区小流域综合治理为单元，围绕林业、畜牧、小型水利水保三大措施，综合采取人工造林（防护林、经济林）、封山育林、中药材种植、人工种草及草地改良（配套棚圈、饲草机械、青贮窖）、坡改梯，修建田间生产道路、机耕道、引水渠、排涝渠、沉沙池、蓄水池、输水管道，以及进行河道整治、山塘治理等治理措施，累计投入资金 74908.2 万元（其中中央投资 67700 万元，地方配套 7208.2 万元），治理石漠化土地面积 1362.17 平方千米。

二、基本做法及成效

（一）领导重视，高位推动，创新和活化了束缚石漠化综合治理的体制和机制，解开了石漠化防治束缚链　为确保石漠化治理成效，毕节市委、市政府高度重视，坚持以高位推动为抓手，把石漠化防治摆在推动全面建设小康社会的战略高度，作为提升试验区生态建设水平的重要内容来部署，作为解决民生问题的实事来推进。在2008年试点工程开始之初，就成立了市及县（区）防治石漠化领导小组，负责指挥和统筹协调防治石漠化工作；在毕节市林业局下设了12人编制的副县级全额拨款事业单位——毕节市防治石漠化管理中心，在县（区）林业局下设了3~8人编制的副科级全额拨款事业单位——县防治石漠化管理中心，专职专责从事石漠化综合治理工程建设和管理；出台了《毕节市关于加快推进石漠化综合防治工作的实施意见》，制定了《毕节市岩溶地区石漠化综合治理试点工程管理办法》，就工程组织管理、计划管理、建设管理、资金管理、检查验收和建后管护六个方面做出了具体规定；将石漠化防治纳入了毕节市委、市政府对各县（区）的目标考核内容，纳入重大事项督查内容。构建起了发改部门总牵头，防治石漠化管理中心具体牵头，多部门共同参与的工作机制，使行业、部门和地方协调一致，把分散在发改、财政、林业、农牧、水利等有关方面的力量充分整合起来，形成了上下一体、多级联动、全民参与的工作格局。

2014年，贵州省毕节试验区全面深化改革推进大会召开后，市、县两级石漠化防治工作机构进一步深化改革，创新石漠化防治工程机制，制定出台了《毕节市石漠化治理工程验收办法》，建立了《毕节市石漠化治理工程效益监测评价指标体系》，以县为单位启动开展了全市石漠化治理工程建设效益监测评价工作。

毕节市石漠化治理投入保障机制、产业成长机制、科技保障机制、工程建设机制、工程监理和监测评估机制等一系列机制的建立和完善，创新和活化了束缚石漠化综合治理的体制和机制，带动了毕节市石漠化综合治理事业的健康发展。主要体现为：一是建立项目资金整合机制。整合水利水保、生态畜牧业、茶产业、森林植被恢复、风景名胜区绿化、特色经果林、石漠化防治科技支撑、绿色通道建设等项目资金参与石漠化综合治理。二是建立地方生态补偿机制。纳雍县按照"以工哺农、矿村结合、企业自愿"的工作思路，深入煤矿企业进行思想发动，按每吨原煤5元的标准提取资金建立"生态建设基金"，对集中连片种植经果林、茶叶和牧草的农户进行补贴。三是建立统分结合的经营管理机制。按照"群众自愿、自我管理、自我服务"的原则，积极推进农民合作经济组织建设，采取"合作社＋农户"的运作形式，有效实施工程建设后续经营管理。大方县桶井村大湾组村民依托石漠化综合治理工程，自筹资金30多万元，2009年组建了大方县同心农业综合开发专业合作社。在合作社的助推下，桶井村群众成立了石漠化防治自愿组织，在合作社赞助种苗、提供技术的前提下，群众积极主动义务参与石漠化工程建设，从而解决了石漠化治理工程资金不足、投入有限的问题，形成了政府主导、合作社助推、群众自发参与治理石漠化的格局，走上了既有效防治石漠化，又带来经济效益、社会效益、生态效益的可持续发展道路。金沙县利用地方核桃产品优势，在马路乡种植核桃3万多亩，并引导当地核桃种植户

■ 大方县朱仲河小流域——治理前

■ 大方县朱仲河小流域——治理后

联合成立了金沙县星河核桃专业合作社，合作社提供种植技术、组织肥料和农药采购、开展核桃产品加工和销售。目前，合作社已培育优质核桃苗木 500 亩，社员自筹资金 1000 多万元，在村里建起一个占地 9.5 亩、年可以加工核桃 1500 吨以上的核桃油加工厂，并注册了"香馥沁"核桃干果、"臣星曜"核桃油商标。四是深化集体林权制度配套改革，建立石漠化土地流转机制。赫章县威奢乡采取政策扶持、合作社带动、公司担保授信、农户互换等模式积极探索土地流转机制，流转土地 14000 多亩种植优质牧草，发展规模种养殖业。

（二）科学决策，精准定位，确立林草植被恢复优先的石漠化治理思路，铺开了石漠化防治生态被 "缺水少土少绿"是石漠化的基本特征。林草植被既能起到固土的作用，又能起到涵养水源的作用，通过恢复林草植被，能逐步在石漠化地区形成稳定的森林群落，发挥森林植被保水、固土、涵养水源、改良土壤的作用，逐步改善石漠化地区的生态环境条件。恢复林草植被既是石漠化治理的目的，又是石漠化治理的手段，是必须长期坚持的从根本上遏制石漠化的治理思路。

围绕林草植被恢复优先的治理思路，重点做了以下工作：一是大力推进封山育林。毕节石漠化地区生态环境恶劣，土层贫瘠浅薄，但降水量充沛、雨热同季，植被种类丰富，虽然封山育林措施的林草植被恢复周期相对较长，但投资少、易操作、效果明显，恢复的森林植被群落稳定性也较好。二是大力实施人工造林，加快林草植被恢复。通过推广应用容器育苗造林、雨季造林、保水剂蘸根造林等适用技术，努力提高造林成活率和保存率，恢复森林植被，提高治理成效。

毕节市石漠化综合治理始终坚持优先恢复林草植被，重建石漠化土地森林生态系统，扭住了治理石漠化首先要固土保水、涵养水源的治理思路"牛鼻子"，奠定了持续长久巩固石漠化治理成效的关键基础。工程实施 10 年以来，治理石漠化面积 1362.17 平方千米，累计造林 186.36 万亩，其中封山育林 116.62 万亩、防护林 19.69 万亩、经济林 50.05 万亩，项目区森林覆盖率提高近 20 个百分点。昔日的荒山秃岭如今添绿增翠，在石漠化土地上渐次铺开了一片片绿色的生态植被，一天天焕发出固土保水、涵养水源的巨大功能，一步步降住了大地"石魔"。

（三）积极探索，大胆实践，总结提炼符合毕节实际的石漠化防治技术路径和模式，凿开了防治石漠化的力量源泉 国家石漠化综合治理工程启动以来，毕节试验区各级党委、政府和广大干部群众严守发展和生态底线，为了有效解决岩溶山区人与自然矛盾突出的问题，致力于寻求生态与经济开发的结合点，坚持寓生态建设于经济开发之中，以生态建设促进经济开发，通过经济开发加快生态建设，实现生态建设与绿色产业开发和扶贫的有机结合，综合施策推进石漠化防治工作。通过产业化综合协调发展、合股经营、企业自主投资经营、干部职工领办、能人带动、部门扶持等多种经营方式，围绕生态与经济的结合在石漠化治理工程实践中开展了大规模的综合治理技术路径和模式探索，形成了以下石漠化治理技术模式。

一是封山育林与人促修复主导型模式。针对缺水少土、生态承载力低、居民生活能源紧缺和生存条件困难的强度石漠化地区，按照恢复生态环境的基本思路，采取封育管护和人工促进封山育林的方法，达到恢复林草植被、减少水土流失、改善生态环境和农村生产生活环境的目的。大方县西溪河小流域通过封山育林，配合客土回填、保水剂蘸根、营养袋育苗造林、集中管护等措施，完成营造林面积 4950 亩，森林面积比治理前增加 3700 多亩，森林覆盖率从 8.6% 提高到 23.4%。

二是植被恢复与特色产业主导型模式。针对人地矛盾突出、耕地支离破碎的中度和轻度石漠化地区，按照因地制宜的基本思路，实施坡改梯、人工造林、水利水保等措施，积极发展特色经果林和道地中药材产业，达到改善生态环境、实现生态富民的目的。2008 年，织金县在官寨乡屯上村启动石漠化综合治理试点后，村里 56 户人家在政府的扶持下把昔日广种薄收的 600 余亩石旮旯地全都种上了优质果树。几年下来，每亩石旮旯地的收入从过去的几百元上升到 3000 多元，一棵棵桃树、李树成了村民脱贫致富的"摇钱树"。九叶青花椒挂果早、单价高、效益好，是石漠化治理和农民致富增收的"短、平、快"项目。2015 年，金沙县依托石漠化综合治理工程投资，采取先建后补的方式，撬动社会资本参与石漠化治理，引入本地企业贵州利民农业科技发展有限公司流转 1500 亩土地开展九叶青花椒种植，第二年即试花、试果，盛果期亩产值可达 0.5 万元以上。2016 年，继续由贵州利民农业科技发展有限公司牵头，引导群众通过以土地和劳动力管护入股的方式参与到花椒治理石漠化中来，由企业提供苗木、肥料及各种物资，组织苗木种植，占花椒收益的45%；农户提供土地和开展花椒管护，占花椒收益的 50%；村委会组织农户开展花椒种植、协调各种矛盾纠纷，占花椒收益的 5%。全县共种植九叶青花椒 2000 亩，既促进了石漠化治理工作开展，也为增加农民收入、推进"三变"改革提供了新的发展模式。2018 年，金沙县还将在石漠化综合治理工程中推广九叶青花椒种植 3000 亩。

三是岩溶景观资源开发与生态旅游主导型模式。针对人地矛盾突出，拥有较好岩溶资源禀赋、独特的石漠化景观和民族文化积淀的石漠化地区，按照优化产业结构、促进产业结构调整的基本思路，提高植被覆盖率，构建良好的生态岩溶景观，积极发展生态旅游业。位于鸭池河畔的黔西县新仁乡化屋基苗寨曾经是一个交通闭塞、石漠化严重、村民生存环境十分恶劣的苗族村寨。从 2008 年开始，黔西县将石漠化治理与打造"乌江源百里画廊"旅游精品线路结合起来，在石漠化程度较轻、有一定土壤的地方"见土整地、见缝插针"，实施人工造林；在坡度小于 25°的石漠化耕地进行坡改梯，并结合景区规划种植既有观赏价值又有经济效益的桃树、李树、梨树和樱桃等经济林木。几年下来，景区环境不断美化，旅游品牌价值不断提升，实现了生态效益与经济效益的双丰收。仅 2011 年，化屋景区就接待游客 15 万余人次，旅游总收入达 1500 多万元，昔日贫穷落后的化屋基苗寨成了一方旅游热土，村民的日子变得红红火火。

四是水土保持与基本农田建设主导型模式。针对地表水资源短缺、耕地资源匮乏、土地生产力低下、人口压力大、居民生活贫困的轻度石漠化地区，按照解决农民吃饭问题的基本思路，通过坡改梯等措施和配套坡面水系工程，达到减少水土流失、提高土地生产力、建设稳产高产基本农田、提高粮食单产的目的。10 年来，累计完成坡改梯 1.63 万亩，修建田间生产便道 326 千米，排灌沟渠 77 千米、拦沙坝 43 座、沉沙池 399 口、蓄水池 892 口、输水管道 222 千米，减少了土壤地表径流，有效增强了土壤的蓄水保肥能力，减小了自然危害程度，改善了农户生产和生活条件，有力地促进了现代农业、山区立体农业等生产方式的快速转变与发展。

五是石漠化草地建设与生态畜牧业主导型模式。针对草地资源较为丰富、地广人稀的地区，遵循草畜平衡原则，以草地种植、草地改良和发展生态草食畜牧业为主要内容，合理调整农业产业机构，实现农民脱贫致富和治理石漠化的目标。10 年来，累计种草 18.65 万亩，其中人工种草 17.5 万亩、草地改良 1.15 万亩，配套实施棚圈建设 249695 平方米、青贮窖 47366 立方米，购置饲草料机械 1993 台。赫章县兴发乡中营村通过石漠化综合治理试点工程对原有天然草地进行全面改良实行轮牧，在充分尊重农户意愿的基础上，采取租赁、转包、入股等多种形式，由政府在项目实施的第一年每亩投入流转引导资金300~450元，将项目区内无力参与项目实施农户的土地流转，连片种草养畜，新增种草面积4100亩，新建标准化羊圈6000平方米、青贮窖2000立方米，建立畜牧养殖专业合作社3个。本村村民以牧草地、黑山羊和现金等入股，由合作社统一经营管理，社员享受股利分红。目前全村已经入社80户，存栏羊2000多只，同时，全村完成核桃经济林造林578亩、封山育林2206亩，全村林草覆盖率增加了30.27个百分点，一个新的经济支柱产业正在中营村悄然形成。

（四）科技先行，技术引领，强化科技支撑体系建设，打开了石漠化防治锦囊，提高了治理质量和成效 科学技术对提高石漠化防治成效具有根本性的作用。在治理实践中，必须尊重自然、尊重科学、注重实效，切实将科技保障贯穿于石漠化综合防治的全过程。一是落实科研支撑单位，大力组织开展科技攻关。二是在石漠化防治中大力推广应用现有的成熟技术、治理模式与科研成果，促进科技成果的转化。三是开展多层次、多形式的科技培训。四是在工程实施中选择治理成效突出的小流域，加强总结分析，积累成功经验，树立推广治理典型。五是建立和完善石漠化综合治理工程监测和治理评价体系，及时对工程建设进展及成效做出客观评价，指导后续年度工程的有效开展，避免、减少和校正工程建设的盲目性、随意性。

石漠化治理工作中，人地、林粮、林草、保护与发展等两难选择矛盾交织。为此，毕节市一方面推广应用现有的成熟技术、治理模式与科研成果，吸收转化了石灰岩山地植被恢复造林技术、容器育苗造林、雨季造林、保水剂蘸根造林、地膜覆盖造林等植被恢复技术措施；另一方面，积极加强了与贵州师范大学、贵州大学林学院及市级科研机构的合作，针对不同类型和程度的石漠化土地，组织开展科技攻关，探索新的治理技术措施和治理模式，提高石漠化治理的科技含量。先后争取了科技部"喀斯特高原退化生态系统（石漠化）综合整治技术与模式"和"喀斯特山区生态环境综合治理关键技术集成与示范"课题在毕节石漠化治理工程区协作实施。

（五）四个结合，统筹推进，积蓄多方力量释放治理合力，放大石漠化防治资金总量，推动了石漠化治理工程规模化实施 10年间，毕节市累计争取国家石漠化治理工程资金67700万元，市、县两级财政在十分困难的情况下，累计投入石漠化治理工程配套和奖补资金达7208.2万元。同时，项目以规划为核心，以小流域治理为单元，"四个结合"统筹推进石漠化防治工作，放大了石漠化防治资金总量。

一是把石漠化治理与产业发展相结合。石漠化地区人多地少、土地贫瘠，人地矛盾突出，农业产业结构单一。石漠化治理的根本宗旨是改善石漠化地区生态环境，促进区域经济发展。毕节市探索了林药、林果、林茶、林草、林菜等多种生态产业发展经营模式，大力加强特色经果林、草地生态畜牧业等生态产业项目建设，大力发展山区农业，培植生态产业，促进人与自然和谐发展，促进优化产业结构和资源配置，调动和保护农民群众参与石漠化治理恢复重建生态的积极性，以规模化、组织化、品牌化、园区化、资源转化"五化"同步推进石漠化地区生态产业发展，推进石漠化综合治理产业化发展。打造了"中国核桃之乡"、"中国樱桃之乡"等品牌；采取优惠扶持措施，引导农民发展林下种植业，林下种植天麻、竹荪已渐成规模，创出了"中国天麻之乡"、"中国竹荪之乡"品牌，初步实现了石漠化治理与农村经济的互相促进、协调发展，走出了一条绿色的产业发展之路。

二是把石漠化治理与其他生态工程相结合。石漠化治理任重道远，单靠国家投资的石漠化综合治理工程远远不能满足需要。毕节市拓宽治理思路，积极整合"三江源"生态保护、巩固退耕还林成果、"绿色贵州"建设三年行动计划、绿色通道建设、天然林资源保护、造林补贴，以及农业部门实施的精品水果、茶园，扶贫部门实施的产业化扶贫，水利部门实施的基本农田建设，畜牧部门实施的生态畜牧业建设等项目推进石漠化治理，形成多部门、多投资、多措施、高效益的"三多一高"石漠化治理格局。

三是把石漠化治理与农民脱贫致富相结合。毕节市紧紧围绕"治石、兴林、富民"这个中心，充分尊重群众意愿，把石漠化治理措施和农民脱贫增收致富相结合，大力发展特色经果林、林下产业和草地生态畜牧业，充分调动和保护广大农民治理石漠化的积极性，缓解当前石漠化地区的人地矛盾，通过为社会提供充足的林副产品，帮助石漠化地区农民脱贫致富，实现了石漠化治理与区域经济发展的和谐统一。

四是把石漠化治理与深化改革相结合。毕节市紧紧围绕"完善生态修复、生态保护和生态补偿三大制度，推进林权制度、国有林场、营林体制、林业执法四项改革，建立生态红线保护、资产负债审计、资源有偿使用、国家公园管理、林业产业扶持五项机制"的深化林业改革思路，深化集体林权制度配套改革工作，采取政府扶持、合作社带动、公司担保授信、农户互换等模式，建立石漠化土地流转机制，由合作社、企业、大户流转石漠化土地发展规模种养殖业，不断创新石漠化治理建设、管理、投融资等机制，用改革的力量更快、更好地推进石漠化治理。

■ 黔西县石漠化治理种植的石榴

三、几点启示

（一）控制试验区人口的过快增长，**大力提高人口素质，是推进和巩固石漠化治理工作的根本** 毕节试验区 2016 年底户籍人口密度已高达 328 人／平方千米，远远高于全国、西部和贵州省的人口密度，在全面建成小康社会的跨越式追赶道路上，社会经济发展的各项指标在这一巨大的分母作用下，必然受到无情的消减。超负荷的土地环境人口承载压力，必然会综合导致石漠化土地的发生和蔓延。广大农村人口平均受教育程度低下，生态环保意识薄弱，必然重复低水平的社会再生产活动，则又加剧石漠化土地的发生和蔓延。因此，毕节市人口控量提质工作仍然必须长期坚持、毫不放松。

（二）坚定不移地推动新型工业化、信息化、城镇化、农业现代化"四化同步"，**是推进和巩固石漠化治理工作的关键** 党的十八大提出："坚持走中国特色新型工业化、信息化、城镇化、农业现代化道路，推动信息化和工业化深度融合、工业化和城镇化良性互动、城镇化和农业现代化相互协调，促进工业化、信息化、城镇化、农业现代化同步发展。""无工不富"，只有大力推进新型工业化，才能从根本上调整石漠化地区第一、第二、第三产业结构，向社会提供更多的就业岗位和机会，解决民生，最大限度地转移农村剩余劳动力，减轻对石漠化土地的过度依赖。"无商不活"，只有积极稳妥地提高城镇化水平，科学规划城市群规模和布局，才能增强中小城市和小城镇的产业发展、公共服务、吸纳就业、人口集聚功能，节约土地资源，让更多不适于人类居住的石漠化土地得以休养生息。"无农不稳"，只有加快发展现代农业，坚持把国家基础设施建设和社会事业发展重点放在农村，深入推进新农村建设和扶贫开发，全面改善农村生产生活条件，构建集约化、专业化、组织化、社会化相结合的新型农业经营体系，促进农民增收，才能从根本上改变落后的农业生产方式，让石漠化耕地得以科学合理地耕种。

（三）正确定位生态修复优先的治理思路是推进和巩固石漠化治理工作的科学策略 石漠化地区碳酸盐岩广泛发育，山高坡陡，土地破碎，河谷深切，地下水位低，陆地植物生态系统的群落稳定性脆弱，一旦遭到破坏，自然修复缓慢、困难而又不稳定。实践证明，在石漠化治理的诸多技术措施中，防护林体系建设和封山育林育草措施所形成的乔木、灌木林，是最接近于天然的人工森林植物群落，群落的稳定性和抗逆性最好，正向演替作用最明显，水土保持、涵养水源、防治石漠化的功能作用发挥也最好。经济林、用材林和人工草地由于树（草）种单一，林层结构简单，抗逆性差，树势衰退周期明显，并非石漠化治理的最佳林种选择。

（四）国家层面的石漠化治理项目和资金投入是推进和巩固石漠化治理工作的财力保障 毕节市是经济欠发达、欠开发地区，地方财力有限，石漠化治理经费匮乏，要充分考虑毕节市县级行政区域区划过大、石漠化绝对面积比例大的实情，加大中央和贵州省对毕节市石漠化综合治理工程的专项资金投入规模，在获得普惠性政策项目支持的前提下大力争取倾斜性的差别化政策项目支持。对于纳入石漠化综合治理区域的石漠化陡坡耕地，因其属于林业生态建设中特殊、典型的困难地段造林地块，理应给予享受退耕还林工程退耕地造林政策补助。要遵循循序渐进的原则和市场经济规律，充分考虑物价水平、劳动力资源价格等因素，结合各行业同类工程建设投资标准与石漠化治理工程的特殊性，合理确定投资建设规模和各工程项目的指导性单位投资标准。针对石漠化治理工程中一些由于特殊的、特大的、人力不可抗拒原因造成的造林种草措施完全失败地块和小班，应建立起一套实事求是、行之有效的报损、核损机制。

（五）健全和完善有效的生态效益补偿机制是推进和巩固石漠化治理工作的长远保证　毕节市地处两江屏障，下游的长江三角洲和珠江三角洲是我国经济最富庶和活跃的地区，石漠化防治工作的成败事关国土生态安全。要根据森林分类经营理念，按照谁开发谁保护、谁收益谁补偿的原则，建立起一套行之有效的生态效益补偿机制，研究设立国家生态补偿专项资金，刺激和调动广大林农的生态保护热情，力避"守着绿色银行讲奉献"的尴尬。同时，建立完善的生态效益补偿机制，也是体现社会收入分配公平正义，全面建成小康社会，实现共同富裕的有效途径。

（六）适度发展特色林果业和大力发展林下经济，促进现代林业产业结构升级调整，是推进和巩固石漠化治理工作成效的现实选择　石漠化地区有很多适宜种植的干、鲜果品，如樱桃、李、梨、核桃、板栗等，具有较好的市场潜力，比较优势明显，既可以改善生态环境、减少水土流失，治理石漠化，又能促进区域经济发展和农民增收。森林生态系统在为自然提供生态庇护的同时，还能为人类提供大量的绿色林下产品，如蕨菜、薇菜、食用菌等森林蔬菜，以及喜阴耐阴的天麻、虎耳草、半夏等中药材，可谓"黔地无闲草"。发展特色林果业和林下产业，能调动广大农民治理石漠化的积极性，缓解当前石漠化地区的人地矛盾，为社会提供充足的林副产品，帮助石漠化地区农民脱贫致富，实现石漠化治理与区域经济发展的和谐统一，是经过实践证明的短期内最直接、最有效、最易为群众接受的石漠化治理措施。

（七）强化科技支撑体系建设，实施科技创新驱动，是推进和巩固石漠化治理工作的科技保障　毕节市石漠化治理工作中，人地、林粮、林草、保护与发展等两难选择矛盾交织，西部牛栏江流域石漠化干热河谷地区等特殊困难造林地区，降水量相对稀少、土壤水分年蒸发量大，缺乏成功的可供借鉴的治理技术和模式。这些矛盾和困难要求必须强化科技支撑体系建设，依靠科技创新驱动，寻求治理良策。要大力推广应用现有的成熟技术、治理模式与科研成果，积极推进新技术、新方法和新工艺的应用，促进科技成果的转化；要组织开展科技攻关，针对不同类型和程度的石漠化土地，探索、筛选可供借鉴的技术措施和治理模式，提高治理的科技含量。

（八）体现生态文明先行区建设要求的一系列石漠化防治工作制度，是推进和巩固石漠化治理工作的体制保障　防治石漠化必须依靠制度，要把石漠化防治年度工作任务和中长期目标纳入经济社会发展评价体系，建立体现生态文明先行区建设要求的效益监测体系、考核办法、奖惩机制。要进一步增强干部群众尤其是领导干部的石漠化防治工作意识，健全石漠化防治责任追究制度和环境损害赔偿制度，提高环境违法成本，依靠强有力的法制调节和规范社会行为。

构筑生态屏障　打造绿色家园

——毕节试验区长江防护林体系建设工程纪实

阮友剑　周　赟

为了摆脱"生态、人口、粮食"恶性循环的困扰，毕节市于 1989—1998 年先后在七星关、大方、赫章、织金、纳雍、黔西 6 个县（区）启动实施长江防护林工程建设，利用 10 年时间完成长江防护林建设 563.24 万亩，为总体设计任务 494.4 万亩的 113.92%。其中完成重点工程 309.38 万亩，为计划 271.8 万亩的 113.83%。在重点工程中完成人工造林 149.3 万亩，为计划 109.9 万亩的 135.85%；封山育林 146.4 万亩，为计划 100.5 万亩的 145.67%；低产林改造 4.73 万亩，抚育 8.95 万亩，分别为计划的 105.1% 和 104.5%。完成一般工程 253.86 万亩，其中人工造林 136.16 万亩，封山育林 103.5 万亩，低产林改造和抚育 14.2 万亩。工程总投资 3395.5 万元，其中中央投资 2081 万元，省级投资 441 万元，市级投资 626 万元，县级投资 247.5 万元。群众累计投工 1860.8 万个。为毕节市历史上投资较多、实施时间较长、规模较大的林业生态工程建设。

一、建设成效

（一）"绿化毕节"进程得到加快　"十年基本绿化毕节"，是 1990 年毕节市委、市政府做出的战略决策。长江防护林工程的开展，与实施"绿化毕节"战略同时起步，加快了造林绿化的步伐。1989—1998 年期间，每年长江防护林工程建设完成的造林面积均在 10 万亩以上，有力促进有林地面积的增加，扩大了森林资源，使毕节有林地面积从治理前的 343.5 万亩增加到 1998 年的 756.7 万亩，净增有林地面积 413.2 万亩；森林覆盖率从启动前的 14.94%上升到 1998 年的 29.70%，增长 14.76 个百分点；林木蓄积量从启动前的 872.0 万立方米增长到 1032.1 万立方米，净增 160.1 万立方米。长江防护林工程已成为"绿化毕节"的主体工程之一，成为带动整个造林绿化的龙头工程。七星关区水箐镇中营村原来的一片片荒山，经过国家长江防护林工程建设实施华山松种子点播后，现为一片郁郁葱葱的景色，林中树木最大胸径已超过 20 厘米，已进入间伐期，当年的植树大王顾尚发已变为现在的护林员。

（二）森林资源布局得到改善　毕节市森林资源少，存在缺材少林、水土流失严重、自然灾害频繁等问题，给农业带来极大威胁。通过长江防护林工程的开展，进行了集中治理，坚持营造防护林、混交复层林为主，改变了自然面貌。全市 3000 多座"馒头山"、"和尚头"全部披上了绿装。随着森林资源的增长，全市森林资源布局和森林结构得到有效改善。七星关区何官屯镇大坪子村由于长江防护林工程的实施，山变青了，水变绿了，蓄水能力强了，现在每年还为相邻对坡镇提供上万立方米的山泉水。

（三）**农业生产条件得到加强** 通过长江防护林工程的实施，森林植被增加，水土流失面积减少。灌丛地造林后，土壤侵蚀减少了 70%，陡坡耕地造林后，土壤侵蚀减少了 80% 左右，土壤侵蚀模数由 4927 吨 /（年·平方千米）减少到 4128 吨 /（年·平方千米），大大改善了工程区农业生态环境，许多地方的小区气候有了改善，空气湿度显著提高，风速减缓，蓄水、保土、保肥效益明显提高，初步发挥了对农业的保障作用。许多枯井涌出了清泉，解决了人畜饮水问题；水田面积增加，"三跑"田变成了"三保"田，促进了粮食增产、农业丰收。

（四）**物种多样性得到优化** 森林环境的形成，生态环境的改善，为物种繁衍栖息和保护生物多样性提供了良好条件。过去绝迹的野兔、蛇、雉类等频繁出没，成群的白鹤进入林区湖边栖息，生物物种和数量的增多，使自然资源更加丰富多彩，生态系统开始向良性循环演变。同时，也为旅游业发展创造了条件。

（五）**精神文明建设得到丰富** 造林绿化既是物质文明建设，又是精神文明建设。长江防护林工程建设的开展，丰富了精神文明建设的内容。全市各地普遍实行长江防护林建设与社会主义教育结合，与"讲文明、树新风"活动结合，与脱贫致富奔小康结合，与希望工程结合，与美化环境结合，把长江防护林建设渗透到精神文明建设的各个方面，产生

■ 纳雍县总溪河畔的樱桃林

了广泛的社会影响。栽植纪念树、营造青年林、领养绿地等共建长江防护林的活动蔚然成风。爱树护林、保护环境、热爱家乡、美化家园的社会风尚逐渐形成。自然生态面貌的改观，为毕节市的对外开放提供了更好的环境条件。各地在长江防护林工程建设中，锻炼了一大批组织管理、科学研究、技术指导方面的人才，输送到不同的领导岗位和技术管理部门，产生了良好的社会影响。

二、主要做法和经验

（一）**广泛宣传、大造舆论、干部群众参与是长江防护林工程建设的前提**　毕节市把舆论宣传作为提高广大干部、群众和全社会对长江防护林建设重大意义、紧迫性、必要性认识的强大手段，动员全社会参加长江防护林建设，增强参与意识。一是把舆论宣传作为第一道工序来抓；二是把舆论宣传工作贯穿于工程建设的全过程；三是针对各个时期带有倾向性的问题，明确宣传重点，把宣传与解决普遍性的认识问题紧密结合起来；四是采取多种多样的宣传形式，让群众喜闻乐见，易于接受，增强宣传效果。据不完全统计，在省、市、县级以上报刊、电视台发表有关长江防护林建设的新闻稿件达200余篇（次）；建立长江防护林永久性标志的碑牌500多块；建立了信息网络，确定信息联络员265人，确保每个乡镇至少有1名以上林业宣传员。七星关区林业局还主办《长防林信息专报》，在造林时节，每周一期专报，及时将全区好的经验和做法进行宣传，增强了干部群众对长江防护林建设的工程管理意识、质量效益意识、生态环境意识。群众纷纷认为，长江防护林工程是农民的"致富工程"，是林业战线上的"形象工程"。

（二）**科学规划、合理布局、明确目标任务是长江防护林工程建设的基础**　在长江防护林工程建设中，毕节市坚持以改善农业基本条件、改善人们的生存环境为出发点，坚持工程建设与振兴农村经济紧密结合，建设以防护林为主体，防护林、用材林、经济林、薪炭林和特用林科学布局，多林种、多树种合理配置，乔灌草、林果药、长中短有机结合，片、带、网、点相宜设置，生态效益、经济效益、社会效益协调发挥的新型防护林体系。以恢复和增加森林植被为中心，以遏制水土流失为重点；因地制宜，因害设防，统一规划，合理布局；先易后难，先急后缓；实行多种方式造林，造管并重；采取多林种、多树种、多层次的复层结构；以生物措施为主，生物措施与工程措施相结合，山、水、田、林、路综合治理；坚持质量第一，生态效益、经济效益和社会效益相统一的原则。各工程县进行县级总体设计和作业设计，经过省或市级评审后，再将作业设计落实到乡、村直到山头地块，作为当年施工的依据。10年来，全市长江防护林重点工程经济林造林面积达16.6万亩，主要栽培树种有核桃、板栗、樱桃、漆树、苹果、杜仲、柑橘等，生态效益和经济效益十分明显。

（三）**党政重视、加强领导、发动社会力量是长江防护林工程建设的关键**　毕节市委、市政府把长江防护林工程作为全市造林绿化的龙头工程和农村经济发展的致富工程，要求各级党政机关认真加强组织领导，扎扎实实抓紧、抓好。一是成立了以政府主要领导任组长，分管林业的副书记、副市长任副组长的长江防护林工程领导小组，各县、乡相应建立了领导小组或指挥部。二是把长江防护林工程作为"十年基本绿化毕节"的重要内容，实行党委统一安排部署，政府统一组织实施，部门统一检查验收。每年召开的农业农村经济工作会议，都要安排部署长江防护林工程工作，把长江防护林建设任务直接交给各级党委和政府，采取领导、劳力、时间"三集中"的办法，组织会战。市委、市政府选派工作组深入工程第一线检查督促，了解进展情况，发现问题及时解决。三是市政府把长江防护林工程建设纳入全市国民经济和社会发展年度计划，统筹考虑，做出安排，落实配套资金。市、县各级党政将长江防护林建设纳入农村经济工作的总目标，呈现出了党委、人大、政府、政协、纪委五大班子齐抓共管，县、乡、村同时出战的新气象。四是层层落实领导目标责任制。各级政府坚持把长江防护林建设纳入目标管理，分别与下级政府签订责任书，做到政府换届规划不变，领导换人工作不松，一届接着一届地交好"接力棒"。同时，实行政府、林业部门的"双线"目标管理责任制，把表彰先进、鞭策后进的奖惩机制作为推动长江防护林建设的一项重要措施。五是部门密切配合，打好总体战。在长江防护林建设中，农业、林业、水利、发改、财政、国土、环保、交通、部队、青年、民兵、妇女等部门和群众团体密切配合，积极投入长江防护林建设。全市涌现出许多"五四青年林"、"三八妇女林"、"民兵林"、"军民共建林"等，形成了国家、集体、个人一起上，全社会办林业、全民搞绿化，共建长江防护林的大好形势。全市除安排长江防护林工程配套资金626万元外，还安排458.5万元资金用于鼓励兴办乡村林场，每个林场补助5000元，共计建设乡村林场917个。

（四）制定规章、加强管理、狠抓质量是保证长江防护林工程建设成效的核心　为确保长江防护林工程建设的成效，毕节市狠抓工程管理。一是抓制度建设。全市先后制定印发了《长江防护林体系建设工程暂行管理办法》、《长江防护林体系建设工程作业设计办法》（试行）、《长江防护林体系建设工程造林检查办法》（试行）和《长江防护林体系建设工程竣工检查验收办法》（试行）等，使管理有章可循。二是把好质量关。全市长江防护林工程建设在抓好总体规划、作业设计基础上，重点抓了五个关键环节：一抓种苗。坚持不是良种不育苗，不是合格苗不能用于造林，大力发展容器苗。二抓施工员培训。全市编印了长江防护林宣传手册和长江防护林技术手册发到基层，作为教材培训施工员，造林质量和任务的完成实行目标管理。三抓整地、栽植。对整地不合格的不植苗，植苗不合格的不验收。四抓实用技术推广。市、县、乡500余名技术人员扎根生产一线进行蹲点指导，努力做到适地适树。五抓管护。做到管护组织、人员、制度、目标、报酬"五落实"，巩固造林成果。培训长江防护林工程农户19.2万人，造林合格率从1991年的74%提高到1997年的99%。

（五）打造样板、层层办点、示范引领是工程建设的重要方法　市级领导把办好示范点作为搞好长江防护林建设的重要方法，率先垂范，规定各级领导都要办示范点，一直办到村。每逢植树季节，市、县、乡都要开展植树造林活动。10年来，各级共计办示范点346多处，面积35万余亩，其中市级示范点6个，实施面积3万余亩，县级示范点60个，实施面积18万亩，乡级示范点280个，实施面积14万亩，起到了很好的示范带动作用。七星关区生机镇生机村实施的长江防护林工程，使原来的荒山秃岭变成了今天的绿水青山，据估算，每亩杉木材积不低于8立方米，按栽种的3000亩杉木折算，现有材积达2.4

万立方米，经济价值可达 1920 万元。

（六）部门协调、严格管理、严格执法是长江防护林建设得以顺利推进的保障　毕节市整合森林公安、林政、森检等林业执法力量，加大林业综合执法力度，对林木种苗经营、林地征占用、林木采伐、木材运输和经营加工、森林防火、林业有害生物防控、野生动植物保护等林业生态建设的各个方面都进行严格管理、严格监督，严厉打击乱砍滥伐林木、乱垦滥占林地、乱捕滥猎野生动物等违法犯罪行为，确保森林资源安全。积极推进森林防火科学化进程，不断提高森林防火综合能力和控制大火的综合水平。加强林业执法监管队伍建设，充实执法监督力量，加强执法装备建设，强化法制教育培训，不断提高执法监督队伍素质和执法水平。在乡村林场聘请专职、兼职管护人员 7103 人，形成了"造一片林、留一批人、建一个场"的格局，巩固和发展了长江防护林建设成效。

三、几点启示

生态环境是人类生存与发展的基本条件。改革开放以来，党和国家把绿化国土、改善生态环境作为促进我国经济与社会可持续发展的长远大计，把生态环境建设作为西部大开发的切入点，这对确保社会主义现代化建设目标的全面实现有着重大和深远的历史意义。

（一）长江防护林工程建设是改善生态环境的重大工程　开展长江防护林体系建设，是实现生态系统良性循环的根本措施，是保护长江流域人民生存空间的正确选择。尤其是毕节市地处长江中上游，境内主要河流都注入长江。加强长江防护林建设，对改善生态环境，治理水土流失，维护长江流域安全，确保人民安居乐业，有着巨大的作用。抓长江防护林体系建设，就是抓环境建设，就是改善人民的生存条件，就是保护和发展生产力，应把它摆上改善生态环境的首要位置，作为一件关系全局的大事切实抓好，继续巩固好已实施的建设成果。

（二）长江防护林工程建设是实现乡村振兴的富民工程　长江防护林工程是一个大型生态工程，在坚持以发挥生态效益为主的同时，有条件的地方积极发展经济林，把生态工程建设同产业开发和区域经济发展结合起来，把长远效益和近期效益结合起来，把全局利益和局部利益结合起来，合理开发利用各类资源，实施林下种养殖业和森林生态旅游，加大森林康养建设力度，把长江防护林工程建设成生态经济型工程，达到绿山、富民的目的。

（三）长江防护林工程建设是抓好其他营造林工程的典范　目前，长江防护林工程建设在毕节市各县（区）已经取得可喜的成绩，但离建设完备的现代林业生态体系和比较发达的产业体系还有很大差距，还需加强管护，不断完善、提高。目前，全市遏制水土流失、抗御洪涝与灾害的森林生态防护屏障还很薄弱，严重制约和影响着该区域经济建设的快速发展。毕节市委、市政府于 2014 年从毕节所处的特殊地理位置出发，针对生态脆弱的实际，提出要坚持节约资源和保护环境并重，以建设全国生态文明先行示范区为引领，推进"绿色毕节行动"，大力发展生态经济，实施"矿山复绿"工程，推进草海综合治理和保护，推动绿水青山与"金山银山"双峰竞秀，走出一条"生产发展、生活富裕、生态良好"的生态文明发展道路。

打造绿水青山　实现"金山银山"

——"绿色毕节行动"实施成效与经验

廖冬云

2015 年以来，毕节市深入贯彻"绿色贵州行动"决策部署，紧紧围绕毕节试验区"开发扶贫、生态建设"主题，牢牢守住生态和发展"两条底线"，全力以赴建设"生态保护、绿色发展"高地。充分依托退耕还林、荒山造林、重点区域耕地造林等林业生态工程，启动实施了"绿色毕节行动"，开展了大规模植树造林活动。

一、主要成效

4 年完成造林绿化 637.83 万亩，为全省营造林任务最重的市（州）。毕节市造林绿化进度之快、标准之高、规模之大、效果之好、参与之广为历史之最。全市各级部门不断加强组织领导力度，积极保障资金投入，造林规模和建设标准处于历史同期最好水平。

（一）推进了生态建设　从 2015 年开始，连续 4 年毕节试验区年均造林任务都突破了 100 万亩。在 637.83 万亩造林任务中，新一轮退耕还林工程 259.87 万亩，任务量和投入资金均居全省各市（州）首位。通过退耕还林工程、荒山绿化、重点区域耕地造林等带动，全市森林覆盖率从 2000 年的 28.4% 增加到 2017 年 52.8%，年均增长 1.4 个百分点。

（二）改善了生态环境　新一轮退耕还林主要安排在水土流失、土地沙化严重地区，尤其是 25°以上坡耕地，通过大规模植树造林，工程区水土流失和石漠化危害明显减轻，有效地遏制了水土流失，改善了生态环境。

（三）调整了产业结构　将造林绿化作为调整农业产业结构的重要措施来抓，打造出核桃、刺梨、皂角、石榴、苹果、茶、油茶、樱桃、柑橘等特色经果林产业。探索发展林豆、林药、林草、林茶、林禽、林蜂等种养殖模式，发展森林旅游和乡村旅游，促进了农村产业结构的调整，逐步迈向"生态建设产业化，产业发展生态化"的发展之路。

（四）增加了农民收入　4 年来，全市实施退耕还林工程 259.87 万亩，涉及 42.19 万户、158.24 万人，覆盖贫困户 8.98 万户、36.99 万人。退耕还林现金补助已成为贫困地区退耕农户收入的重要组成部分。实施退耕还林的农民，不仅有可靠的现金补助（每亩 1200 元），还能腾出富余劳动力从事多种经营，开辟新的增收渠道，大幅度增加了家庭收入。

（五）增强了生态意识 植树造林不仅改善了村民的居住环境，减少了因水土流失带来的地质灾害，而且使村民深刻体会到植树造林、退耕还林带来的好处，被村民称为"德政工程"、"民心工程"。工程深受广大农民的欢迎，渴望继续实施退耕还林的热情空前高涨，生态保护意识明显提高。

二、主要做法

（一）突出"四个结合"抓布局 一是坚持政府引导和群众意愿相结合。科学编制了《新一轮退耕还林还草总体方案》、《荒山绿化三年行动方案》、《林业产业板块经济发展规划（2015—2020年）》等多个林业生态建设规划。在规划引领的基础上，充分尊重群众意愿，将退不退、怎么退、种什么、怎样种等问题交由群众决定，实现规划引领、政府引导与群众意愿有效对接。二是坚持自然规律与经济规律相结合。按照"宜乔则乔、宜灌则灌、宜草则草"的原则，因地制宜地结合自然条件和市场需求进行分类建设。建设生态混交林增强生态系统稳定性，建设经济林开辟群众增收致富新路径，建设旅游景观林丰富文化旅游内涵。三是坚持重点突破与连片推进相结合。按照"点上出精品、线上出风景、面上出绿量"的思路，以高速公路（铁路）两侧、城镇园区周边、景区景点周围、重要水源地（河流）等区域为重点，带动乡村连片推进，集中打造特色产业带和生态景观长廊。完成新建经果林197.5万亩，完成重点区域绿化68.17万亩。2016年启动高速公路绿色通道建设，投入资金21.78亿元，完成通道景观林9.39万亩。四是坚持工程实施与脱贫攻坚相结合。优先将退耕还林、荒山造林、重点区域绿化等林业重点工程和林下经济项目向贫困乡镇、贫困

■ 威宁县金钟镇实施退耕还林与石漠化综合治理

村、贫困农户和易地扶贫搬迁农户倾斜。

（二）建立"四项机制"添动力　一是建立"四到乡"制度。建立造林绿化任务、资金、责任、考核"四到乡"制度，将造林绿化责任主体明确到乡镇，造林任务落实到乡镇，资金拨付到乡镇，由乡镇自行组织培育或采购苗木，落实施工单位，监督指导造林，任务完成后接受县级检查考核。二是创新造林管理机制。推行"先建后补"、"先退后补"模式，在保证政策补助资金全部兑现给农户的前提下，对企业、专业合作社和种植大户等造林主体实行"以奖代补、先建后补、谁造补谁"的政策，将造林资金按照 5∶2∶3 的比例分 3 年补助给造林主体，确保栽得下、管得好、能成林。三是完善苗木供应机制。按照"政府限价、乡镇组织、就近育苗、定向供应"的原则，建立乡镇自行育苗为主、国有林场保障育苗为辅的苗木供应机制，有效解决了造林与供苗、供苗与群众意愿脱节的问题。七星关区探索出"苗木超市"问需式种苗供应模式，由政府出资免费提供群众所需苗木，群众自主选择树种发展经果林或用材林，是群众自主种植、自己受益的一种新型造林绿化模式。四是健全利益联结机制。大力扶持企业、专业合作社、造林大户、家庭林场等经营主体，采取"企业（专业合作社）+ 基地 + 农户（贫困户）"等模式，构建利益联结机制。到 2017 年底，全市发展新型林业经营主体 641 个，其中专业合作社 506 个，家庭林场 14 个，林业企业 108 个，专业大户 13 个。其中专业合作社和家庭林场联结了 6192 户贫困户，12384 人。

（三）发展"三大产业"助脱贫　一是大力发展经果林产业。大力发展核桃、樱桃、苹果等为主的特色经果林。全市连片经果林面积已达 448.31 万亩，成功打造出"中国核桃之乡"、"中国樱桃之乡"等知名品牌。全市实现经果林产值 48 亿元，覆盖贫困村 597 个、贫困户 23710 户、贫困人口 7.8 万余人。二是大力发展林下经济。积极引导和扶持群众发展林药、林菌、林菜、林茶等林下种植业和林禽、林畜、林蜂等林下养殖业。发展林下经济面积 150 万亩，实现产值 34 亿元，带动农户 30 万人就业、创业。三是大力发展生态旅游。依托 13 个森林公园、8 个湿地公园发展森林生态旅游和森林康养产业，百里杜鹃、赫章、大方油杉河 3 个国家级森林公园进入国家和省森林康养基地建设试点。2017 年累计接待游客 944.2 万人次，实现森林旅游收入 65.9 亿元。

（四）狠抓"三个到位"强保障　一是责任落实到位。市、县、乡逐级签订造林绿化责任状，层层分解目标任务，纳入年度目标考核，纳入领导干部工作实绩考核内容。明确 39 名副厅级领导联系绿化任务较重的 39 个乡镇，112 个市直部门对口帮扶有重点任务的 112 个乡镇，各县(区)222 名副县级领导包保联系到乡、村，乡镇领导包保联系到村、组，全力推进工程建设。二是技术指导到位。按照主管部门"县级领导包片，技术人员蹲点"制度，将造林指导任务具体落实到人，强化督促指导。市、县、乡三级实行科技特派员制度，下派 142 名技术员到一线指导服务。三是督导考核到位。建立"三天一调度、一月一通报、一季一考核、年终一总评"的动态跟踪考核制度，形成一级抓一级的市、县、乡、村四级负责制。3 年来，市级对 35 个乡镇发出整改通知书，对 5 个县（区）分管领导和 102 名乡镇党政主要领导、分管领导实施了预警问责。

三、经验启示

（一）领导重视、高位推动是关键 "绿色毕节行动"是一项系统工程，是一项战略性任务，市委、市政府的高度重视是搞好这次活动的关键。各级党委、政府高度重视"绿色毕节行动"工作，毕节市成立了由市委书记、市长任指挥长，市委副书记、市委组织部部长、副市长任副指挥长，市直相关部门主要负责人为成员的组织机构，将"绿色毕节行动"作为"党政一把手"工程，主要领导亲自安排部署，纳入"绿色毕节行动"目标责任制考核体系，形成了"书记抓、抓书记，市长查、查县长"，一级抓一级，层层抓落实，超常规、大力度推进造林绿化的工作局面。市委、市政府召开了绿化毕节系列专题论证会、座谈会、推动会和观摩会议，印发《毕节市荒山绿化三年行动方案》、《关于切实做好重点区域造林绿化工作的意见》、《绿化毕节动态跟踪考核办法》、《关于进一步做好高速公路绿色通道建设的通知》等8个文件，研究制定了"顶层设计一定要细、宣传发动一定要广、机制体制一定要新、监督考核一定要严"的"四个一定"工作措施，将绿化毕节作为一项系统性工程全市推进，为"绿色毕节行动"开展提供了强有力的组织保障。

（二）整合项目、科学规划是前提 项目是开展"绿色毕节行动"的重要支撑，否则就成为无源之水、无本之木。全市积极整合退耕还林、天然林资源保护、石漠化综合治理、县乡村造林绿化、森林植被恢复、水土保持、农业综合开发等各类造林绿化工程项目，集中投入"绿色毕节行动"，每年均以市委办、市政府办或荒山绿化指挥部办公室、退耕还林领导小组办公室分解下达造林绿化计划，落实目标任务，提出工作要求，拟定推进措施，并编制各类工程项目规划设计，优先将经果林项目向贫困乡镇、贫困村、贫困人口倾斜，优先将造林绿化项目向高速公路、铁路沿线，城镇、园区周边，景区、景点周围，重要水源地以及重要车站5个重点区域倾斜。重点区域景观林要使用胸径5厘米以上、苗高1.5米以上的移植苗，荒山绿化生态林全部使用容器苗造林，在树种选择和苗木使用上，坚持乔灌草相结合、花与果相结合、常绿树与落叶树相结合、大苗与小苗相结合，突出季相特点，营造出"春季有花、夏季有荫、秋季有果、四季常绿"的森林景观，着力打造景观长廊、绿色小城镇、花园式园区。退耕还林坚持生态林业与民生林业相结合、政府引导和农民意愿相结合、本地树种与引进树种相结合的原则，按照布局区域化、种植良种化、生产标准化、经营产业化、服务社会化的要求发展特色经济林产业，同步提升经济效益、社会效益和生态效益，实现生态美、百姓富的有机统一。

（三）多元投入、筹集资金是根本 "绿色毕节行动"是一项重要的公益事业，建设标准高、投入资金多，需要各县（区）党委政府高度重视，多渠道筹集建设资金。一是加大项目争取力度。全市共争取到国家新一轮退耕还林、石漠化综合治理、天然林资源保护、中央财政造林补贴、农业综合开发、县乡村造林绿化、森林植被恢复等各类工程项目资金50.2亿元。二是市级财政投入1.3亿元，集中用于重点区域不符合新一轮退耕还林政策的耕地造林、荒山大苗造林。三是各县（区）将"绿色毕节行动"建设资金纳入县级财政预算，整合农业、扶贫等部门项目资金，增加资金投入，共投入造林绿化资金10.3亿元。

■ 威宁县荒山造林绿化

（四）创新机制、政策引导是保障　全市在造林绿化方面大胆实践，探索了很多新机制、新办法，为造林绿化增添了活力。一是在工作机制上，县（区）党委、政府对本辖区内的重点区域造林绿化负总责，乡（镇、办事处）是具体责任主体，实行任务到乡、责任到乡、资金到乡、考核到乡的"四到乡"制度。出台了《绿化毕节联系帮扶制度》，明确市级领导和市直部门对口帮扶有重点区域绿化任务的乡（镇）。二是在示范机制上，按照树典型、建亮点、抓示范、造精品的要求，高标准、高质量、大投入，在重点区域集中打造了一批精品工程，建立了一批市委书记、市长，县（区）委书记、县（区）长和乡（镇）书记、乡（镇）长示范点，点燃了示范点的"星星之火"，形成了绿化毕节的"燎原之势"。三是在建设机制上，因地制宜推行"先建后补"、"先退后补"模式，实行包苗木、包栽、包活、包管、包成林的"五包"制度，确保栽得下、管得好、能成林。四是在投入机制上，除争取国家林业工程项目外，市、县两级筹集资金专项用于重点区域绿化。

（五）调整结构、发展产业是动力　林业既是传统产业，又是朝阳产业；既是基础产业，又是富民产业。在"绿色毕节行动"中紧扣试验区三大主题，把生态建设和扶贫开发紧密结合起来，寓生态建设于扶贫开发中，不断推进林业供给侧结构性改革，大力培育经营主体，大力发展地方特色经果林，并采取"以短养长、立体开发、循环利用"的模式发展林下经济，大力发展森林生态旅游业，促进林业产业提质增效和转型升级，促进农户增收致富，从而调动更广大的农民群众支持林业、参与林业、建设林业，实现"绿水青山就是金山银山"。

陡坡耕地铺满绿 乌蒙大地奏金曲

——毕节试验区退耕还林工程生态、经济效益双丰收

罗永猛

2000 年国家实施退耕还林，毕节市积极抢抓机遇，坚持大工程带动大发展，以实施退耕还林等重点工程为抓手，切实加强林业生态建设和助力脱贫攻坚工作。10 多年的辛勤耕耘，喀斯特山区铺洒满绿装玉果，石漠化山区奏响致富金曲，退耕还林构建了绿水青山，打造了"金山银山"，成为一项深受老百姓欢迎的民心工程、生态工程、脱贫工程。工程建设增加了林草植被，减少了水土流失，改善了生态环境，调整了产业结构，增加了农民收入，取得了良好的生态、经济和社会效益。实现了"政府得绿，社会得益，林农得利"的多重目标。

一、主要成效

（一）**森林覆盖率大幅提高，生态效益凸显** 退耕还林工程的实施对改善试验区生态环境起到了极其重要的促进作用，森林覆盖率稳步提升，从 2000 年的 28.4% 提高到 2017 年的 52.8%。其中退耕还林工程累计营造林 597.37 万亩，增加森林覆盖率 14.8 个百分点。试验区林分质量得到改善，森林蓄积量逐年增加，水土流失得到遏制，曾经"开荒开到边，种地种到天"的情景杳然无踪，山清水秀、天蓝地洁、鸟语花香已成为这片乌蒙大地的主旋律，山区绿装盛裹，生态文明试验区建设的成果耀然呈现，生态效益凸显。2012 年 10 月 6 日，时任国务院总理温家宝在视察七星关区长春堡镇阳鹊沟和大方县羊场镇穿岩村退耕还林后，高兴地指出：毕节市实施退耕还林不仅能涵养水源、治理石漠化、改善生态，还能增加农民收入。

（二）**特色经济林发展迅速，经济收入增加** 毕节市将退耕还林与特色经济林产业发展有机结合，坚持以经济林为主、生态林为辅的发展目标，能栽经济林的地方，不栽生态林，确保农户退耕后有稳定的经济收入，通过产业发展助力脱贫攻坚。如今的乌蒙大地，"越穷越垦、越垦越穷"、"几山坡地饿肚皮"等困境已不存在，取而代之的是春花烂漫、夏树成荫和秋实累累。2014—2018 年，全市实施退耕还林工程 259.87 万亩。其中，经济林 224.75 万亩，生态林 35.12 万亩。涉及 263 个乡镇、2350 个村、42.19 万户、158.24 万人，覆盖贫困户 8.98 万户、36.99 万人。通过退耕还林，农户在获取补助资金和经济林收入的同时，剩余劳动力外出务工，拓宽了收入渠道，为助力脱贫攻坚注入了新动力。实现了"既要绿水青山，也要金山银山"，把"绿水青山变成金山银山"的良性发展。2015 年 5 月 8 日，时任国务院副总理汪洋到大方县小屯乡滑石村考察退耕还林情况时高度赞赏：这就是把绿水青山变成金山银山的真实写照。

（三）**产业结构调整速度加快，脱贫攻坚力度加强** 通过退耕还林，拓宽了农村增收渠道，促进了产业结构调整，助推了脱贫攻坚，社会综合效益彰显。一是壮大了试验区经济总体实力。退耕还林后全市近 100 万名劳动力从低效的传统农耕中解脱，转移到第三产业和进入城市务工，每年外出务工人员转入毕节市内的资金流量达 260 亿元以上，有效提升了市域经济总量，壮大了经济总体实力。二是推动了旅游经济发展。通过退耕还林创造绿色森林景观，吸引了大量休闲旅游者，推动了乡村旅游、森林康养、休闲林业等服务业发展，仅 2017 年就实现森林旅游收入 65.9 亿元。三是通过农村能源建设、生态移民、后续产业、补植补造项目的实施，为退耕农户增加了经济收入渠道，家庭经济不断增长，长远生计得到解决。通过劳动力的输出与旅游群体涌入，助推第三产业振兴，给农村经济注入了新的活力，拉动了农村经济乃至整个社会产业的大发展。

二、主要做法

（一）**科学规划布局，严格质量管理** 一是坚持政府引导和群众意愿相结合。在工作推进过程中，充分尊重群众意愿，将退不退、种什么、怎样种等问题交由群众决定，实现了规划引领、政府引导与群众意愿的无缝对接。二是坚持自然规律与经济规律相结合。按照"宜乔则乔、宜灌则灌、宜草则草"原则，结合各地自然条件和市场需求进行科学规划，建生态混交林增强生态系统稳定性，建经济林开辟群众增收致富新路径，建景观林丰富旅游内涵。同时，在不造成新的水土流失的前提下，通过林草结合、林药结合、林粮结合等模式，引导群众大力发展林下经济。三是坚持重点突破与连片推进相结合。以实施退耕还

■ 织金县退耕还林工程区

林工程为基础，按照"点上出精品、线上出风景、面上出绿量"的思路，将工程重点布局在高速公路（铁路）两侧、城镇园区周边、景区景点周围、重要水源地（河流）等区域，集中打造特色产业带和生态景观长廊。四是坚持工程建设与规范管理相结合。严格把好规划设计、土地丈量、张榜公示、合同签订、种苗培育、施工质量、抚育管护、检查验收、档案管理和资金兑现"十道关口"，及时落实管护责任，将造林成活率、保存率等检查验收结果与政策补助直接挂钩，确保栽一片苗木，成一片林地，留一片绿荫。

（二）完善体制机制，增强发展动力　一是建立"四到乡"制度。制定退耕还林任务到乡、资金到乡、责任到乡、考核到乡的"四到乡"制度，明确乡镇党委、乡镇政府是新一轮退耕还林工程建设的责任主体，将退耕还林任务落实到乡镇，资金拨付到乡镇，由乡镇自行组织培育或采购苗木，落实施工单位，监督指导造林，任务完成情况接受县级检查考核。二是建立"先退后补"机制。在保证补助资金全部兑现给退耕农户的前提下，积极引入公司、合作社、种植大户参与退耕还林（草），鼓励和支持农户将坡耕地向企业、专业协会、合作社、种植大户流转，由企业、专业合作社、种植大户先行垫资造林，经验收合格后，种苗与造林补助资金按照5∶2∶3的比例分3年3次兑现给实施主体。三是探索"先退后调"机制。在退耕还林还草实施过程中，各地积极探索工作机制，摸索出了促进退耕还林还草顺利推进的"先退后调"方法。各县（区）采取"先退后调"措施，按照产业规划布局，国土部门积极配合调整图斑，实行集中连片退耕，打造产业带，加快了工程建设的推进进度。针对国土部门提供的非基本农田小班地块零星分散，难以达到退耕还林连片种植要求的，由毕节市委、市政府出台相关的政策，采取地方退耕作补充的方式，在充分尊重农户意愿的基础上，引导农户调整产业结构，将暂时不符合新一轮退耕还林政策规定的陡坡耕地造林绿化，市（县）财政参照国家新一轮退耕还林标准给予补助，市级财政每亩补助500元，县级财政每亩补助700元，种苗造林补助整合各种林业工程加以补助。四是完善苗木供应机制。按照"政府限价、乡镇组织、就近育苗、定向供应"的原则，建立乡镇自行育苗为主、国有林场保障育苗为辅的苗木供应机

制，有效解决了造林与供苗、供苗与群众意愿脱节的问题。

（三）紧扣产业发展，助力脱贫攻坚 在新一轮退耕还林工程建设中，毕节市按照"守底线、走新路"的要求，极力将退耕还林与产业发展有机结合起来，通过产业发展助推脱贫攻坚。编制了《毕节市特色经果林板块经济建设实施方案》和《毕节市"十大经果林产业"三年行动实施方案（2017—2019年）》，明确提出依托新一轮退耕还林工程，重点发展核桃、刺梨、樱桃、苹果、油菜、皂角六大特色经果林产业，到2019年建成特色经果林500万亩以上。各县（区）根据自身实际，明确退耕还林以经果林为主、生态林为辅的发展目标，做到能栽经果林的地方，坚决不栽生态林，确保农户退耕后有稳定的经济收入。如七星关区将2015年的8.27万亩退耕还林任务全部种植刺梨经济林，带动发展刺梨10余万亩；纳雍县进行合理分区，在海拔1600米以上的区域发展核桃，在1400~1600米的区域发展布朗李，1400米以下的地区发展'玛瑙红'樱桃，形成立体发展格局；威宁县依托退耕还林工程，大力发展地方特色经济林"威宁糖心苹果"8万亩；赫章县用退耕还林营造核桃10余万亩。全市4年利用退耕还林工程共种植经济林224.75万亩（2014年度17.24万亩，2015年度40.40万亩，2016年101.49万亩，2017年65.62万亩），占任务量的86.2%。通过特色经济林产业发展，做到"既要绿水青山，也要金山银山"，把"绿水青山变成金山银山"，为打赢脱贫攻坚战奠定坚实的基础。

（四）层层落实责任，夯实工作保障 一是强化组织领导。成立由市长任组长，市委副书记和分管市长任副组长，发改、财政、林业、国土、农业、畜牧等12个部门主要负责人为成员的退耕还林还草工程建设领导小组，领导小组在市林业局下设办公室，负责新一轮退耕还林工程的统筹推进。县（区）成立相应的领导机构，将该工程作为"书记工程"、"民生工程"强力推进。在毕节市林业局内设机构中增加了退耕还林管理科，明确专人负责，确保务实推进。二是强化责任落实。市与县（区）、县（区）与乡（镇、办事处）逐级签订退耕还林责任状，层层分解建设任务和落实工作责任，将建设任务纳入目标考核范畴，由毕节市委组织部纳入领导干部完成重大工作任务实绩登记内容，作为领导干部提拔任用的重要依据。三是强化技术指导。把市、县、乡三级林业部门技术人员派驻到实施点上，市林业局将县（区）造林指导任务落实到市林业局各科室，要求科室必须派出技术人员到县（区）蹲点指导，从造林规划设计、采种育苗、整地栽植、有害生物防治到抚育施肥等全过程进行跟踪指导。四是强化帮扶联系。市委、市政府明确39名副厅级领导联系绿化任务较重的39个乡（镇、办事处），112个市直部门对口帮扶有重点任务的112个乡（镇），各县（区）纷纷效仿，将222名副县级领导包保联系落实到乡（镇）、村，形成上下齐心全力推进工程建设的格局。五是强化主体培育。积极探索"资源变资产、资金变股金、农民变股民"的农村经济发展新模式，在确保将国家政策补助资金全额兑现到农户手中的基础上，引进企业、专业合作社等经济组织流转承包退耕地，大力推广"支部＋合作社＋农户"、"公司＋基地＋农户"、"专业合作组织＋基地＋农户"等经营模式，规模发展地方特色优势经果林产业，提高退耕还林组织化和产业化发展程度。新一轮退耕还林还草工程开展以来，有112家企业、专业合作社和种植大户参与退耕还林工程建设，造林面积达造林任务的 70% 以上。六是强化督查考核。建立"一周一调度、一月一通报、一季一考核、年终一总评"的动态跟踪考核工作推进机制，形成"上级抓下级，一级抓一级，层层抓落实"的市、县、乡、村层层负责的推进机制。市退耕办每周进行调度，调度结果进行排名，通过手机短信及时将调度结果反馈给市、县（区）党委、政府主要领导和分管领导。市实绩考核办、督办督查局、林业局联合抽调专业技术人员组成考核组，对每个季度工作完成情况进行考核，对考核排名前三名的县（区）给予通报表扬和年终考核加分奖励，对排名后三名的给予通报批评，并对政府分管领导进行预警。对问题严重的乡镇党委、乡镇政府主要领导和分管领导，分别采取预警或召回管理等措施。通过考核与督查，有力地提高了退耕还林工程的建设进度和质量。

三、取得的经验

（一）科学编制规划是退耕还林取得实效的技术基础　毕节市退耕还林在树种选择中，坚持"适地适树"的原则。在尊重农户意愿的基础上，按照《毕节市特色经济林板块发展规划（2015—2018 年）》的要求，综合考虑立地条件、集约经营、旅游景观打造、特色产业发展等因素，选择适宜树种，规模化构建特色产业带和生态景观长廊，为提升退耕还林成效奠定了良好基础。

（二）强化责任落实是退耕还林顺利推进的重要保障　毕节市委、市政府高度重视退

■ 大方县小屯乡实施的退耕还林

耕还林工作，印发了《中共毕节市委办公室 毕节市人民政府办公室关于成立新一轮退耕还林还草工程建设领导小组的通知》，成立了强有力的退耕还林组织领导机构；印发了《毕节市人民政府办公室关于切实做好新一轮退耕还林还草工作的通知》、《中共毕节市委办公室 毕节市人民政府办公室关于建立绿化毕节联系帮扶制度的通知》、《中共毕节市委办公室 毕节市人民政府办公室关于印发〈绿化毕节动态跟踪考核办法〉的通知》和《中共毕节市委办公室 毕节市人民政府办公室关于对绿化毕节行动进行督查检查的通知》等文件，明确了各级各部门责任分工，强化了帮扶联系和技术指导，加强了"周调度、月通报、季考核、年总评"检查考核督促，层层压实了目标责任，有力地促进退耕还林各项工作的顺利进行。

（三）建立完善激励约束机制是退耕还林快速推进的强力推手 毕节市退耕还林工程建立了任务到乡、资金到乡、责任到乡、考核到乡的"四到乡"制度，强化了乡级党委政府主体责任意识，有效推进退耕还林实施进度；建立完善了"政府限价、乡镇组织、就近育苗、定向供应"和"乡镇自行育苗为主、国有林场保障育苗为辅"的苗木供应机制，有效解决了造林与供苗、供苗与群众意愿脱节的问题；建立了企业、专业合作社、造林大户垫资先行造林"先退后补"机制，吸纳社会资金，增强社会参与退耕还林的力量；创新主体经营模式，积极探索"资源变资产、资金变股金、农民变股民"的村社合一和企社合一农村经济发展新模式，有效提升了企业、村集体、合作社、农户各方退耕还林的积极性，提高了退耕还林的组织化和产业化发展程度。

（四）依托产业发展是退耕还林取得成功的核心关键 退耕还林工程是否"退得下、还得上，能稳定，不反弹"，经济利益是关键因素。毕节市根据自身特色资源优势，综合考虑市场因素，规模化发展核桃、刺梨、樱桃、苹果、皂角等特色经济林产业，增加了农户收入，农村产业结构得以顺利调整，有力地巩固了退耕还林成效。毕节市按照"守底线、走新路"的要求，极力将退耕还林与产业发展有机结合起来，"既要绿水青山，也要金山银山"，着力把"绿水青山变成金山银山"，大力发展特色经济林和林下经济，通过产业发展助力脱贫攻坚，取得了良好的经济、生态与社会效益。

加强种苗培育　夯实生态基础

——毕节试验区种苗培育为林业工程提供保障

李贵远

毕节市试验区建立 30 年来，林业种苗行业累计生产各类合格造林苗木 30 亿株，为试验区完成各类营造林任务提供了数量充足、品种对路、质量合格的造林苗木保障，强力夯实了生态建设基础，对生态建设做出了重大贡献。森林面积从 1988 年的 601.8 万亩增加到 2017 年的 2127 万亩，净增 1525.2 万亩，年均增加森林面积 50.8 万亩，森林蓄积量从 872 万立方米增加到 4798 万立方米，净增 3926 万立方米，森林覆盖率从 14.9% 增长到 52.8%，增加了 37.9 个百分点，年均增加 1.26 个百分点，实现了森林资源的三个同步增长。

一、主要成效

（一）**造林绿化苗木得到保障**　毕节试验区成立以来，开始大规模育苗生产活动，每年育苗面积均保持在 1 万亩以上，每年生产各类合格苗木 1 亿株以上，为试验区相继实施国际粮援"中国 3356"工程、国家长江防护林工程、国家退耕还林工程、国家天然林资源保护工程、世界银行贷款林业项目、中德财政合作森林可持续经营项目、"绿色毕节行动"、重点区域绿化工程等重大林业生态建设项目的实施和完成，提供了 30 亿株以上合格造林苗木。其中："十二五"期间，累计完成育苗 56985 亩，为林业生态建设提供造林苗木 9.11 亿株，为完成营造林 609 万亩提供了数量充足、品种对路、质量合格的苗木，强力夯实试验区生态建设基础。

（二）**林木良种建设成绩可喜**　毕节市高度重视良种基地建设工作，积极争取国家林业局、贵州省林业厅的大力支持，大力开展良种选育和良种基地建设工作。建成国家良种基地 3 个，占贵州省 8 个国家良种基地的 1/3 以上，其中威宁县国家华山松良种基地 1 代种子园 494 亩、1.5 代种子园 58.9 亩，每年可生产华山松良种 1750 千克以上，培育华山松良种苗木 1000 万株，基本能保证华山松造林所需。赫章县国家核桃良种基地优良核桃采穗圃 2140 亩，每年生产有效接芽 200 万个左右，满足赫章县核桃林品种改造和周边县（区）需要。建成威宁县国有沙子坡林场、赫章县国有水塘林场等华山松采种基地 2 个，

■ 威宁县柏木育苗基地

■ 威宁县雨季造林华山松营养袋百日苗

面积60281亩。建成市级核桃良种采穗圃8个，面积2000亩。2017年，又启动建设经济林良种采穗圃项目4个，其中，七星关区刺梨良种采穗圃400亩，大方县皂角良种采穗圃400亩，赫章县核桃良种采穗圃500亩，纳雍县'玛瑙红'樱桃良种采穗圃500亩。

（三）良种选育获得重大突破 大力开展地方乡土优良树种的调查选优，建立优树收集区、良种基地，采取控制授粉、混合授粉等有性繁殖及嫁接无性系等进行良种选育，取得了新突破。2013年，威宁县华山松良种通过贵州省林木良种审定委员会审定，'毕林核1号'、'毕林核2号'、'黔核6号'、'黔核7号'4个核桃良种通过贵州省林木良种审定委员会认定。2016年，纳雍'玛瑙红'樱桃良种通过贵州省林木良种审定委员会审定。全市开展优良林分和优良单株林木调查，共筛选出19个优良树种林分、27个小班、4146亩，选择优良单株83株，其中核桃优树56株。

（四）林木种质资源得到清查 林木种质资源是林业生产发展的基础性和战略性资源，是林木良种选育的原始材料，具有经济、生态、社会、文化等多种功能，对毕节市建设生态林业、民生林业，维护国家物种安全、生态安全，促进经济社会可持续发展，具有重要的现实意义和战略意义。毕节市林木种质资源十分丰富，为了更好地保护和利用林木种质资源，毕节市林业种苗站组织贵州工程应用学院、毕节市林业科学研究所、各县（区）林业局等专业技术人员，历时7年，完成了全市林木种质资源调查，2017年由贵州科技出版社出版了《毕节市林木种质资源》一书。通过调查，毕节市约有木本植物116科401属1447种，古树大树有92种2326株，重点保护的珍稀濒危树种有26科30属38种，野生木本观赏植物有89科216属486种。

（五）机构管理能力得到加强 2013年4月，经毕节市编办批复，毕节市林业种苗站与毕节市林业科学研究所分离，实现机构人员编制独立，定编9人。七星关区、黔西县、金沙县、威宁县4县（区）设置人员编制独立的县级林业种苗站，配备了专人，其他县（区）也在营林站明确专人负责种苗工作。国家林业局和贵州省林业厅分别给毕节市、黔西县、金沙县和大方县林业种苗站4个单位配备了种苗检验车，提供了种苗质检设备、办公设备以及质量检验室用房建设项目。毕节市林业局每年组织基层种苗管理人员、种苗质量检验技术人员、生产经营单位技术人员培训，每年培训达200余人次，提高了全市种苗从业人员的管理水平和技术水平。

二、主要做法

（一）建立保障性苗圃育苗机制 从1988年实施"中国3356"工程起，毕节市林业工程项目造林苗木供应主要是利用和发挥国有林场拥有苗圃土地资源、林业育苗专业技术人才、育苗资金等优势，相继在全市12个国有林场、10个国有苗圃或国有企业建立保障性苗圃基地，开展育苗生产供应，做到定点育苗、定向育苗、定单育苗。国有林场保障性育苗机制发挥了巨大的苗木供应保障作用，保障了毕节市林业生态建设用苗需要。2009年，毕节市政府明确市财政每年拿出200万元用于种苗培育，主要用于扶持12个国有林场建设保障苗圃、良种采穗圃，以及全市良种选育。2014年，黔西县由县政府农业投资有限公司统一建立保障性苗圃，负责全县造林苗木供给。2015年，七星关区由国有毕节盛丰农业发展有限公司、毕节园林绿化有限公司进行育苗，建立"苗木超市"，实行问需式扶贫方式，按群众意愿统一组织生产，无偿供应群众造林苗木需求。威宁县政府安排县林业

■ 赫章县国家核桃良种基地

局下属5家国有林业事业单位开展保障育苗，满足威宁县雨季造林用苗需求。纳雍县投资500万元，由县林业局和县农业投资公司联合建立保障性苗圃。

（二）创新苗木最高限价机制 为了维护苗木价格市场秩序，保护育苗苗圃合法利益，保障国家重点林业生态建设项目的顺利实施，2002年毕节市林业局、物价局在贵州省率先出台造林苗木最高限价政策，制定常规造林苗木最高限价机制，指导和规范了苗木销售和苗木采购价格活动，防止哄抬造林苗木价格，提高国家造林资金使用效率。毕节市苗木最高限价指导机制得到了贵州省林业厅、物价局的肯定，贵州省林业厅、物价局于2003年开始至2013年每年都发布全省常规造林苗木最高限价的指导政策，规范了造林苗木市场价格，维护稳定了苗木生产经营市场秩序，保护了苗木供需双方的合法利益。

（三）规范苗木管理市场机制 无序的苗木市场会造成苗木质量良莠不齐、品种来源不清的混乱局面，对造林尤其是特色经果林的发展影响严重，最终将导致农户利益受损。一是加强《种子法》宣传培训。新修订的《种子法》出台后，毕节市组织全市林木种苗执法管理人员、林业种苗生产经营企业负责人、技术员进行《种子法》宣传培训2次，共300余人；各县（区）对各乡、镇、街道林业站工作人员，各林木种苗生产经营单位（个体户）负责人及技术员进行县级培训20余次，共计1200余人。利用国际消费者权益日（3月15日）组织开展新《种子法》宣传活动，发放宣传资料1万余份，提高了社会公众特别是种苗生产经营者的法律意识和维权意识，为严格规范管理苗木市场创造法律基础。二是加大林木种苗执法。2015年12月20日至2016年4月20日，毕节市组织种苗、林政、检疫、公安、宣传等部门开展了林木种苗综合执法专项行动，共检查种苗生产经营单位73家。其中，有种苗生产经营许可证70家，占95.9%；使用标签的单位66家，占90.4%；实行自检的单位68家，种苗质量自检率为93.2%；建立生产经营档案的64家，建档率87.7%；实行产地检疫73家，产地检疫率100%。检查运输苗木车辆255车次、苗木总数1197.9万株，生产经营许可证、苗木标签、苗木检验、苗木检疫等各类生产、经营手续齐全。三是建立"双随机一公开"执法检查。从2017年开始，每月随机抽取执法检查对象和执法人员，对林木种苗生产经营企业进行执法检查，实行执法检查过程全程录像，并将执法检查对象和执法人员、检查结果对社会公开。

（四）提高种苗服务水平 一是坚持对育苗情况进行每月一调度，调度到育苗生产企业、育苗树种、苗木种类，全面掌握育苗情况，为各级领导决策提供依据。二是在当年11月至次年4月，对全市苗木储备情况实行每10天一调度，并将毕节市及贵州省各县(区)树种、数量等储备情况在毕节市林业局网站上向社会发布，做到苗木供应信息动态发布，为种苗生产经营者和种苗使用者提供苗木供需信息。三是组织种苗系统干部职工、育苗企业积极参与国家林业局组织的新修订《种子法》及相关法律法规网络知识竞赛，增加种苗管理者、生产者对《种子法》以及相关法律法规的知晓率。四是组织市、县（区）、育苗企业的技术人员积极参加网上林木种苗质量检验技术培训，提高林木种苗质量检验技术水平。五是毕节市林业种苗站自筹经费，购买苗木检验合格证书和苗木标签，无偿提供给育苗企业使用。

三、经验与体会

（一）**领导重视是种苗建设工作的基础** 毕节市林木种苗工作取得的成就，离不开毕节市委、市政府领导的高度重视和关怀。只有充分认识林木种苗工作重要性和基础保障作用，强调种苗是命脉，是根本，是林业工作的基础和前提，是未来工程、百年工程，是林业工作的"重中之重"，才能更好地实施好林木种苗工作。毕节市委、市政府有关林业工作安排文件和各种林业工作会议中，都把林木种苗工作与造林工作同安排、同部署、同检查，专门出台有关种苗产业扶贫发展的文件，毕节市财政将种苗补助经费纳入预算，毕节市林业局每年下发种苗工作要点，召开两次以上种苗工作会议，高度重视林木种苗工作，突显了林木种苗工作的重要地位和作用。

（二）**项目建设是种苗建设工作的机遇** 紧紧围绕贵州省委、省政府"十年绿化贵州"建设，抓住实施"十年绿化毕节"、"绿色毕节行动"、"中国 3356"工程、国家长江防护林工程、国家退耕还林工程、国家天然林资源保护工程等战略机遇，积极把林木种苗工作纳入全市林业工作重点，积极争取国家、省在种苗政策、资金、项目等方面的支持，建设工程造林苗圃、良种基地、国有林场保障苗圃、"苗木超市"等，加快林木种苗发展。

（三）**基础设施是种苗建设工作的保障** 围绕毕节市造林任务，大力加强苗圃建设，扎实开展造林苗木培育工作，同时加大林木良种选育力度，积极推进林木品种审定，加快育苗实用技术和林业科技成果的推广应用，不断充实和完善林木种苗体系建设，极大地夯实了林业生态建设的林木种苗基础，保障了全市造林绿化对种苗的需求。

（四）**机制创新是种苗建设工作发展的需要** 围绕林木种苗保障供给目标及要求抓种苗创新发展，创新建立常规造林苗木最高限价机制、国有林场（国有育苗单位）保障性育苗机制、"定点育苗、定单育苗、定向供应"育苗机制、"苗木超市"机制等是种苗建设工作发展的需要。

打好生态牌 种好"摇钱树"

——大方县羊场镇穿岩村走出生态怪圈

李登陆 洪本江

大方县羊场镇穿岩村位于大方县城南郊，距县城 11 千米，海拔 1472～1658 米，土地总面积 21.95 平方千米，居住汉族、苗族、彝族、白族、仡佬族等 6 个民族，辖 27 个村民组、1420 户、5328 人。这里交通便利、生态良好，冬无严寒、夏无酷暑，清毕路贯穿全村，80% 的村民组已能通中小型汽车，森林覆盖率达 68.7%，且山林中的动植物品种多样化，被喻为"天然氧吧"。"开荒开到边，种地种到天"，曾经的穿岩村因为过度开垦土地，水土流失严重，导致大部分土地石漠化，生态平衡失调。1987 年，全村年人均口粮仅 190 千克，人均纯收入仅 206 元，森林覆盖率仅 18.6%。每逢汛期水土大量流失，泥石流、滑坡等自然灾害频发，严重威胁着村民生产生活。1984 年和 1987 年，该村小沟组和路边组就曾发生了严重泥石流，造成 2 座房屋倒塌、2 人死亡，交通要道损毁。面对穿岩村的现状，如何走出"越穷越垦、越垦越穷"的怪圈，成为当时摆在县、乡党委、政府和穿岩村人民面前的一个难题。在上级林业部门的关心下，在县委、县政府的领导下，穿岩村"两委"奏响了"念好'山'字经、打好生态牌、种好'摇钱树'、谋好小康路"的美丽华章。

一、主要成效

（一）生态环境明显改善 通过退耕还林治理石漠化，穿岩村逐渐实现了人与自然、社会与经济的协调发展。"九里黄河过穿岩，天晴下雨穿草鞋。天晴晒破脑壳顶，下雨刷去半匹岩。"这首打油诗，形象地描绘了当时穿岩村生态恶劣的现状。穿岩村群众曾在"水打沙埋"的环境中苦苦生存。按照县委"退、治、改、转"的整治规划，村党支部带领群众全面铺开了大规模的退耕还林工程建设。到 2000 年，全村 25°以上的坡耕地全部实现了退耕还林。时下的穿岩村，已是山披绿缎、林木含晖，退耕还林 6168 亩，森林覆盖率从 1987 年的 16.8% 提高到 2017 年的 68.7%，增加了 51.9 个百分点。水土流失得到有效遏制，生态环境明显好转，人居环境得到改善，近年来再没有发生泥石流等自然灾害。面对穿岩村巨大的变化，老百姓感慨地在墙壁上写下了"山青水绿村村秀，柳翠桃红处处春。

风和日丽田园美，鸟语花香庭院新"的诗句。

（二）群众生活水平明显提高 一是以营造防护林和加宽加固河道的方式对横贯穿岩村的沙坝小流域进行了重点治理，提高了基本农田防洪抗旱的能力。二是加强"三小"水利基础设施建设。由于该村缺乏生活用水，农户只能靠肩挑背扛解决用水问题。通过政府扶持，新建了400个小水窖，涉及11个村民组，基本解决了用水问题。三是抓好生态移民。对交通不便、生活相对困难、生态环境恶劣的跃进组、大井组、木瓜组、中寨组实施生态移民。共移民110户，将他们的居住环境从山崖峭壁搬到较平缓的地方，并将原来的茅草房改成现在的砖混结构。四是积极组织退耕农户参加技术培训，向广州、深圳等沿海经济发达城市输出劳动力1208人。年人均纯收入从1987年的206元增加到2017年的8670元，增长了41倍。住房条件得到了彻底改善，家用电器样样齐全，大多数家庭还买起了小轿车。用穿岩村人自己编的顺口溜来表达，就是："政策春风吹沙沟，山变青来水变秀，家家变成小康户。吃不愁，穿不愁，住的都是小洋楼。出门就是大马路，轿车一坐迷了路。"

（三）经济发展方式明显转变 为了实现"退得下、还得上、能致富、不反弹"的退耕还林目标，穿岩村"两委"吹响"让绿水青山变金山银山"的号角，带领群众不断创造致富的传奇，积极组织退耕农户参加技术培训，鼓励和支持退耕农户发展豆制品加工，搞生态旅游饮食业，种草养畜发展畜牧业，引导农户发展第二、第三产业。具有代表性的有肖军华养羊1080只，年收入100万元左右；郑文富养牛60头，黄海军养牛60头，年收入均在50万元以上；林下种植代表有陈明军，种植天麻518亩，共种植半夏210亩、冬苏3万平方米，带动贫困农户32户；全村共发展豆干加工专业户25户，开办农家乐21家，其中规模较大、年收入达100万元以上的有军林农家乐、好心情、红灯笼等。外出务工人员达1250人，每年实现劳务收入1870万元。农民生产方式从第一产业向第二、第三产业转变。利用深圳市帮扶资金，建成长10千米、宽6.5米的省四级标准公路一条，农民生产生活条件明显改善。

（四）村容村貌焕然一新 为了改善村容村貌，当地有关部门立足穿岩村实际，整合资金，改造民居，治理河道，建生态小广场等公共基础设

■ 大方县羊场镇穿岩村生态广场

施，充分利用"五园新村"建设的项目资金作补助，激发了当地农民修建黔西北民居的积极性，并配套了小广场、沟渠设施等。目前，数十幢上档次的小别墅拔地而起，农家餐馆在这里方兴未艾，成为大方县城的人休闲娱乐的好去处。在政府的引导和群众的参与下，乡村旅游氛围基本形成了，群众增收渠道拓宽了，群众的观念也转变了，变得更加团结和睦。2014 年，穿岩村被命名为"全国生态文化村"，将"绿水青山就是金山银山"化为生动现实，实现了"生态美、产业强、百姓富"的目标，成功探索出了一条"生态建设产业化、产业发展生态化"的发展路子。

二、主要做法

（一）抢抓机遇，趁势而上 毕节试验区成立以后，特别是国家实施西部大开发战略以来，依托实施退耕还林和石漠化综合治理工程，大方县委、县政府紧紧围绕"开发扶贫、生态建设、人口控制"三大主题，将生态环境比较脆弱、农业种植结构单一、贫困面大、贫困程度深的穿岩村作为试点，以"四在农家、美丽乡村"建设为载体，以坡耕地水土流失综合治理和扶贫生态移民搬迁为示范主题，将生态建设、石漠化治理、水土保持、扶贫开发有机结合，通过政府发动、能人带动，进一步加大扶贫攻坚工作力度。

（二）强化宣传，转变观念 在实行退耕还林之初，国家政策与村民的农耕种植观念发生了激烈的冲突，村民不理解、不支持此项工作。镇党委、镇政府组成政策法规宣传组，村"两委"通过广播、宣传专栏、发放资料、张贴标语、悬挂横幅等形式，以及召开村民会议和送"法"上门等方式宣传国家退耕还林政策、水土流失对人类的危害、森林法和森林防火相关政策法律法规，让群众从本质上了解退耕还林的好处，营造浓厚氛围，增强群众生态保护意识。通过召开村民代表大会，广泛发动群众，征求群众意见，尊重群众意愿，引导群众积极参与生态建设，治理石漠化，使得退耕还林工作得以顺利开展。

（三）因地制宜，科学规划 按照因地制宜、集中连片、综合治理的原则，科学制定了退耕还林规划。在灾害多发区突出规模治理、集中防护；在交通干线两侧、城镇周围的植被稀疏、石漠化严重的荒山荒坡，实施封山育林；在退耕还林区实行牛、羊圈养。由大方县委、县政府组织有关人员加强督检和技术指导，严把整地、苗木和栽种质量关，县林业、水保、农业等部门组成技术组进行技术指导，同时，大力推广容器苗、地膜覆盖等抗旱造林技术，在极端恶劣的条件下使造林成活率达到了 90% 以上。坚持建管并重，层层建立管护责任制，落实到户、到人，造林保存率达到了 80% 以上。

（四）人口控制，厚植生态 建立健全独生子女户、二女结扎户和计划生育户奖励帮扶机制、优生优惠政策、养老保障体系，切实解决老有所养的问题。同时抓好优生优育，提高适龄儿童入学率，加强对中青年农民的文化科技知识培训，逐步提高人口综合素质。合理利用深圳对口扶贫资金，积极发展教育，有效缓解了适龄儿童入学难的问题。人口数量减少了，人口素质提高了，转变了落后的传统观念，大大减轻了对资源环境的压力。

（五）强抓产业，狠调结构 坚持"长抓林、中抓牧、短抓粮"的基本思路。一是将穿岩村交通不便、生活相对困难、生态环境十分恶劣的跃进组、大井组、木瓜组、中寨组实施生态移民，群众从山崖峭壁搬到平地或进城，居住条件从茅草房变平房。二是发挥该村"沙坝豆干"的品牌优势及良好的生态环境，积极鼓励支持退耕户开展豆制品加工和开办农家乐饮食服务业。三是积极组织退耕农户参加农民技术培训，向沿海开放城市输出劳动力。四是林下栽种优良牧草发展生态畜牧业。五是在宜耕区域注重抓好基本农田建设，实施坡改梯工程，改造中、低产田，提高农田综合生产能力。通过技术培训等提高农民科学种田技术，增加复种面积，使粮食产量稳定增加。六是按照试验区示范点建设的新要求，制定了"大力发展农特产品加工业和生态旅游业"的发展思路和"一轴（321国道）、一中心（休闲活动广场）、三组团（农特产加工组团、农家乐休闲组团和生态农业观光组团）"的村庄建设规划，着力构建布局合理、设施配套、村容整洁、乡风文明的试验区社会主义新农村。

（六）**项目整合，齐抓共管** 穿岩村能源匮乏，矿产资源短缺，以往人们依靠砍伐林木、挖树根取暖做饭，致使森林资源受到严重破坏，生态环境日益恶化，水土流失非常严重。通过政府引导，在穿岩村建设沼气池，解决农村能源匮乏问题，促进改善村民的居住环境。强化村党支部的战斗堡垒作用，增强村级班子的活力，加强党员队伍建设，优化党员队伍素质和年龄、知识结构，建设发展型党组织。共产党员身先士卒，率先垂范，"做给农民看、带着农民干、帮着农民赚"。党员干部分头负责，包干到户，一手抓观念转变，一手抓项目建设，确保栽得下、保得住、长得好、能致富。

三、基本经验

经过多年的努力，穿岩村山绿了、水清了、路通了、寨美了，最重要的是群众的钱袋子鼓起来了，村民素质提高了。越来越多的人被吸引到这里，带动了当地旅游和饮食等产业的发展，为退耕后的农民寻找到新的经济来源，在"近期作示范、长远探路子"方面积累了一些经验。

（一）**实施工程治理要加强生态意识教育，引导群众积极参与** 石漠化治理必须以人为本，充分发挥群众的主观能动性和激发群众内生动力，坚持发展为了人民、发展依靠人民、发展成果由人民共享的群众路线。只有群众认识到治理石漠化的重要性，才能保证石漠化治理真正取得实效。穿岩村"两委"通过广播、宣传专栏、发放资料、张贴标语、悬挂横幅等形式，大力宣传石漠化的危害和生态建设的作用及重要意义，营造浓厚氛围，增强群众生态保护意识。通过召开村民代表大会，广泛发动群众，征求群众意见，尊重群众意愿，引导群众积极参与生态建设，治理石漠化。

（二）**实施工程治理要因地制宜，做到科学规划** 穿岩村按照因地制宜、集中连片、综合治理的原则，科学制定了退耕还林和石漠化治理规划。在灾害多发区突出规模治理、集中防护；在交通干线两侧、城镇周围的植被稀疏、石漠化严重的荒山荒坡，实施封山育林；在工程造林区加强督检和技术指导，严把整地、苗木和栽种质量关，县林业、水保、农业等部门组成技术组进行技术指导。坚持建管并重，层层建立管护责任制，落实到户到人，造林保存率达到了80%以上。

■ 大方县羊场镇穿岩村生态得到修复

（三）实施工程治理要与乡村旅游相结合，提高社会效益　石漠化治理必须实行"农、林、牧、旅结合，长、中、短并举"的循环经济型治理模式，以林保粮，以粮促牧，长短结合，以短养长，坚持生态建设与经济建设同步发展。羊场镇穿岩村是大方县发展乡村旅游最早的地区之一。20世纪90年代，因为实施退耕还林工程，农村劳动力转移，穿岩村凭借着当地著名的特产"沙坝豆干"兴办起乡村旅游农家乐。通过退耕还林，穿岩村的生态效益转化为经济效益，"退"出了肖军林等几户"百万富翁"。依托"绿色生态长廊"的美誉，2010年穿岩村被列为毕节市"十大乡村旅游地"之一。

（四）实施工程治理要与可持续发展产业相结合，提高经济效益　实施退耕还林，要保证农民有稳定的收入，才能保证村民不毁林开荒。穿岩村在党支部带领下，积极发展畜牧业。坚持"林下种草，林草结合，草畜配套，以短养长"，加大封山禁牧和舍饲圈养力度，逐步改变传统放牧习惯和方式。采取多林种、多树种搭配，探索林草、林药、林菜、林果及乔灌经济林结合等多种治理模式增加农户经济收入。

（五）实施工程治理要与试点示范相结合，提高企业参与度　石漠化治理必须要加强党的领导，党员干部带头示范、分片包保、现身说法，建基地、学技术、成产业、抓市场。以抓党建促经济，推动生态建设，带动群众脱贫致富，真正实现"推动发展、服务群众、凝心聚力、构建和谐"。要因地制宜，因户施策，深入探索生态补偿脱贫一批的措施和办法助推脱贫攻坚，按照"引进一个企业、发展一个产业、打造一个品牌、带动一批农户、致富一方百姓"的"五个一"发展模式，切实搞好产业结构调整，大力发展第三产业，做活林旅一体化生态经济发展新样板。

生态理念引发变革　昔日荒山变身绿富美

——赫章县河镇乡海雀村生态建设纪实

马伟杰

海雀村位于赫章县河镇乡东北部，海拔 2300 米。全村总面积 11.87 平方千米，耕地面积 1780 亩，林地面积 14700 亩。辖 5 个村民组、222 户、871 人，其中苗族 212 户、819 人，彝族 10 户、52 人。境内山高坡陡、土地破碎，25°以上陡坡耕地占 90%。"海雀"在当地的彝族话里意思是"海一样大的湖"，本应是诗情画意的地方，在 30 年前却是一片"沙海"。1988 年，毕节试验区成立后，海雀村认真贯彻落实党的扶贫开发方针政策，积极抢抓统一战线特别是台盟中央及省、市、县帮扶的重大契机，紧紧围绕"开发扶贫、生态建设"的主题，大力推进基础设施、生态环境、民生事业、精神文明等建设，全村经济社会发展取得了翻天覆地的历史巨变。

一、主要成效

（一）生态环境质量和生活水平同步提升　20 世纪 80 年代，海雀村到处是荒山，尘土漫天，洪涝、干旱灾害年年发生，水土流失严重，土地贫瘠，群众连基本的温饱问题都难以解决，几乎是在死亡线上挣扎。1987 年开始，海雀村人民在老支书文朝荣的率领下，持续开展造林绿化。2017 年，全村共有林地 14700 亩，户均 67.8 亩，人均 17.4 亩，退耕还林 1120 亩，森林覆盖率从 1985 年的 5% 上升到 2017 年的 70.4%。万亩林场价值达 4000 多万元，人均 5 万元以上。全村人均纯收入从 1985 年的 33 元增加到了 2017 年底的 8493 元，增长了 250 多倍，人均占有粮食从 1985 年的不足 107 千克增加到了 2017 年底的 395 千克。如今再到海雀村，已没有一处荒山，成片的华山松将村子层层包围，一幢幢白墙青瓦的黔西北民居矗立其间，生态恶化的趋势得到扭转，昔日的荒山成了如今农民致富奔小康的"绿色银行"，海雀村因此获得"全国造林绿化千佳村"荣誉称号。植树造林带头人文朝荣被评为"长江中上游防护林系统先进个人"、"造林绿化先进个人"。

（二）因地制宜发展特色产业成效明显　1985 年，海雀村主要种植洋芋和荞麦，主食为洋芋，加之山高坡陡、土地瘠薄，形成了"种一大坡，收一小箩"的状况。一般贫困户每年要断粮一两个月,极贫户一年要断粮五六个月,食不果腹,断粮期间仅靠野菜、树皮度日。全村仅有 22 头牛、78 头猪,村民无任何经济来源。2017 年,全村建立了脱毒马铃薯种薯基地 1000 亩,覆盖农户 210 户;种植荞麦 200 亩,覆盖农户 100 户;积极发展庭院经济,户均种植本地李树 20 株;发展服装加工厂 1 个,覆盖群众 50 人;按户均 1 头的规模养殖能繁育的杂交母牛 84 头;扶持农户开展标准化养殖可乐猪 150 头。海雀专业合作社与企业签订供销合同,实施了 20 万羽蛋鸡养殖等项目。大力发展劳务经济,2017 年以来共输出劳动力 115 人,涉及农户 82 户。全村有养殖户 185 户,养猪 860 头、牛 280 头,户均养猪达 4 头以上,通过特惠贷的方式,户均养牛 1 头以上,养殖业每年为群众增加收入 200 余万元。

(三)人口素质和教育水平全面提升 20 世纪 80 年代,海雀村平均每对夫妇生育 4 个孩子,全村仅有小学文化 5 人,村民几乎不识字。2017 年底有小学文化(含小学三年级以上在校生)480 人,初中文化(含在校生)160 人,高中文化(含在校生)35 人,大学文化 9 人。海雀小学配齐了"班班通"教育设施,开创了汉语、英语、彝语、苗语"多语种"教学模式。全村学龄儿童入学率达 100%。20 多年来全村无一例治安案件和刑事案件发生,无任何信访上访事项;党的民族宗教政策得到全面贯彻落实,村里邻里之间、各民族之间未发生过任何矛盾纠纷。海雀村先后被评为贵州省"巾帼示范村"、毕节市"民族团结进步先进集体"、"计生协会示范村"。海雀歌舞团表演的《苗族大迁徙舞》获"多彩贵州"舞蹈大赛原生态组铜鼓奖。

(四)基础设施和设备逐渐完备 20 世纪 80 年代,海雀村无通村、通组公路,运输主要靠人背马驮;不通电,照明主要靠煤油灯;无自来水,饮用水主要靠收集雨水和直接饮用河沟水;整个村庄几乎与世隔绝。现已建成通村公路 14 千米、通组路 5.5 千米,完成联户路硬化 10 千米,农户院坝硬化 1 万多平方米,实现了 5 个村民组联户路无缝对接和院坝硬化全覆盖;完成全村农户房屋改造工程,修建海雀寄宿制学校;建成 3000 平方米的文化广场一个、4500 平方米的生态公园一个等。全村实现了水、电、路、通信、广播电视"五通",乡村面貌发生了显著变化。

(五)物质保障和精神面貌极大改善 1985 年,海雀村有瓦房 12 户、茅草房 114 户、杈杈房 42 户,家家户户人畜混居,80% 的村民衣不蔽体,没有床、没有被子,只得钻草窝、盖披毯、盖秧被,甚至围着火炉过夜,饥寒交迫、贫困交加。2017 年,全村家家户户均购置了电视机,2/3 的家庭购置了洗衣机,部分家庭购置了电冰箱,90% 以上成年人用上了手机,有农用车 22 辆、小轿车 6 辆、摩托车 85 辆。90 多岁的安美珍老人一家当年终年不见食油,如今一家三口人就宰了两头 200 千克多的过年猪,人均纯收入达到 6560 元,住上了新修的民居。文朝荣的老伴李明芝过去生活也是非常艰苦,现和二儿子文正友居住,开起了农家乐,购买了大货车跑运输,年收入 10 多万元,日子过得红红火火。两位老人见证了海雀村的发展变迁,现在环境变优美了,日子过得好了,生活有了盼头,大家脸上都洋溢着幸福的微笑。

二、主要做法

（一）积极响应贯彻落实国家生态建设决策　近年来，特别是国家、省、市"绿色行动"以来，海雀村结合开展国土绿化行动，大力发扬文朝荣精神，认真贯彻落实上级关于造林绿化的决策部署，按照"绿水青山就是金山银山"的总体思路，全面实施新一轮退耕还林工程、天然林资源保护工程、石漠化综合治理工程、森林植被恢复项目、中央财政森林抚育等林业重点工程。

（二）坚持守住发展和生态"两条底线"　20世纪80年代，海雀村生态环境极其恶劣，村党支部书记文朝荣提出了"山上有林才能保山下，有林才有草，有草就能养牲口，有牲口就有肥，有肥就有粮"的思路，通过召开支部大会、村民代表大会等各种形式对群众进行思想动员。紧紧抓住国家长江上游防护林在赫章试点的有利时机，把海雀村争取为试点，从1987年冬天开始，用30年时间，将村里原来光秃秃的30多个大小山头全都变成

■ 过去的海雀村

■ 现在的海雀村

了一片绿荫，实现了生态效应与经济发展"双赢"。一个简单朴素却实用的发展观在海雀村形成并实践着。近年来，海雀村以"四在农家·美丽乡村"建设为契机，采取政府补贴材料、群众投工投劳的方式，在上级各部门的大力支持和帮扶下，在村"两委"的组织带领下，"三家一伙、五家一群、十家一帮"地组织起了生产互助组，男女老少齐上阵，有力的出力，有技术的出技术，掀起了建设美好家园、改善生产生活环境的高潮。

（三）坚持发展特色产业作为重要途径 生态改善了，海雀村人民又把发展的目光转到了"科技兴农"上，种脱毒马铃薯、荞麦，既吃又卖，家家户户还养猪、鸡等牲畜和家禽。多年来，海雀村始终把调整产业结构、改变传统种养殖模式摆在全村工作的首位，按照"企业＋支部＋合作社（能人）＋农户"的模式发展畜牧业和种植业。为探索致富产业，村党支部将"六议两公开"引入扶贫工作，通过精准扶贫调查、召开座谈会的方式，再由村民小组提议、党支部初议、村"两委"商议、驻村干部参议、村两个代表议事会评议、村民大会决议，结合群众发展意向，退耕种方竹 1048 亩，使富余劳动力向非农业化及多种经营的产业发展，加快全村脱贫致富的步伐。

（四）充分发挥文朝荣式的党员先锋模范作用 村党支部以号召和个人志愿相结合为原则，面向全村 26 名党员及 804 名村民，在自愿的基础上，统一制作队旗、队徽，组建文朝荣精准扶贫服务队、党员志愿者服务队、党员先锋队、人口计生优质服务队、医疗服务队、绿化造林突击队 6 支队伍，成员共 96 名，并建立服务队活动登记制度，对服务队活动情况如实记录，拓展服务基层、服务群众的平台，使党员服务群众意识更强、距离更近、作风更实。

（五）坚持提高人口素质作为重要基础 导致海雀村过去极贫极穷的不仅是生态脆弱、缺乏产业支撑，更重要的一个因素是人口素质不高，缺乏科学生育观念，"越生越穷、越穷越生"。为此，海雀村通过加强宣传引导和教育培训，不断提高党员、群众的人口意识和人口素质。实施计划生育优质服务到村、到户行动，为 23 户育龄群众免费提供不孕不育检查和治疗。由赫章一小安排 2 名优秀教师到海雀小学支教，从海雀小学选派了 2 名教师到赫章一小培训提升。对高中（中职）以上贫困家庭学生，每学期每学生资助学费、生活费 500～3000 元。深入开展"文明新风进万家"活动，开展了 50 人次的建筑工培训，组建了一支 30 人的建筑工程队，组织开展了夜校培训、文明新风培训、村小学教师培训等。

（六）把保障和改善民生作为重要目标 多年来，村"两委"一方面积极争取上级支持，另一方面带领群众自力更生，全力改善群众的生产生活条件。按照"相对集中连片，依山傍水，错落有致，聚散相宜"的原则，对 8 户生存环境恶劣的农户进行了生态移民搬迁；新建或改造黔西北民居 222 户，100% 的农户完成了改厕和改圈工程，50% 的农户使用上清洁再生能源，彻底改变了以前"人畜混居"的历史。配齐了村卫生室所需医疗设施，修建了海雀村精神文明活动站；实施社会保障到村、到户行动，将 27 户、65 人符合条件的贫困群众全部纳入农村低保管理，全村农村合作医疗参合率达 100%、城乡居民社会养老保险参保率达 99%，真正实现了"学有所教、劳有所得、病有所医、老有所养、住有所居"。实施矛盾纠纷排查化解到村、到户行动，成立了群众工作室，建立了由乡人大代表、政协委员等组成的群众工作队伍，社情民意走访率达100%，真正实现了小事不出组、大事不出村、矛盾不上交。实施村务公开到村、到户行动，建立健全了村务公开和民主管理制度，提高了群众满意度。

（七）整合各方力量作为重要推力　抢抓台盟中央定点帮扶海雀村的重大机遇，内引外联，深入推进"同心"实践。2005年以来，台盟中央开始定点帮扶海雀村。全国政协和台盟中央等领导同志先后深入赫章县、深入海雀村考察指导工作，并发动台盟福建省委、台盟上海市委、台盟浙江省委等共同参与支持海雀村建设。台盟中央先后为海雀村联引项目资金200多万元，帮助实施了人畜饮水工程、茅草房改造等建设，支持发展林下养鸡项目等。"同心"实践在海雀村得到生动体现。

（八）把建设基层党组织作为重要保障　多年来，海雀村大力实施基层组织服务到村、到户行动，县、乡党委按照选优配强村级党组织的要求，选派优秀正科级干部任海雀村党委书记，选派优秀年轻干部担任村支部书记，市、县、乡选派了得力干部蹲点驻村帮助发展。利用农村党员远程教育平台和乡村农民讲师，强化党员群众的培训。开展了以"党恩惠民在海雀、忆贫思富在海雀、精准扶贫在海雀、生态建设在海雀、人口文化在海雀"等为主要内容的"海雀讲堂"；建立健全了基层组织服务网络、服务功能、服务制度、能力提升、质量评价"五大服务体系"。海雀村党支部先后被贵州省、毕节市、赫章县命名为"五好"基层党组织，2011年海雀村党支部被评为"全国先进基层党组织"。老支书文朝荣在几十年的工作实践中创造性地总结出了"群众工作六法"，他本人多次被中央、省、市、县、乡党委评为"优秀共产党员"、"思想政治先进个人"、"先进工作者"、"成绩突出先进个人"等。2014年文朝荣积劳成疾离开了人世，贵州省委向全省发出了"远学焦裕禄、近学文朝荣"的号召，并将文朝荣精神概括为"艰苦奋斗、无私奉献、愚公移山、改变面貌"。中共中央组织部追授文朝荣为"全国优秀共产党员"，中共中央宣传部追授文朝荣为"时代楷模"。为拓展海雀村发展区域、扩大产业集群、增强脱贫致富内生力量，赫章县委、县政府在大量调研、论证的基础上，于2014年12月31日将原来的海雀村、老街村、花泥村合并为新海雀村，成立海雀村党委，进一步强化了"三支队伍建设"。现在正在把海雀村建设成集"生态保护、党政教育、廉政培训、文化体验"为一体的旅游示范村。

三、主要经验

（一）党政主导、群众参与是海雀村生态建设的保障　经过30年的扶贫攻坚历程，海雀村人民在"不具备人类基本生存条件"的乌蒙贫困山区，探索出一条人与自然、人与资源、人与环境相协调的和谐发展新路子，创造了"党政主导、社会参与、群众主体、自力更生、苦干实干、科学发展"的"海雀扶贫模式"，铸就了"中国反贫困的典范"。

（二）统一思想、以身作则是海雀村生态建设的法宝　"喊破嗓子不如甩开膀子"，文朝荣以身作则，为群众树立榜样，凝聚起奋力拼搏的力量。"我入党是为了多为群众办点好事。"文朝荣把自己摆在群众中间，关心村里每一户困难户，不让一人受苦，不让一人落单。"常串门、摆政策，掏心窝、解疙瘩，找路子、不苦熬，办急事、做实活，我带头、一起干，当杆秤、像清泉"的"群众工作六法"，彰显着党员的先锋模范作用，践行服务群众的工作理念，正是海雀村脱贫致富的法宝之一。

（三）保障民生、改善环境是海雀村生态建设的核心　以保障和改善民生为重点，着力抓好生态建设，处理好经济发展和生态环境保护的关系，把绿色发展理念贯彻到实处，就一定能让良好生态环境成为人民生活质量的增长点、成为经济社会持续健康发展的支撑点、成为展现自身良好形象的发力点。海雀村 30 年如一日的身体力行，深刻诠释了这一绿色发展理念。只有咬定生态文明建设目标，以"前人栽树、后人乘凉"的远见，以"功成不必在我"的胸襟，艰苦奋斗、攻坚克难，才能实现经济社会发展与生态环境保护的共赢。

（四）转变思维、绿色创收是海雀村生态建设的目标　随着对发展规律认识的不断深化，越来越多的人意识到：绿水青山就是金山银山，保护生态环境就是保护生产力，改善生态环境就是发展生产力。应锐意深化生态文明制度改革，坚定贯彻绿色发展理念，转变思维，实现绿色创收。要认识到抓环保就是抓发展、就是抓可持续发展，把加强环境保护作为机遇和要抓手，找准绿色发展这一突破点，以增加农民收入为核心，强化基础设施建设，创新产业发展模式，大力提升人口素质，实现生态环境质量和生活水平的同步提升，谱写绿色发展的新篇章。

构建绿色生态　缔造美丽家园

——七星关区林业生态效益逐渐发挥

岳　迪

七星关区位于贵州省西北部，地处四川、云南、贵州三省交汇处，是毕节市驻地，距省会贵阳 216 千米，321 国道、326 国道和贵（阳）毕（节）、大（方）纳（溪）高等级公路经过境内，厦蓉、杭瑞、毕威等高速公路穿境而过，交通较便利。全区面积 3231.2 平方千米，东西长 105 千米，南北宽 80 千米，东与金沙、大方两县接壤，南与纳雍毗邻，西与赫章县和云南省镇雄县相连，北与四川省叙永、古蔺两县隔河相望。近年来，七星关区林业生态建设以科学发展观为统领，以全面建设小康社会为目标，始终围绕"生态建设"这个主题，加大林业生态环境保护和建设力度，加快产业结构调整步伐，大力保护、培育和合理利用森林资源，促进林业生态建设和林业产业持续、快速、健康发展。

一、取得的成效

在坚持"绿山富民奔小康"的指导思想下，依托退耕还林工程、石漠化综合治理工程、天然林资源保护工程等林业重点工程，加大造林绿化和资源保护工作力度，全面推进生态环境建设，加快林业产业结构调整和林业产业发展步伐。全区林业生态体系基本形成，林业生态效益逐步发挥。各类森林经营类型面积比例和林种、树种结构科学合理，全区生态环境、人居条件、工农业生产条件明显改善。

（一）**造林成效显著，山更青**　2001—2017 年，全区共实施营造林 172.26 万亩，其中：退耕还林工程 77.29 万亩，石漠化综合治理工程 20.84 万亩，巩固退耕还林项目 18.07 万亩，天然林资源保护工程 18.33 万亩，市（县）资金造林项目 14.41 万亩，三江源项目 10.03 万亩，中央财政补贴造林项目 3.50 万亩，省级植被恢复费项目 3.56 万亩，市级植被恢复费项目 1.22 万亩，县级植被恢复费项目 4.38 万亩，农业综合开发项目 0.62 万亩。依托以上各项工程的实施，活立木蓄积量达到 407.16 万立方米，森林面积 223.35 万亩，森林覆盖率 56.42%，为到 2020 年森林覆盖率达 60% 打下了坚实基础。

（二）**产业初具规模，民更富**　在稳步推进林业生态体系建设的同时，加快林业产业体系建设，坚持生态建设和产业建设齐头并进，按照生态建设产业化、产业建设生态化的要求，以实施林业重点工程项目为依托，以林下养殖、林下种植进行产业结构调整，以耕代抚，以短养长的发展战略。全区先后建立家庭林场 14 个，以林下养鸡为主的养殖基地 52 个，以林下种植苦参、党参、天麻为主的中药材种植基地 107 个；赤水河沿线柑橘基地、杨家湾一带'玛瑙红'樱桃基地经济效益已凸显，当地村民人均经果林收入 500 元以上，户均效益高的可达 3 万~5 万元。2017 年，全区林业产值 34.23 亿万元，带动贫困户 5867 户，助推 26401 人实现脱贫。

（三）加强依法治理，林更固 天然林资源保护工程实施以来，全区天然林资源得到全面有效保护。森林公安和护林防火大队认真组织开展"雷霆行动"、"亮剑行动"和森林保护"六个严禁"等各类林业执法专项行动。2017 年办理服务事项 1495 件，其中木材运输 435 件，木材经营加工许可证 55 件，植物检疫 75 件，林木种苗生产经营许可证 6 件，林木采伐许可证 23 件，木材调动检疫 381 件，种苗调运检疫 129 件，年审木材经营许可证 391 件。完成 753 个图斑的核对，核实办理涉林案件 323 起，其中行政案件 158 起，刑事案件 165 起，做到行政案件处罚率和刑事案件移送率均为 100%。有力地打击了破坏森林和野生动植物资源的违法犯罪行为，确保了林区治安秩序的持续稳定。已连续 5 年未发生重大森林火灾、森林病虫害和恶性林政案件。林政资源管理工作有条不紊，"组组通"、"砂石矿山"等占用林地审核审批工作扎实推进。

（四）绿色通道建设，路更靓 为积极响应毕节市委、市政府的号召，在七星关区人民政府的安排部署下，2016 年开始对区内开通的杭瑞、厦蓉、毕威 3 条高速公路按照"绿

■ 七星关区碧阳湖畔

化、香化、果化、彩化"的目标进行规划设计、公开招投标，2017年1月23日，湖北飞德园林工程有限公司在八寨镇金银山服务区的进场施工，标志着七星关区绿色通道建设工程正式开工。目前，该项工程已基本完成栽植工作，完成通道绿化建设面积1.4万亩，栽植绿化苗木56万余株，已初见效果，一改原区内高速公路两边只见荒山和玉米的形象，大大提高了区内高速交通的安全性和舒适性，提升七星关区通道建设形象，为靓丽毕节奠定了基础。

（五）森林公园建设，景更美 借2012年全省旅游发展大会在毕节召开之机，七星关区政府采用建设-转让（BT）模式配套4300多万元，建成毕节市七星关区拱拢坪国有林场景区接待中心和休闲度假中心。主要包括：接待设施建设5100平方米，生态阶梯广场建设4000平方米，停车场建设4100平方米，接待大厅建设800平方米，旅游步道改造及其他景观设施完善升级；吞天井边坡治理、安全引水工程、景区公路两侧清理及绿化美化工程、登山观光步道、内围标识和景区空气质量监测等工程的实施。2017年整合财政资金1148万元，完善拱拢坪森林公园基础设施建设，旅游人次突破112.5万人次，收入达1576万元。先后荣获"全国十佳林场"、首届"中国森林氧吧"、国家AAAA级旅游风景区、贵州省生态文明教育基地、毕节市十佳旅游景区、毕节市野外军事拓展训练营地等荣誉称号，成为乌蒙山地区一颗璀璨的明珠。

二、主要做法

（一）探索造林工程新机制 采取"公司（专业合作社）+基地"、"公司（专业合作社）+

■ 七星关区野角乡森林人家

基地＋农户"、"公司（专业合作社）＋基地＋村＋农户"等模式，实行先建后补和包苗木、包栽、包活、包管、包成林的"五包"制度，以财政奖补政策为依托，广泛吸纳社会资金，吸引各种社会主体投资造林，充分发挥财政资金的引导和杠杆作用。

（二）**完善财政扶持政策** 以"五城同创"为抓手，大力实施退耕还林和荒山造林工程，利用区级层面的财政奖补，对符合各类工程政策、纳入工程范围种植的，除享受相应工程政策补助标准外，同时还可享受 2017 年出台的《中共毕节市七星关区委 毕节市七星关区政府关于农业产业发展奖补意见》中"对集中连片 100 亩以上规范化种植经果林的每亩给予 300～500 元补助"，对配套的基础设施一并纳入补助范围。2017 补助经果林 155.19 万元，机耕道 1263.26 万元，人行便道 63.27 万元。对高规格、高标准、高质量、大面积种植的示范点，按一事一议的方式由区委、区政府研究确定补助标准。统筹发挥区、乡、村三级的主体作用，建立健全林业产业、造林工程等项目的补贴政策，推进财政项目资金投向符合条件、运行良好的林业专业合作社和村集体经济组织。

（三）**扎实开展森林资源保护** 研究出台《毕节市七星关区森林保护"六个严禁"问责办法》，强化部门及地方政府的职能作用，对工作过程中出现的不作为、慢作为、乱作为等情况进行问责，为林业生态环境健康发展保驾护航。出台《毕节市七星关区林业生态保护有奖报告制度》，进一步巩固造林绿化成果，保护野生动植物资源，对举报全区范围内出现的损害林业生态环境的行为每次给予 100～2000 元不等的奖励，提高全民爱林护林意识和公众参与林业生态保护的积极性。严厉打击各类破坏森林资源的违法犯罪行为，起到"打击一人，教育一片，震慑一方"的效果，保护森林资源安全。继续推进"补植复绿"基地建设，抓好林业法律宣传教育，增强人民群众自觉遵守林业法规的意识。出台《毕节市七星关区破坏森林资源违法犯罪案件生态损失补偿机制》，在拱拢坪国有林场建立异地"补植复绿"基地 655 亩，收缴补植复绿基金 25.82 万元，引导当事人造林 158 亩，督促违法行为人植树 6.1 万株。

（四）**落实管护保障长效机制** 出台《毕节市七星关区造林工程管护管理办法》，对造林 3 年以内的工程实行差别化管理，将过去"三分种，七分管"的意识转变，加强对新造林和中幼林的抚育管理，完善工程造林和森林抚育补助政策，落实管护责任，探索建立工程建设的长效机制，进一步明确乡镇、村、造林主体的责任，每年由区财政投资 600 余万元，实施奖惩并行，逐步消除"重栽轻管"和"造林不见林"的现象。

出台《毕节市七星关区森林防火经费奖励办法》，每年保证不低于 100 万元用于森林防火，2016—2017 年共兑现森林防火奖励经费 300.9 万元，提高了基层森林防火的积极性，保障了全区林业生态安全。

（五）**领导带动建立引领示范** 结合区内产业结构调整目标，重点围绕过境高速公路沿线乡镇（街道）、"五在农家·美丽乡村"示范点、高速公路匝道出口附近等示范效果好、交通便利的地段选址布局示范样板点。按照区级样板点 3000 亩以上、副县级领导样板点 600 亩以上、乡镇（街道）样板点 500 亩以上的指标，要求每个乡镇（街道）至少建设一个 500 亩以上的示范点一个，通过区、乡、村层层大办样板点，充分发挥示范带动作用。

七星关区林业局党组成员和技术人员划片区包保负责，围绕"生态美、百姓富"的目标，按照发展具有地方特色的林业生态产业的原则，认真指导各个乡镇做好产业规划和调整。认真开展技术指导服务工作，确保每个村、每个图斑都能有技术人员到现场指导。

三、主要体会

（一）**林业工程建设必须因地制宜，适地适树** 造林绿化是一项系统工程，要在尊重自然的前提下，坚持因地制宜、合理布局，宜乔则乔、宜灌则灌，宜造则造、宜封则封。反之，造林树种的林学特征与造林地环境不相适应，违背客观规律，将影响造林质量，出现成活不成材、成材不成林的现象，大大降低造林绿化的生态效益和经济效益。因此，既要搞好生态修复，让国土生态空间更秀美，也要抓好城乡的造林绿化，适地适树、因地制宜，让环境更宜居、人民的生活更美好。

（二）**林业工程建设必须调动群众积极性，引导群众参与** 在充分尊重群众意愿的前提下，引导群众参与到造林中来，加强群众的林业法制教育，让群众真正懂得恢复生态多样性和综合平衡的重要性，引导群众不断增强生态文明意识，充分调动群众的积极性，营造一个良好的造林护林环境，让林业工作尤其是后期管理变得事半功倍。

（三）**林业工程建设必须坚持技术培训，实现科技兴林** 长期以来林业工作一直被认为是粗放式经营，事实上，林业工作并不是看似的那样是个"粗"活，它是一门不仅需要耐心还需要技术的活。搞好林业工作必须加大科技投入，加大林业科技攻关、课题研究及林业新技术推广力度，强化林业科技队伍建设和培训工作。把林业新科技革命作为推动林业产业发展的强大动力和根本途径，建设高效、集约、持续的现代林业，打造一个绿色的七星关区城市生态圈。

实施综合治理　发展地方经济

——金沙县石漠化综合治理的探索与实践

王　平

一、石漠化治理情况

　　金沙县位于毕节市东部，东面与遵义市仁怀市、播州区相连，南面与贵阳市息烽县、修文县隔乌江相望，西面与本市黔西县、大方县接壤，北面与本市七星关区、四川省古蔺县隔赤水河及其支流马洛河相望。全县国土面积 379.2 万亩，有岩溶面积 299.06 万亩，占全县国土面积的 78.87%。2005 年，全县有石漠化面积 49.5 万亩，占全县国土面积的13.05%。由于乱砍滥伐、乱采滥挖、林区放牧和不合理的生产耕作形成水土流失，造成了严重的土地石漠化现象，到处土壤瘠薄、岩石裸露，粮食产量非常低下，群众经济收入少、生活水平低。面对生态恶化、经济滞后的问题，金沙县委、县政府认真探索石漠化山区发展之路，积极实施石漠化综合治理、退耕还林、森林植被恢复等林业生态工程，引导企业和社会能人投身经果林产业，推进特色生态林果产业发展，使生态环境恶化、石漠化严重的状况得到初步遏制，经济社会得到长足发展。

二、取得的成效

　　（一）遏制了土地石漠化进展　2005—2017 年，全县累计治理石漠化面积 21 万亩。通过实施防护林和经济林、封山育林、人工种草、坡改梯等治理手段，有效减少水土流失，使林草植被逐步增加，石漠化面积从 2005 年的 49.50 万亩减少到 2010 年的 46.44 万亩，再减少到 2017 年的 41.49 万亩，石漠化的趋势得到有效遏制。位于金沙县柳塘镇与黔西县重新镇交界的乌箐河小流域，2005 年以前石漠化程度达到 50% 以上，金沙县通过大力实施退耕还林、石漠化综合治理和天然林资源保护，使石漠化面积大大减少，目前整个小流域石漠化程度已降到 30%，群众生产生活条件得到显著改善。根据 2015 年石漠化监测结果，全县石漠化面积 41.49 万亩，占全县国土面积的 10.94%，比 2010 年减少 4.95 万亩，比 2005 年减少 8.01 万亩。在石漠化土地中，轻度、中度、强度、极强度石漠化面积分别为 10.63 万亩、30.5 万亩、0.34 万亩和 0.02 万亩，分别占全县国土面积的 2.80%、8.04%、

0.09% 和 0.004%，分别比 2005 年减少 6.39 万亩、0.98 万亩、0.48 万亩和 0.17 万亩。

（二）改善了林业生态环境　通过实施林业生态工程推进石漠化治理，采取荒山造林、封山育林等措施促进石漠化山地植被恢复，减少了水土流失，促进了林木生长，森林覆盖率从 2005 年的 43.91% 提高到 2017 年的 55.24%，生态环境得到显著改善。干沟小流域位于县境南部的化觉镇和高坪镇，以前由于过度樵采和野外放牧导致山林植被遭到严重破坏，随处可见成群的牛羊在石旮旯山地啃食树叶，通过 10 来年的人工造林和封山育林治理，现在已被郁郁葱葱的林木所替代，生态环境得到极大改善。

（三）促进了林果产业发展　金沙县采取营建经果林的方式推进耕地石漠化治理，在石漠化综合治理、退耕还林、生态扶贫、水土保持、水库移民等项目建设过程中，积极发动群众种植经济林果，促进了特色林果产业的发展。乌江边上的沙土镇玛瑙石村民组，由于严重水土流失造成土地瘠薄无法耕种庄稼，在移民政策帮助扶持下，村民在沿江地带全部种上椪柑，现在已丰产了 5 年，"玛瑙石椪柑"成为周边的金沙县、播州区和息烽县的知名水果品牌，采摘季节每天都有成百上千的游客到果园采摘椪柑，大大增加了农民群众的收入。目前，金沙县经果林面积已达到 50 万亩，核桃、茶树、猕猴桃、椪柑、桃、梨、李等果园已初具规模。在赤望高速金沙南站出口的老洼岩一带，万亩油用牡丹、千亩黄金梨和成片的药用菊花，已成为群众脱贫致富的好产业。

（四）改善了农业耕作环境　金沙县积极实施基本口粮田建设、农田综合整治、小型水利水保项目、农业综合开发等农业基础设施项目建设，在石漠化地区开展坡改梯、机耕道、生产便道、蓄水池、引水渠和输水管道建设，减少了水土流失，改善了农业耕作环境，推进了石漠化综合治理的进程。后山镇坎坝村是个典型的苗族聚居区，由于地势偏僻、交通不便，群众生产生活条件极差，通过实施小型水利水保工程，进行坡改梯 1500亩，建设机耕道 1800 米、蓄水池 10 口，大大改善了耕作条件和生活环境。

（五）推动了产业结构调整　由于石漠化治理工程的带动，农民群众逐步认识到发展经果林产业是增加收入和脱贫致富的好产业，纷纷投入到经果林种植潮流中来，一些社会能人也投资经果林产业发展，种植花椒、李、构树、茶树等经果林，推动了农业产业结构调整步伐。位于石漠化地区的柳塘镇三合村，群众种植玉米每亩地毛收入在 800 元左右，扣除种子、肥料、人工、牛工等投入，纯收入几乎为零。在镇、村领导的宣传和帮助下，群众将土地流转给贵州利民农业科技发展有限公司种植花椒和辣椒，每亩土地每年租金收入 300 元，务工收入近 2000 元，群众在业余时间还可以到附近地方务工，大大提高了收入水平。尝到了甜头后，更多的群众踊跃参与花椒等经果林种植。如今，全县的茶树、核桃、油用牡丹、花椒及桃、李、梨等已规模发展，代替了成片的玉米地，推动了农业产业结构调整。

三、主要措施

（一）科学规划，因地制宜选择治理措施　金沙县在石漠化综合治理工程实施中加强科学规划，以规划指导工程建设的执行，因地制宜地选择治理措施，确保方法得当、效

■ 金沙县冷水河石漠化治理成效

益明显，有效利用工程建设资金。对原有疏幼林及新造林全面实行封禁管理，对地势平缓、土层较深的耕地种植经果林或种草养畜，每年选择一个地点进行综合治理示范，推进了工程建设的有序开展。在苗族聚居的桂花乡柿花村，针对住户较少、牲畜养殖对人口影响较小的优势，2006 年石漠化综合治理工程选择在该村建设 3600 平方米发酵床生猪养殖场 1 座，在石漠化耕地种植构树饲料林 500 亩，采用优质构树饲料养殖生猪，猪肉不受添加剂污染保证了品质，利用发酵床发酵分解养殖粪便，杜绝了生猪养殖对环境造成的污染，确保做到零排放方式养殖，推进了石漠化地区养殖业的发展。对项目区山头地块，采取封山育林的方式，聘请有劳动能力的贫困农户作为护林员开展森林管护，杜绝对林木、林地的破坏，促进了森林植被的恢复，推进了石漠化综合治理。

（二）加强培训，提高农民群众发展能力　当地农民以前在石漠化耕地基本上只是种植玉米等粮食作物，缺乏经果林种植管理理念和技术，对综合治理思路更是没有认知。因此，金沙县在工程实施中加强技术培训，重点对石漠化综合治理理念、果树栽培管理技术、经果林下套种辣椒技术、石漠化地区牧草栽培技术等进行培训，共培训农民技术人员12538 人，提高农民的技术素质和生产管理能力，引导农民改革耕作制度、调整产业结构，因地制宜发展特色产业。金沙县马路乡从 2009 年以来已在乡政府和核桃地中开展了 15 次核桃管理技术培训，邀请县林业局和农牧局专业技术人员现场讲解核桃施肥、整形、病虫害防治等技术和具体示范，推进了核桃产业发展。目前，马路乡已发展核桃种植 3.7 万亩，其中 80% 核桃树已开始试挂果，推进了石漠化综合治理的开展。

（三）强化管理，规范操作提高生产效率　认真执行项目法人责任制、工程监理制、工程验收制等制度，确保规范标准地完成石漠化综合治理任务。在工程项目实施中加强技术指导和监督，明确任务责任，保证了各项治理措施高质量、高标准完成，使经果林树苗生长旺盛，尽早产生经济效益。县政府明确县防治石漠化管理中心为石漠化综合治理工程的法人，专门负责工程建设和石漠化监测等相关工作，在工程实施时通过公开采购选择有相关资质的监理单位开展工程监理，工程施工结束后由项目乡镇和施工单位开展自查后再由县级相关单位开展县级验收，林业项目还在项目建设3年内每年委托有资质的第三方验收机构对人工造林、封山育林管护情况进行验收，督促实施主体加强管护，确保了工程建设成效。

（四）农林混作，以短养长促进农民增收　由于经果林产生经济效益普遍时间较长，一般都需要3～5年时间，因此对于见效较晚的项目实行农林混作，在经果林下套种辣椒、甘薯等矮秆农作物及中药材或牧草，使得农户在经果林投产前期有稳定的经济收入水平，实现以短养长。柳塘镇三合村在2016年种植九叶青花椒0.15万亩，为减轻花椒生产的资金压力，采取花椒林下套种辣椒的办法进行生产，其中500亩由实施主体自行套种辣椒，1000亩由农户套种辣椒，2016年和2017年，项目区平均每年生产鲜辣椒1600吨，年销售收入在400万元以上，农户种植辣椒亩收入在2500元以上，促进了农民群众收入水平的提高。

（五）借鉴"三变"模式，实现三方利益共享　按照"协同合作、互利共赢"的宗旨，实行资源变资产、资金变股金、农户变股民的"三变"模式。金沙县2015年石漠化治理

■ 金沙县石漠化治理——林粮结合模式

工程引进贵州利民农业科技发展有限公司在柳塘镇三合村流转 1500 亩土地开展石漠化治理九叶青花椒种植，由于公司精细化的管理，花椒在种植第二年即试花、试果，第三年就普遍挂果，盛果期亩产值在 0.5 万元以上，引起了当地群众的注意，纷纷要求种植。2017年，再由贵州利民农业科技发展有限公司牵头，在桂花乡果松村和滥坝村通过以土地和劳动力管护入股的方式参与到花椒种植治理石漠化中来，企业提供苗木、肥料及各种物资，开展苗木种植，占花椒收益的 45%；农户提供土地和开展花椒管护，占花椒收益的 50%；村委会负责协调各种矛盾纠纷，占花椒收益的 5%。目前全县已种植九叶青花椒 4000 亩，既促进了石漠化治理工作开展，也为增加农民收入、推进"三变"改革提供了新的发展模式。

四、取得的经验和体会

（一）落实经营主体是项目取得成功的关键　只有落实好经营主体才能保证项目的顺利实施。金沙县在石漠化治理过程中，把落实经营主体作为项目实施的首要条件，做到事前落实经营主体、事中监督进行过程管理、事后跟踪服务，做到成效取信于民。

（二）技术培训是项目取得成功的重要环节　核桃树在石漠化土地生长良好，是治理石漠化的先锋树种之一。由于受种植实生核桃多年不能挂果、不能产生经济效益的影响，群众对种植核桃产生严重抵触心理，不愿意再种植核桃。为推广优质核桃品种，金沙县引导社会能人从河南引种优质早实薄壳核桃进行示范种植，县林业局派遣精通核桃管理的技术人员到示范地进行指导。2012 年引种早实薄壳核桃 20 亩在柳塘镇进行示范，2013年开始试挂果，2014 核桃平均单株产量达到 2 千克，周围群众纷纷前来学习，县林业局及时邀请中国林业科学研究院核桃专家开展了核桃种植培训。在群众的要求下，金沙县2015 年在石漠化综合治理工程中种植了早实薄壳核桃 3000 亩。

（三）综合治理是项目取得成功的重要保障　石漠化治理的主要目的就是实行山、水、林、田、路综合治理。贵州龙凤国凯有限公司在 2016 年金沙县石漠化治理中流转土地建设杂交构树种植示范基地 500 亩，在基地建设生猪养殖示范场 3600 平方米，养殖场内配备有机肥料生产，所有有机肥再还田栽树，实现生态种植、养殖、加工等循环利用。公司一方面进行示范种植和养殖，另一方面带动农户开展杂交构树种植和生猪养殖。由公司提供构树苗、农户提供土地和劳动力开展构树种植，公司向农户回收构树枝叶用于加工饲料；对于有养殖意愿的农户，由公司提供仔猪和构树发酵饲料给农户，并向农户回收肉猪进行屠宰上市，建成一条石漠化治理的生态产业链。

抢抓机遇促发展　绿色实践谱新篇

——百里杜鹃管理区林业生态建设纪实

周劲松

百里杜鹃管理区坚持发展和生态"两条底线"一起守、绿水青山和金山银山"两座靓山"一起建，着力构建"城镇乡村园林化、机关院落景观化、道路农田林网化、荒山林地森林化"的生态绿化格局。求真务实，锐意进取，抢抓发展机遇，强化生态建设，掀起了一场又一场绿色风暴，创造了新业绩、展示了新形象、取得了新突破，为推动经济社会持续快速健康发展奠定了坚实基础。2007年来，共实施林业造林工程23.44万亩，完成补植复绿生态林0.14万亩。2017年森林覆盖率63.4%，无森林火灾发生。

一、主要做法

（一）**强化营林造林，共建绿色家园**　2007—2017年，百里杜鹃管理区共实施退耕还林5.15万亩，投资7728万元；特色经果林6.39万亩，投资3194万元；石漠化治理4.09万亩，投资1507万元；封山育林3.43万亩，投资170万元；灾后中央补助资金恢复重建补植补造2.06万亩，投资4416万元；巩固退耕还林成果2.18万亩，投资361万元；完成补植复绿生态林0.14万亩。

（二）**强化资源管护，守住绿水青山**　2007年以来，一是加强公益林管理。完成公益林界定，及时落实国家公益林补偿。投入公益林补偿资金1463万元，管护面积为46.69万亩。二是强化天然林资源保护工程监管。加强资源监管，落实森林管护面积47.63万亩，共投入天然林资源保护管护资金823万元。三是加大基础设施建设。投资2362万元，完成了国家级森林公园保护设施建设，建成了保护、监测、供电、给排水工程等基础设施。四是大力发展林下经济。通过招商引资，2012年成立百里杜鹃乌蒙菌业有限公司，先后投资2000余万元在普底乡红丰村建设天麻伴生菌种生产厂房3000余平方米，建设天麻育种示范基地300亩，年生产天麻伴生菌种100万袋以上，生产优质种麻5万千克，带动周边农户种植天麻与食药用菌1000余户，其中贫困户200多户，户均年增收0.6万元。百里杜鹃华洲绿色生态农业科技有限公司投入资金600余万元，以林下种植香菇、猴头菇等菌类产品为主，流转普底乡大荒村600亩松林和荒山作为建设基地，建有大棚8亩、苗林花卉100亩、林下种植基地300亩，林下菇架3000余米，有贫困户87户、347人参与发展食用菌种植，种植群众年人均收入由2015年不足2000元提高到3500元以上。五是加强林政执法。共查处涉林案件82件，办结82件，案件查结率100%。其中行政案件64件，查结64件，查结率100%；刑事案件12件，查结12件，查结率100%。六是加大森林防火投入。共投入森林防火经费1200余万元，购置了脉冲水枪、森林防火运兵车等设备，成立了一支65人的专业森林防火队伍。年均森林火灾受害率为0.01‰，远低于市级下达的目标值，特别是近年来，全区没有发生森林火灾。

（三）强化绿化美化，发展旅游生态　以打造"四季有花、四季有果"的发展目标，通过管委会财政解决和向上级争取资金等方式，大力实施景区景点的绿化美化工程。2007年来，先后承建了公路沿线行道树下种植草花、生态专类园建设、景区行道树种植、通道绿化建设等61个建设项目，总投资10290万元。不断增加了景区景点的观赏性。其中成效最明显的有：贵州华泰生态农业开发有限公司在百里杜鹃鹏程管理区启化村投资建设花卉农业观光园——万亩紫薇园，属贵州省"5个100工程"省级现代高效农业示范园区。公司注册资金2000万元，现有员工300余人，其中管理人员10人，技术人员5人，当地农民工285人。园区规划面积1.37万亩，首期种植面积0.37万亩，二期种植面积1万亩。流转土地农户涉及530户、3200余人，其中建档立卡贫困户101户、236人。以紫薇花、玫瑰花等为主，根据不同花期，打造4～10月的高山花卉观光区，有效弥补百里杜鹃管理区杜鹃花期短的短板，延长观花期，丰富旅游链。通过温泉度假酒店、生态阳光餐厅、山

■ 百里杜鹃管理区杜鹃花开

顶梯台观光、山地野营体验、农场信息化服务平台等基础设施建设，打造集宜居、宜商、宜游为一体的现代农业示范园区。

（四）强化科研引领，助推绿色发展 一是通过与国内外科研院所的合作交流，成功举办了4届"中国贵州百里杜鹃国际杜鹃花学术论坛"，邀请国内外高校及科研单位和企业100余位从事杜鹃花研究的专家、学者围绕高山杜鹃资源研究及进展、高山杜鹃资源开发利用技术、高山杜鹃资源保护重要性、杜鹃花主要病虫害及其防治等多个方面做了深入的学术交流与探讨。提升全社会对杜鹃花的认知和价值评价的同时，促进杜鹃花资源得到更好的保护和开发利用，助推杜鹃花产业蓬勃健康发展。二是编制科研项目8个，申报成功项目6个，到位科研资金近90余万元，项目研究内容覆盖杜鹃花繁殖、培育等多个方面。凭借上述项目和自然保护区能力建设项目的实施，共投入资金340余万元，实施自然保护区界桩及宣传碑牌建设。同时，邀请国内外著名科研专家深入百里杜鹃管理区各个景区，对杜鹃资源进行详细的调查和分析研究，摸清百里杜鹃管理区高山常绿杜鹃共有6个亚属43种，发现亮毛杜鹃、毛柄杜鹃、黔中杜鹃、滇西桃叶杜鹃4个新分布种，发现1个新品种并命名"百里杜鹃"。三是探索高山常绿杜鹃大田育苗技术，并将其应用到招商引资的百里杜鹃风景名胜区万绿源种苗建设责任有限责任公司建设中。公司2010年开始流转土地100亩作苗木生产经营基地，投资186万元，主要进行本地杜鹃繁育及杂交杜鹃培育。公司现有专业技术人员5人，临时员工40人。

（五）强化环境保护，留住乡愁之美 一是加强环保设施管理及环境监察执法。以重点污染源企业污染防治设施监督管理为重点，对不使用环保设施，偷排、直排污染物的企业企业实行严管重罚，促使重点企业的环保设施运行率达95%以上，运行达标率在90%以上。加大执法力度，严格按照相关文件和上级环保部门要求，积极开展污染物排放许可证的规范化管理工作，严格执行手续不齐一律不受理、不审批，杜绝无手续或手续不齐就向环保部门要审批手续的现象。加强企业排污费征收和管理工作，实行财政统一代收，2015年9月以来由环保局自行征收，完成排污费征收348万元。二是加强固体废物管理。印发《关于固废申报登记的通知》，要求产生固体废物的单位进行申报登记；2015年印发《关于处理固废信息化管理中心的通知》，明确专人负责指导辖区范围内固体废物（危险废物）的产生单位完成注册和信息填报。三是加强1000人以上集中式饮用水源保护集中整治。经全面排查，辖区内1000人以上集中式饮用水源共12个，已开展水质监测的水源6个（根据监测结果，水质均在国家Ⅱ级标准以上，水质达标率为100%），12个水源周边均没有排污口、农家乐、畜禽养殖等污染源。

二、主要成效

（一）生态保护体制改革深入推进 坚持守住发展和生态"两条底线"，依靠制度建设，向改革要动力、要保障，创新生态文明体制机制，坚持最严格的环境保护制度和环境执法，探索建立米底河、彝山湖水库等重点流域生态保护红线制度，促进生态文明体制机制改革深入推进。全力抓好百里杜鹃管理区具有示范性、能够破解当前发展和保护难题、具有先行意义的各项改革。明晰划定生态红线，构建生态补偿制度，完善生态建设过程严管制度体系，严格实施制度，实施环境污染治理，杜绝招商引资上的不择商行为，坚持对生态环境污染、破坏生态的行为"零容忍"，建立和完善了对造成生态环境损害的责任者严格实行赔偿追究制度。通过以上措施，实现生态建设与旅游开发有机结合。

（二）生态产业项目扶贫成效显著　一是建设百里杜鹃映山红采穗园，总投资100万元，种植映山红120亩、1.5万株。二是实施新一轮退耕还林，总投资3700万元，种植漆树及香樟等2万亩。三是开展石漠化综合治理，总投资700万元，实施林草植被建设2万亩，配套水利水保设施及草食畜牧业建设。四是污水处理方面，投资2100万元建设百里杜鹃污水处理厂，投资500万元在6个乡、1个管理区建设农村环境整治项目。五是垃圾整治方面，投资1800万元建设农村环境整治项目。六是面源污染方面，投资1100万元建设集中式饮用水源的保护项目，投资1600万元建设米底河河道治理项目，投资1200万元建设乡镇污水处理厂。七是环境监测方面，投资1300万元建设环境监测中心站。八是积极争取资金，加快推进森林康养基地建设。九是抓好林下经济项目谋划，预算投资200万元，发展林下食用菌培植100亩和生产优质天麻10万千克。十是以贫困人口为主，积极向上争取432个生态护林员名额，切实解决部分贫困人口实现稳定增收。

（三）生态补植复绿模式形成常态　百里杜鹃管理区以"打击破坏生态违法行为与注重生态环境恢复"相结合的模式，在鹏程管理区石牛村青木组建设生态损失补植复绿基地，督促破坏森林资源的行政违法或刑事犯罪人员积极恢复受损生态，参与生态建设，取得了明显成效。预防为主，打击为辅；清理整治，加大打击；抽调力量，做好评估；释法说理，注重效果；加大监督，确保落实；技术指导，科学管理；通力协作，形成联动；加强宣传，有力震慑。自2015年底启动以来，已督促非法占用林地的20余家单位、企业及个人在鹏程管理区石牛村青木组完成生态补植复绿0.14万亩，种植树苗共计10万余株。真正达到了保护生态环境的目的，同时也为后续案件的顺利有效执行奠定了基础。目前，补植复绿工作开展已形成常态。

（四）环保整改约谈机制效果明显　在环保督察反馈问题整改工作中，不断强化工作措施，创新工作思路，对涉及环保督察反馈问题整改缓慢、推动不力的责任单位和企业，通过工作提示单、信息快报等方式，实行一周一调度、一旬一提示，启动约谈机制，取得明显效果。2017年12月，百里杜鹃管理区环保督察整改工作领导小组办公室组织环保局、建设局、招商局分别对辖区内环保督察问题整改不力、推动缓慢的百里杜鹃黔宜大酒店、中石化百里杜鹃杭瑞高速接口加油站、中石油百里杜鹃普底加油站3家企业负责人进行了约谈。通过约谈，强化问责问效，进一步促进环保督察问题按时整改完成，并形成了长效机制。

（五）生态环保联动执法成绩突出　自开展环保执法"风暴"行动以来，以"零容忍"的态度严厉打击环境污染违法行为，切实维护了人民群众的环境权益，为进一步改善百里杜鹃国家5A级景区环境质量、提升旅游功能服务建设做出了新的贡献。2016年6月，百里杜鹃管理区环境监察大队会同森林公安在开展突击检查专项行动中，打击处理了辖区内一家用废旧轮胎冶炼矿物油、提取钢丝的"黑"加工厂，根据证据收集及案件定性，立即对该加工厂进行查封（扣押）并移送司法机关进行处理。2017年经法院审理，3名涉嫌破坏生态、污染环境的犯罪嫌疑人，其中1名被判有期徒刑1年，2名被判有期徒刑6个月，对加工厂处罚金3万元，并要求立即实施补植复绿，恢复生态。此外，百里杜鹃管理区环境监察大队还与公安局、卫计局等单位组成综合执法组开展联动执法，有效整治了百里杜鹃管理区的旅游生态环境。

三、取得的经验

（一）**坚持以资源增长为目标，强化保护，推动林业生态建设是重点**　一直以来，百里杜鹃管理区坚持以资源增长为目标，通过加强林政资源管理、强化封山育林管护、严格林地使用管理、落实森林防火、加大野生动植物保护等措施，强化资源保护管理，推动林业生态建设不断向前发展，为实现"生态立区"的战略目标打下了坚实基础。

（二）**坚持以项目推进为依托，创新机制，大力培育和发展森林后备资源是关键**　为建设完善森林生态体系，百里杜鹃管理区在切实保护好现有森林资源的同时，以推进重点项目建设为依托，创新营林造林机制，全面推进防护林项目建设，以重点项目为纽带，推动造林绿化深入开展，大力培育和发展森林后备资源。

（三）**坚持以"生态立区"为目标，立足当前，努力开展林业生态建设是核心**　历年来，党工委、管委会高度重视林业生态建设工作，在全体人民的共同努力下，强化生态宣传教育，加强护林队伍建设，推进封山育林工程，突出林政资源管理，深化林场改革，积极争取上级支持，加大林业生态建设和森林资源保护的投入，森林生态环境建设取得了一定的成绩，森林资源得到了较好的保护，成效显著。

■ **百里杜鹃的秋天**

依托林业工程　厚植生态屏障

——实施"绿色织金行动"纪实

杨春艳

　　为贯彻落实党的十八届五中全会提出的"绿色"发展理念，守住生态与发展"两条底线"，2014 年 7 月，贵州省、毕节市提出"绿色贵州"、"绿色毕节"，织金县委、县政府高度重视，依托新一轮退耕还林、石漠化综合治理和县、乡、村绿化等工程为载体，认真编制林业项目实施方案，将所有林业工程倾向荒山、重点区域，多措并举，迅速掀起"绿色织金行动"。通过不懈努力、协调配合、奋力进取，"绿色织金行动"有序推进，并取得一定成效。2017 年，全县森林覆盖率达 55.97%，活立木蓄积量达 652.4 万立方米，森林面积 227.1 万亩，四旁树占地面积 5.5 万亩。实现了森林面积、覆盖率、蓄积量三个同步增长，生态效益、社会效益、经济效益明显提高，为"生态美、百姓富"打下坚实的基础，开创了林业生态新格局。

一、主要成效

　　按照"创建示范，带动全面"的工作思路，坚持绿化与美化相结合、生态效益与经济效益相结合，全力推进"绿色织金行动"。

　　（一）实施生态修复，筑牢生态屏障　依托新一轮退耕还林、石漠化综合治理等林业重点工程的实施，2014—2017 年，全县共完成营造林 55.06 万亩，占计划任务的 100%。按工程类别分：人工造林 35.38 万亩，人促封育 10.33 万亩，封山育林 9.35 万亩。可提高森林覆盖率 13.1 个百分点，为实现森林覆盖率 60% 的目标提供强有力的保证。2015 年，织金县作为贵州省 6 个县之一，接受国家林业局营造林核查，排名前列。2017 年全市"绿色毕节行动"综合考核中，织金县排名第一。

　　（二）注重规划布局，做大板块规模　按照"产业发展生态化，生态建设产业化"的工作思路，依托新一轮耕还林、石漠化综合治理等林业重点工程，累计完成经果林 20.3 万亩，其中油用牡丹 1.375 万亩，既可增加群众收入，又可调整林业产业结构。同时，结合"四在农家，美丽乡村建设"的开展，每个乡镇（街道）按照高标准建设、高质量参观、

■ 织金县猫场镇林业生态建设

高起点引领的要求，全县累计打造经果林示范点（基地）33 个，其中万亩经果林示范带
1 个，在自强至龙场一线，以那至武佐河一带，对原来种植的经果林缺窝短行地块进行补
植补造，加强田间管理，打造了万亩经果林带。形成连点成线、连线成带、连带成块的
板块经济产业布局，以规模化经营促进农业区域化、产业化、标准化、精致化发展。

（三）**创新经营方式，壮大经营主体**　采取"公司＋基地＋农户"、"合作社＋基地＋
农户"、"公司＋合作社＋基地＋农户"等经营模式，引导各类林产品经营主体与电商企
业对接，把千家万户的小生产与千变万化的大市场连接起来，吸引各类经营主体与农民建
立"风险共担、利益共享"的机制，实现农民、专业合作组织、种植大户、龙头企业共赢
发展。如：贵州金马农业开发有限公司在猫场镇国江村铁厂坝引种樱桃 6000 余亩，引导
白泥乡起马村返乡农民工邓光泽种植猕猴桃 500 余亩、猫场镇川洞村返乡农民工张千义种
植猕猴桃 500 余亩。不仅带动全县生态经济的发展，还促进了全县森林覆盖率的提高。

（四）**调整产业结构，助推精准脱贫**　织金县委、县政府切实将"绿色织金行动"与
习近平总书记提出的精准扶贫"五个一批"中的生态脱贫有机衔接起来，在实施"绿色织
金行动"时，大力调整林业产业结构，发展特色经果林，特别是林下种草养畜，林粮、林
药、林蜂等有机结合起来，实现以短养长，长短结合，切实解决农民收入问题，充分发
挥"绿色织金行动"在脱贫攻坚中的作用。如官寨乡 783 户贫困户，乡政府采取了短、平、
快的精准扶贫项目，引导种植杨梅、李、桃、樱桃、草莓、金钱橘、椪柑等 1000 余亩，
做到每户平均经济林种植 1 亩以上，确保在 2019 年所有贫困户全部实现脱贫。

（五）**围绕生态优势，加快旅游发展**　根据织金县"产业围绕旅游转、产品围绕旅游

造、结构围绕旅游调、功能围绕旅游配、民生围绕旅游兴"的大旅游格局，充分利用织金县山青、天蓝、水清、地洁的生态优势，助推山水风光更秀，以丰富的旅游生态和人文内涵，切实推进"绿色织金行动"与全域旅游深度融合，助推全县生态旅游业更好发展。如三甲街道办事处龙潭村利用良好的生态优势，利用退耕还林种植的经果林带领村民们持续致富，实现春、夏有樱桃，秋天有李子，冬天有柑橘，做到一季有花、三季有果的农旅生态格局，利用织金洞世界地质公园吸引大量游客前来采摘体验，增加农户生态收入。2017 年 1～11 月，织金县接待游客 1030 万人次，旅游综合收入 91.88 亿元。

（六）实施庭院绿化，建设美丽村庄　结合镇、村自然条件和实际情况，把植树造林工作与生态环境保护、美丽乡村建设和森林康养有机结合起来，以退耕还林为重点，大力实施村庄美化、庭院绿化、植被恢复等工程，筑牢生态安全屏障，建立一批林业产业园区和森林康养基地。如马场镇马家坪村大力实施村庄绿化和美化，发展生态旅游，现建有农家乐 1 家，月经营收入 1 万元以上。

二、主要做法

（一）领导重视，机构健全　为切实抓好"绿色织金行动"造林绿化工作，成立由织金县委、县政府主要领导任指挥长，县委副书记、组织部长、县政府分管副县长任副指挥长，县直有关单位主要负责人为成员的荒山造林绿化指挥部，统筹协调全县"绿色织金行动"工作。内设技术指导、督查督办、资金筹措、目标考核 4 个工作组，采取"先建后补"机制，实行任务到乡、责任到乡、资金到乡、考核到乡的"四到乡"制度，从人员、机构和制度上确保了工作的稳步推进。

（二）典型引路，示范带动　积极推进典型引导制度，充分发挥领导干部带头示范作用，每年在实施乡镇（街道）选取造林地块作为县委、县政府领导造林示范点，由领导干部带头示范造林。同时，要求乡镇（街道）主要领导选取造林条件好的地块，建设 2 个以上造林示范点。如 2016 年将官寨乡茅草坪村重点区域绿化作为县委书记实施造林绿化的示范点，栽植塔柏和红叶石楠，种植规模达 2000 亩，由于管理得当，苗木长势良好，起到很好的示范带动作用。

（三）强化宣传，营造氛围　一是通过采取张贴标语、新闻媒体宣传以及召开全县大会、站长会、院坝会、板凳会、群众会等多种方式，在全社会范围内宣传"绿色织金行动"的重要意义和对林业发展的重要促进作用，调动社会各界参与的积极性。二是充分发动县级新闻媒体加大宣传力度，通过开设宣传专栏，全方位宣传"绿色织金行动"机制、政策、办法，让广大群众真正了解"绿色织金行动"的实质和内涵，主动支持和参与到"绿色织金行动"工作中来。

（四）严把质量，确保达标　在工程实施中，细化目标任务到各乡镇（街道），县督办督查局和县林业局负责督查指导，并抽调业务技术人员深入各项目乡镇（街道）扎实开展技术指导，严把"五关"（即作业设计关、整地质量关、栽植技术关、抚育管护关、检查验收关），确保高标准、高质量完成各项工作任务。对在检查中发现质量不合格的，及时下发整改通知书，进行整改。

（五）强化创新，促进"三变" 坚持和完善好"四到乡"、"先建后补"、"第三方验收"等成功营造林经验做法。坚持"谁造林、谁受益"原则，大力引导农村土地"三变"改革，鼓励企业、种植大户、专业合作社等流转农户土地，让农民变股民、资源变资产、资金变股金，真正实现规模化经营、规范化生产。如猫场镇引进贵州省农林有限公司投资 6000 万元资金，结合退耕还林工程和荒山造林在铁厂坝种植樱桃 3000 余亩，引导川洞村主任王鸿采用"三变"模式种植猕猴桃 500 余亩；珠藏镇引进本乡能人杨辉模成立板栗专业合作社实施板栗经果林种植，收益与老百姓按 4∶6 比例分成。

（六）强化考核，督促整改 实行"一旬一调度、一月一通报、一季一考核、一年一总结"，各乡镇（街道）督促经营主体组织做好苗木的栽植，栽足苗木、栽够面积，坚决杜绝做数字文章、弄虚作假、欺上瞒下的不正之风。县督办督查局、县实绩考核办不定时督查督办考核，对推进不力、进展缓慢的通报批评，并采取约谈、预警、召回等形式进行问责，同时责令限期保质保量完成建设任务。2016 年织金县委对工作推进不力、造林质量差的 4 个乡镇分管领导进行组织约谈，对 8 个乡镇 8 名分管领导进行预警。2017 年对工作进度迟缓的 8 个乡镇分管领导由县委进行召回学习一个星期，并在县电视强做表态，限期进行整改。

■ 织金县三甲街道龙潭美丽村庄

■ 织金县珠藏镇骂丫村退耕还林

三、基本经验

（一）**强化宣传，提高群众积极性**　织金县采取组长会、院坝会、板凳会、群众会的等多种形式，印发林业惠民政策明白卡，宣传新一轮退耕还林政策，做到家喻户晓，提高群众的积极性，主动参与到"绿色织金行动"中来。

（二）**规模种植，带动示范效应**　建立猫场镇川硐村猕猴桃种植示范基地、织金县铁厂坝现代高效农业示范园、化起镇罗家寨李子种植示范园等基地，在基地开展技术培训，让群众一听就懂、一看就会、实地能干。加上培训基地的规范种植，辐射带动群众投入经果林建设的积极性。

（三）**机制创新，营林工作呈新局面**　在开展"绿色织金行动"过程中，造林采取先建后补和"五包"方式（即包苗木、包栽植、包成活、包管护、包成林），工程经过检查验收合格后，按 5∶2∶3 的方式分 3 年直接将造林补助资金兑现给造林者，让没有纳入工程的造林者得到项目补助，提高了投入造林工作的积极性。

第二章

资源保护

　　30年来，毕节试验区在进行大规模植树造林的同时，实行森林资源保护和发展目标责任制，采取有效措施，持续紧抓森林自然资源保护。制定并推行森林防火层级管理制度，将责任层层落实到县、乡、村、组、户，构建了政府统一领导、部门依法监管、林场和基层组织全面负责、社会参与监督的层级管理责任体系，森林火灾受害率远远低于1‰控制指标。科学划定并发布林地面积保有量、森林面积保有量、森林覆盖率保有量、公益林面积保有量、湿地面积保有量、石漠化综合治理面积、生物多样性保护7条生态保护红线，将其纳入县（区）年度工作目标考核。认真贯彻落实贵州省委、省政府森林保护"六个严禁"要求，加强对破坏森林资源违法违纪案件的查处，坚决打击乱砍滥伐林木、乱征乱占林地、破坏野生动物资源等违法犯罪活动。同时，积极探索和开展"补植复绿"生态修复工作，严控林业有害生物的发生，群众对林业发展效益越发满意，生态建设热情空前高涨，生态保护意识不断增强。

高擎法治利剑让"补植复绿"守护生态

——毕节试验区积极探索生态保护新路子

张晓峰

党的十八大指出,法治是治国理政的基本方式,将全面推进依法治国作为推进政治建设和政治体制改革的重要任务。2015年,贵州省委在全面依法治国的大背景下做出开展"法治毕节"创建工作的重要部署,毕节市紧紧围绕"法治毕节"创建工作的总体要求和"六项工程"总体目标,严守林业生态红线,用好森林保护"六个严禁"执法利剑,加大生态执法力度,严厉打击涉林违法犯罪行为,认真践行"谁破坏谁恢复,谁受益谁补偿"的法治理念,坚持恢复性司法理念和宽严相济的刑事司法政策,积极探索和开展"补植复绿"生态修复工作,通过办一个案件、恢复一片青山,实现了惩罚犯罪与生态保护双赢的良好效果,为新形势下生态建设探索新路子,取得了新成效。

一、基本情况

"法治毕节"创建工作开展以来,毕节市以开展森林保护"六个严禁"执法专项行动为载体,严厉打击破坏森林资源的违法犯罪行为。为了共同做好打击破坏森林资源的违法犯罪行为,有效衔接行政执法、刑事司法办案环节,依法、高效办理案件,确保受损森林资源得到有效补偿,检察院、法院、林业部门对破坏生态资源的违法犯罪行为在依法打击的同时积极探索"补植复绿"新模式。

2015年11月13日,毕节市中级人民法院、毕节市人民检察院、毕节市林业局3家单位联合印发了《毕节市破坏森林资源违法犯罪案件生态损失补偿工作机制》的通知,针对森林失火、盗伐、滥伐林木及非法占用林地等行政处罚和刑事案件,通过引导犯罪嫌疑人、被告人或者犯罪嫌疑人、被告人委托的其他主体签订生态损失补偿协议,在受损林地、生态公益林地或补植复绿基地补植林木,或缴纳生态损失补偿金交由林业部门代为补植等方式,开展生态损失补偿工作。截至2017年,全市共建立补植复绿基地52个、37774亩,已补植树木35758亩、924665株。

二、主要成效

（一）敢于创新，惩罚与保护相提并重　生态环境领域的犯罪不同于其他领域，青山绿水一旦遭到破坏，不是用严厉的刑罚可以挽回的。毕节市改变了以往偏重"打击与惩罚"的生态治理老路，而是更加注重"打击与惩罚"、"惩罚与保护"相提并重。不但要惩罚违法者，使其得以教育，更要违法者恢复环境原貌，不再让生态领域出现"破罐子破摔"的现象。毕节市林业局在办理森林失火、盗伐、故意毁坏林木及非法占用林地等行政处罚案件时，除采取罚款、没收相关财物或责令停止违法行为等处罚措施外，还提出了异地"补植复绿"的治理理念，严格依法责令被处罚人补植相应数量树木或恢复相应数量林地，并明确履行时限、地点以及不按时履行应承担的法律后果。通过这样的方式，犯罪嫌疑人不但受到应有惩罚，还让受损森林资源得到有效补偿。

（二）机制运行，司法效果与社会效果有机统一　在开展生态损失补植复绿工作中，更加注重补植复绿带来的法律效果。如对自愿缴纳生态损失补偿金或签订并积极落实生态损失补偿协议的犯罪嫌疑人、被告人，办案单位可以向人民检察院提出从宽处理的意见，人民检察院可向人民法院提出从宽处理的意见，人民法院在受理案件时可依照量刑规范化给予被告人适当从宽处罚。通过这样的优化措施，引导其他违法者选择补植复绿等方式弥补犯罪过错，尽快恢复生态资源的循环能力。如织金县通过引导3起案件的3名被告人签订生态损失补偿协议，及时对被破坏的林木进行补植后，3名被告人均获得了法院的从宽处理。体现了在办理案件过程中贯彻宽严相济的刑事政策，在严厉打击破坏生态环境资源犯罪的同时，做到司法效果、社会效果的有机统一。

（三）基地建立，损失补偿与警示教育共同推进　大力推进森林保护"六个严禁"执法专项行动，针对犯罪嫌疑人在破坏林地上无法实施恢复措施的林地案件，通过投入生态损失补偿金，建立补植复绿基地，采取异地补植的方式重新播种、植树，让受损的森林生态得到及时有效的恢复。如七星关区投入30余万元生态损失补偿金，在拱拢坪国有林场建立补植复绿基地，规划总面积655亩，由鸟语林补植复绿区、大海子工队补植复绿区和林场场部周围补植

■ 大方县小屯乡滑石村生态建设

复绿区 3 个补植复绿区组成。其中鸟语林补植复绿区面积 340 亩，主要栽植红豆杉林 120 亩，深山含笑、红花木莲混交林 220 亩；大海子工队补植复绿区面积 115 亩，栽植大叶女贞和杉木混交林；林场场部周围补植复绿区面积 200 亩，主要补植树种有女贞、香花槐、连香树和桂花。在补植复绿基地的建设过程中，检察院、法院、林业部门精心谋划，因地制宜，制作相关标识牌，集中在修复基地周围建设成普法展板，用于宣传保护环境的法律规定，进行相关普法教育，起到"查处一个、教育一片"的目的。

三、经验做法

（一）加强组织领导，形成强有力的工作格局 毕节市委、市政府高度重视，明确指出要把抓好"六个严禁"专项行动作为毕节市坚决守住发展和生态"两条底线"的重要工作来抓，作为全市生态建设的有力举措来推进和落实，并结合毕节市实际提出了一系列的工作要求和部署。建立了"六个严禁"专项行动联席会议制度，由分管副市长担任联席会议第一召集人，亲自指挥、调度、督促。同时，市、县均成立生态损失补偿协调小组，成员由毕节市各级人民法院、各级人民检察院、各级林业局分管领导组成，协调小组办公室

■ 天然林资源保护

设在市、县林业局，负责牵头、协调生态损失补偿相关事宜。

（二）深入摸排，分类施策抓精准打击　各县（区）按贵州省行动办要求对下放的疑似图斑进行多次核实修正，建立本县（区）疑似图斑数据库。各级公安机关、法院、检察院、工商部门等联席会议成员单位紧密协作，迅速行动，按照确定的巡查重点和职责分工，采取全面清理检查、错时检查、突击检查、明察暗访相结合等方式，定期、不定期地组织开展巡查和抽查，积极主动开展了纵到边、横到底的巡查排查工作。对专项行动摸排出的案件，按案件性质、案件类型、责任主体等进行分类整理，针对不同的案件采取不同的措施实施精准打击，有效提高了办案效率。

（三）创新方式，确保生态修复获实效　在开展"补植复绿"生态修复工作过程中，针对不同类型的案件，积极探索和采取有效的措施开展补植。针对因盗伐林木、滥伐林木、失火和故意毁坏绿化带而受到林业部门行政处罚和公安机关立案查处的，检察机关督促林业部门责令被处罚对象、违法犯罪单位及个人在原址补种树木，或责令缴纳植被恢复费后由林业部门组织补种。针对因无证生产、采石或毁林开荒等非法占用林地而受到林业部门行政处罚或公安机关立案查处的，检察机关发出检察建议，督促林业部门建立补植复

绿基地，责令被处罚对象、违法犯罪单位及个人在补植复绿基地异地补种树木。对非法收购盗伐的林木及非法采伐、毁坏国家重点保护植物破坏森林资源的案件，参照盗伐补植标准执行。

（四）强化沟通协调，共同推进补植复绿工作的开展　生态损失补偿工作实行人民法院、人民检察院、林业局分工负责，相互协调原则。林业局负责测算森林资源受损情况及应补植林木或恢复林地的数量（面积），负责生态损失补偿金的管理和使用，确定补植地点、时间、树种并对补植工作进行技术指导和检查验收；森林公安局、人民检察院、人民法院在受理破坏森林资源的刑事案件后，引导犯罪嫌疑人、被告人自愿签订补偿协议弥补生态损失，并共同对补植林木及恢复林地情况进行监督。为加强补植复绿工作的执行监督和后续跟踪检查，人民法院、人民检察院、林业局每半年召开一次会议，相互通报半年来开展生态损失补偿情况，包括办理破坏森林资源违法犯罪案件基本情况，补植面积，保证金和生态损失补偿金的收取、管理及使用情况，以及对犯罪嫌疑人、被告人处理情况等。如 2016 年 1 月 27 日，毕节市人民检察院、毕节市林业局针对办理案件中的疑难问题召开了研讨会，不仅加大了市检察院、市林业局对行政执法和刑事司法衔接的力度，而且保持了检察机关与行政执法部门共同协作的良好局面。

（五）签订协议，确保受损林木得到有效恢复　森林公安局、人民检察院、人民法院受理破坏森林资源违法犯罪案件后至刑事判决做出前，根据林业部门评估的受损林木（或生态）的价值数额，积极引导犯罪嫌疑人、被告人与被害人（包括国家、集体、个人等）签订生态损失补偿协议，议定由犯罪嫌疑人、被告人在约定的时间、地点补种相应数量林木（恢复林地）或缴纳生态损失补偿金，从而有效弥补受损的生态资源。

（六）注重"保证金"作用，确保生态补偿协议有效履行　在补植过程中，生态损失采取补植复绿和缴纳生态损失补偿金两种补偿方式，检察机关要求补植林木责任人先向林业部门提供一定数额的保证金作担保，补植林木责任人全面履行协议完毕，并经林业部门验收合格后，退还保证金。如果补植林木责任人未履行协议或履行协议不符合要求，林业部门根据办案单位反馈的意见，聘请他人代为履行协议，所需费用从补植林木责任人缴纳的保证金中扣除。通过缴纳一定数额的保证金，保证了生态损失补偿协议的有效履行。

（七）强化宣传，营造良好的舆论氛围　充分利用网络、报刊、电视等媒体加大对"六个严禁"和生态补植复绿工作的宣传报道。据不完全统计，"法治毕节"创建工作开展以来，毕节市各级法院、检察院、林业局在各级媒体宣传报道 480 余条次，如：《中国绿色时报》以题为《毕节涉林案件"补植复绿"近千亩》、新华网和央视网以题为《贵州毕节 7 家单位及个人非法占用林地受处罚　补植 130 余亩》、《今日贵州》以题为《破坏森林资源　要"补植复绿"》分别报道了七星关区、百里杜鹃管理区生态补植复绿基地建设情况。同时，毕节市林业局还在《毕节生态建设》杂志、毕节市林业局门户网站、《毕节日报》开辟了相应专栏，对"六个严禁"和生态补植复绿工作进行了专题报道，营造了良好的法治舆论氛围。

湿地之柔美托起乌蒙大地之魂
——毕节试验区全面加强湿地保护工作

唐玉萍

湿地与森林、海洋并列为全球三大生态系统类型，它是水陆相互作用形成的独特生态系统，是自然界最富有生物多样性的生态景观和人类重要的生存环境之一，被人们称为"地球之肾"。毕节市地处长江、珠江上游，是贵州省母亲河——乌江的源头，市内湿地资源丰富且独特，全市有湿地面积约55万亩，代表性的有"高原明珠"威宁草海、"贵州屋脊"韭菜坪、乌江源百里画廊东风湖、九洞天风景名胜区、油杉河风景区、冷水河景区、总溪河景区等，奔腾的河流、壮美的库塘、恬静的湖泊……氤氲丰饶的生命摇篮孕育毕节湿地多姿美丽，赋予毕节生态勃勃生机。毕节试验区成立以来，坚持严守生态保护底线，全面加强湿地保护修复，推进湿地分级管理，完善管理制度，创新管理机制，促进湿地综合效益发挥，增强全社会湿地保护意识，维护湿地的生态系统功能，为构建两江上游生态安全，实现区域可持续发展提供服务保障。

一、主要做法

（一）**高位推动湿地管理工作**　为加强统筹协调湿地管理工作，毕节市政府成立了以分管副市长为主任，市财政、科技、住建、城乡规划、旅游发展、农委、畜牧水产、发改、国土资源、环保、林业等单位负责人为成员的湿地保护委员会，负责拟定全市湿地发展规划，组织、监督和协调湿地保护等工作。2017年5月，毕节市出台了《毕节市全面推行河长制总体工作方案》，设立了河长制办公室，在全市推行市、县、乡、村四级河长制，聘请1000名以上河湖巡查保洁员负责河湖日常巡查和保洁工作，对全市14条主要河流开展"清畅整治"河湖专项执法大检查，在165条面积50平方千米以上的河流开展"清岸清水"活动，湖河管理取得明显成效。

（二）**采取严格系列保护措施**　2012年，毕节市完成湿地资源调查，全面摸清了湿地分布、类型和面积，以及湿地植被、湿地野生动物资源、湿地保护状况，掌握了湿地的资源利用现状、湿地所面临的干扰与威胁等，为湿地资源的保护与可持续利用提供科学决策依据。2014 年，正式发布毕节市生态保护红线，实行湿地面积总量管控，落实湿地保护红线，明确到 2020 年全市湿地面积不低于 100 万亩的目标任务和各级各类湿地保护界线、范围，实施严格的开发管控制度，坚决禁止任何可能危及生态安全的开发行为，确保红线区湿地面积不减少、性质不改变、功能不退化。加强湿地自然保护区和湿地公园建设，逐步扩大湿地保护范围，不断提高湿地保护率。先后成立威宁锁黄仓、纳雍大坪箐、黔西水西柯海 3 处国家级湿地公园，以及七星关干堰塘、金沙西洛河、织金绮陌河、纳雍白水河、威宁海舍 5 处市级湿地公园。

（三）积极恢复扩大湿地面积　科学编制《毕节市湿地保护利用规划 (2015—2030 年)》、《毕节市湿地保护修复制度实施方案》，把湿地恢复作为重点，认真组织实施湿地生态修复工程，完成湿地保护与修复三年行动计划，并纳入贵州省林业厅湿地保护与修复三年行动计划和湿地保护"十三五"规划，对功能退化的沼泽、河流、湖泊、人工湿地等进行综合治理，稳步提升湿地生态系统整体功能。据调查，2017 年毕节市自然湿地 29.38 万亩，比 2012 年第二次湿地调查数据增长了 2.69 万亩；人工湿地 25.62 万亩，比 2012 年第二次湿地调查数据增长了 6.22 万亩。

（四）依法推动湿地保护工作　《中华人民共和国水法》、《贵州省湿地保护条例》、《贵州省赤水河流域保护条例》、《城市湿地公园管理办法》、《国家湿地公园管理办法》、《湿地

■ 威宁县锁黄仓湿地

保护管理规定》、《毕节市饮用水源保护条例》等法律、法规和规章，对湿地性质、用途管制及各种破坏行为的处罚等做出明确规定，使毕节市湿地保护及管理工作走上规范化、法制化和制度化轨道。逐步建立健全湿地自然资源资产产权制度、湿地生态效益补偿制度、湿地保护目标考核制度、湿地动态监测和预警制度，推动湿地保护工作常态化。2017年5月5日，毕节市有关领导到七星关区白甫河流域倒天河段实地查看水体水质和周边环境保护情况，详细了解安置点建设规模等情况，要求严格按照《毕节市饮用水源保护条例》规定，坚决治理违章建筑，加大保护与治理力度，还库区一片美丽风景。

（五）建立湿地管理分级体系 根据生态区位、生态系统功能和生物多样性等因素，参照《国家重要湿地确定指标》、《贵州省重要湿地认定指标（试行）》、《贵州省湿地保护条例》，编制《毕节市湿地保护名录》，将全市湿地划分为国家级重要湿地、省级重要湿地和一般湿地，列入不同级别湿地名录。目前全市第一批拟报省级认定的重要湿地主要涉及威宁锁黄仓、纳雍大坪箐、黔西柯海水西、威宁草海、毕节百里杜鹃、纳雍珙桐、金沙县冷水河、威宁杨湾桥、织金大新桥、织金绮陌河10处湿地。

（六）强化湿地科研监测工作 重点针对湿地退化机理、修复关键技术、生物生态功能的提升以及湿地合理利用模式等，开展科学研究和技术推广，努力提高湿地保护科技支撑能力。毕节市林业、水利、环保、国土资源、农业等部门大力开展科研监测工作。湿地保护区、湿地公园等相继对管辖区域内进行科学考察；水利和环保部门在全市建立多个水文、水质监测站，加强对河流水质、水土流失的监测和预报工作。2017年，百里杜鹃林业环保局会同贵州师范大学就杜鹃资源综合利用与开发技术平台建设、无性繁殖等申报了"贵州省杜鹃资源综合利用与开发技术平台建设"、"可促进扦插快繁的杜鹃花类菌根真菌的筛选与应用"、"高山杜鹃组培快繁及规模化繁育技术研究"等项目，各项目正在有序实施中。草海自然保护区设立了遗传资源、大型真菌、陆生植物、动物及生态系统等专项调查。草海自然保护区还主动与国内外进行交流学习，2016年开展"中美合作草海保护与社区发展项目"国际合作项目，邀请了云南师范大学、北京天下溪教育研究中心湿地专家和环境专家对有关教师进行草海环境教育专题培训，培训内容涵盖环境教育授课方式、备课方法、活动项目等，培训教师达到160多人次，涉及草海自然保护区周边13所学校。湿地管理工作通过与科研机构、大专院校和保护区之间的合作与交流，带动保护区自身科研工作的开展，吸收国内外湿地保护和管理的先进技术和经验，提升湿地保护管理水平。

（七）严惩破坏湿地违法犯罪 结合中央环保督察、贵州省"六个严禁"森林资源保护执法专项行动、保护长江经济带林业资源专项行动等，严厉查处各种违法利用和破坏湿地行为，对造成湿地生态系统破坏的，责令责任方限期恢复原状，情节严重或逾期未恢复原状的，依法给予相应处罚，涉嫌犯罪的，依法移送司法机关。例如：七星关区德溪街道办事处德沟村蒋家湾村民陈伟在未办理林地使用手续的情况下，毁坏林地面积为1304.5平方米，违反了《贵州省林地管理条例》规定。七星关区林业局于2017年11月29日下达《林业行政处罚决定书》，对陈伟处罚款人民币13045元，责令停止违法行为，限其于

2017年12月31日前恢复林地1034.5平方米。陈伟已于2017年12月13日缴纳了罚款，并进行林地恢复。

（八）积极开展宣传教育活动　2017年6月18日，毕节市举行了"保护母亲河·河长大巡河生态日"主题活动，大力宣传湿地保护的重要意义，不断增强全社会湿地保护意识，形成珍爱湿地、保护湿地、支持做好湿地保护工作的良好社会氛围。草海自然保护区把宣传工作列为首要任务，经常组织有关人员深入村寨、乡镇、学校进行草海保护的宣传工作，利用电影、电视、录像、幻灯片、标语、展厅等多种形式，向公众宣传《中华人民共和国环境保护法》、《中华人民共和国野生动物保护法》、《中华人民共和国自然保护区条例》等有关法律知识和环保科普知识，使当地群众环境意识得到提高，自觉地加入到保护草海、保护环境、保护野生动物的行列。2014年，纳雍大坪箐国家湿地公园被列为"贵州省生态文明教育基地"。2014—2017年，纳雍大坪箐国家湿地公园管理局共组织纳雍补作小学师生450余人，到大坪箐开展未成年人观鸟活动，将生态教育活动开展到户外，积极推广未成年人生态道德教育活动。纳雍大坪箐国家湿地公园还广泛开展湿地生态文明教育和湿地生态文化活动，普及全民湿地生态保护知识，让人们走进自然、了解自然、爱护生态，形成全社会参与湿地生态文明建设的良好氛围。

二、取得的成效

（一）湿地保护体系日趋完善　毕节市正在构建保护区、湿地公园及其他湿地多元化保护体系，市域内自然保护区、森林公园、水源保护区内的湿地均得到有效保护。湿地生态系统趋于多样性，生物物种趋于丰富性。全市有湿地类自然保护区3处（国家级2处，县级1处），湿地公园8处（国家级3处，市级5处），自然保护区10处（国家级1处，省级2处，县级7处），森林公园13处（国家级5处，省级3处，市级3处，县级2处），纳入贵州省第二次湿地资源调查的水源保护区82处。

（二）湿地生物种类日趋丰富　毕节市湿地类型趋于多样，全市共有4个湿地类（包括河流湿地、湖泊湿地、沼泽湿地、人工湿地），13个湿地型（包括永久性河流、季节性河流、喀斯特溶洞湿地、永久性淡水湖、季节性淡水湖、藓类沼泽、灌丛沼泽、草本沼泽、库塘、输水河、森林沼泽、沼泽化草甸、水产养殖场）。湿地物种趋于丰富。全市记录有湿地植物1169种，隶属于171科555属，其中：国家一级重点保护野生植物3种，国家二级重点保护野生植物4种。全市记录脊椎动物457种，隶属于5纲35目93科，其中：国家一级重点保护野生动物7种，国家二级重点保护野生动物23种。代表性湿地动植物有云贵水韭、扇蕨、十齿花、胭脂鱼、大鲵、贵州疣螈、黑颈鹤、白头鹤、白鹤、黑鹳、白尾海雕、水獭等。

（三）湿地旅游开发初见成效　毕节市湿地景观资源的独特性具有极高的旅游价值，如：划行在"高原明珠"草海上可欣赏数百种珍奇水禽；登上"贵州屋脊"韭菜坪可欣赏一望无垠的韭菜花海；穿行于乌江源百里画廊间，可欣赏千里乌江上最美的崖壁画廊；散步在柯海国家湿地公园，20余处大小不一的天然淡水海子，犹如挂在天穹的星星；踏步在九洞天、油杉河、冷水河、总溪河等景区内可感受长滩击石、幽谷峻峡、绿林秀水的景象；穿梭在纳雍大坪箐国家湿地公园，可领略一番灌丛沼泽、森林沼泽、草本沼泽以及藓类沼泽型湿地风貌。近年来，毕节市在生态旅游方面强化管理，优化服务，坚持以"一流环境、一流秩序、一流管理、一流服务"为目标，规范服务标准，打造规范的管理服务体系。2017 年百里杜鹃管理区共接待游客 170.58 万人次，实现旅游综合收入 10.23 亿元；草海自然保护区共接待游客 13.5 万人次，实现旅游综合收入 1.6 亿元。

（四）**湿地水源利用发挥效益**　湿地是毕节市城市生产和生活用水的主要来源，毕节市众多的沼泽、库塘、河流、湖泊以及运河在输水、储水和供水方面发挥着巨大效益。全市建水利工程 3818 处，其中蓄水工程 1415 处、引水工程 2170 处、提水工程 233 处，供给社会生产生活用水量 11.81 亿立方米。建水电工程 99 处，其中大型水电站有乌江渡电站（325 万千瓦）、洪家渡电站（320 万千瓦）、索风营电站（320 万千瓦）、东风电站（317 万千瓦）、引子渡电站（312 万千瓦）等。

三、几点体会

（一）**有了一批湿地休闲旅游项目**　作为生态旅游的重要代表，湿地旅游变为流行与需求。毕节市根据各类湿地类型尽量设计出符合与满足不同旅客层次、不同时期的湿地旅游类型，掀起湿地旅游新高潮。百里杜鹃管理区打造四季有花、四季有景的湿地休闲度假、湿地区域锻炼、湿地漫游，让人们流连忘返；大坪箐国家湿地公园的湿地科普，让人们了解、认识湿地野生动物和植物，从理论上对湿地的认识到深入其境地体会。近年来，毕节湿地野营、湿地水吧、湿地漫游、观赏湿地动植物的旅客比比皆是。

（二）**有了一批完整湿地生态系统**　近年来，通过荒山造林、低质低效林改造、森林景观改造、农业产业结构调整等工程，建设了一批结构完善、功能强大的湿地生态系统，以增加森林对湿地的水源供给能力和减少泥沙、污染物的输入。走进湿地，人们可以尽情地看树、观花、赏果、戏水，在完整的湿地生态系统里得到全身心的洗礼。

（三）**有了一批湿地科研监测体系**　目前草海自然保护区、纳雍大坪箐国家湿地公园以及部分水文站、监测站、水库管理机构等单位建立了湿地科研监测中心和监测系统，设置湿地专业生态监测点，开展了专项湿地科研课题为主体的一整套科研体系建设，为不断完善湿地生态系统的功能、优化湿地公园生物与环境等提供了决策依据。

（四）**有了一批群众参与管理湿地**　湿地管理是一个比较复杂的全方位工作，涉及部门多、地域范围广且复杂，仅凭政府主管部门管理很难达到保护效果。草海自然保护区、百里杜鹃管理区、纳雍大坪箐国家湿地公园、黔西水西柯海国家湿地公园等结合湿地区域的实际情况，广泛组织开展森林资源保护宣传活动，让群众认识湿地、关注湿地、保护湿地，使其自觉参与湿地保护区的保护和管理，实现了湿地资源管理和社区经济的和谐发展。

找差距真抓实干　补短板砥砺前行

——毕节试验区狠抓森林公安队伍建设

彭世学

　　毕节试验区建立以来，全市森林公安机关紧紧围绕保护林业生态安全工作重点，以保护森林生态安全为己任，以维护林区社会治安稳定为重任，以提升林区社会治理能力为目标，以加强队伍建设为根本，不断补齐短板、破解难题，各项工作取得一定成效。

一、主要做法

　　（一）以政治建警为基础，不断提高队伍教育管理水平　全市各级森林公安机关始终把队伍建设摆在重要位置，队伍正规化建设迈出了坚实的步伐。努力打造人民满意的森林公安队伍，为圆满完成各项工作任务提供保障。到 2017 年为止，黔西县、金沙县、大方县森林公安局主要负责人已进入同级林业局领导班子。一是深刻认识"两学一做"学习教育的重大意义，把开展学习教育作为工作任务，紧密结合实际，紧扣"学"的内容、"做"的标准、"改"的要求，充分发挥领导干部的表率作用，以党员教育管理制度为基本依托，组织指导广大党员真学实做、解决问题、发挥作用。二是深入落实全面从严治党治警要求，层层签订党风廉政建设责任书和严守警规警纪承诺书，先后开展"八项规定"精神落实情况回头看等工作。三是加强素质提升，组织民警参加上级各类调训。毕节市森林公安局结合不同时期业务现状需求，每年组织民警参加刑侦、法治、队伍教育管理、枪械武器使用等业务培训，及时为民警"充电"。

　　（二）以规范执法为抓手，不断提升综合执法水平　毕节市森林公安机关始终坚持以事实为依据、以法律为准绳，严把案件事实关、证据关、时限关、程序关、法律适用关和裁量关，案件质量总体有所提升。一是狠抓执法质量问题的整改。根据贵州省、毕节市执法质量考评中发现的问题，各级各部门采取逐个讲解纠正、以案说法、以法解案等方式，边整改边学习，民警的程序意识、证据意识、诉讼意识和质量意识进一步得到了锻炼提高。二是狠抓学习提高，强化能力素质。认真组织干警参加全国森林公安机关初级、中级执法资格考试，其中 23 人参加了初级执法资格考试，15 人参加了中级执法资格考试。三是警队建制工作有突破。大部分县（区）森林公安积极争取机构编制部门行文增设了法制科（室），为执法规范化打下坚实基础。

（三）以信息化建设为牵引，不断提高科技支撑能力　全市平台系统应用基本实现了常态化。同时运维保障工作扎实，认真开展巡检维护，及时排除设备故障，加强网络安全日常检查，杜绝"一机两用"安全事故，并及时应对勒索蠕虫病毒，保证全市森林公安机关网络安全。

（四）以争取警力为保障，不断充实森林公安队伍　在森林公安工作中队伍建设是重要的保障措施。由于历史原因，毕节市森林公安政法编制较少，全市仅有政法专项编制89 名，需要管护 2000 多万亩林地，民警管护任务（量）居全省各市（州）之首，警力严重不足。毕节市森林公安局不等、不靠，积极汇报，努力争取，2013 年贵州省森林公安局为毕节市森林公安追加 2 名政法专项编制，毕节市级政法专项编制从 10 名增加至 12 名。针对森林公安人员老化，基本没有跨警种交流，不利于素质能力提升的实际，经过协调，市森林公安局以及大方、赫章、金沙、织金、威宁森林公安先后从地方公安抽调年富力强的同志到县森林公安担任领导职务，及时补充了新鲜血液。

（五）以主业主责为根本，不断提高森林公安履职能力　根据上级安排部署，全市先后开展了"天网行动"、"打击破坏野生动物专项行动"、"利剑行动"、"缉枪治爆"、森林保护"六个严禁"执法专项行动等一系列严打专项整治行动，有力打击了各类涉林违法犯罪活动，为维护林区社会治安稳定、维护森林生态安全发挥了重要作用。

二、取得的成效

（一）注重表现，森林公安队伍频获奖彰　5 年来，全市森林公安机关共有 32 人获授个人嘉奖，4 个单位获授集体嘉奖，7 人荣记个人三等功，4 个单位荣记集体三等功，1 个单位荣记集体二等功。

（二）部门联动，独立执法全面落实　通过沟通、协调，法院、检察院、公安机关、林业局等部门于 2017 年联合出台了《关于毕节市森林公安机关办理森林刑事、治安和林业行政案件有关问题的通知》（毕林办字〔2017〕154 号），明确了受理森林案件的范围和主体；明确了市、县森林公安机关的分工和职责；明确了市、县森林公安办理刑事案件的权限和程序；明确了羁押犯罪嫌疑人和实施治安拘留的程序和处所；明确了林业行政案件的处罚和复议机关；明确了无森林公安建制的新区（管委会），涉林刑事案件由地方公安机关承担。该文件的出台，为全市森林公安落实独立执法权限打下坚实基础。

（三）加强汇报，破解警力紧缺瓶颈　通过向毕节市公安局党委汇报，2013 年 7 月由毕节市公安局出台了《毕节市公安机关关于支持森林公安依法严厉打击涉林违法犯罪的实施意见》（以下简称《意见》），明确了全市公安机关各部门、各警种配合森林公安打击涉林违法犯罪的职责、任务。《意见》的出台，开创了全省市级公安机关明确各警种参与打

■ 森林卫士

击涉林违法犯罪的先河。尤其是 2016 年、2017 年毕节市政府下发的《森林保护"六个严禁"执法专项行动实施方案》中明确：刑事案件以地方公安承办为主，一定程度上缓解了森林公安警力不足的问题。

（四）**着重执法，严厉打击涉林违法犯罪** 5 年来，毕节市共打击各类违法犯罪人员 3982 人，收缴林木树木 4284.2 立方米、野生植物及幼树 3135 株、违法所得 81.79 万元；收缴野生动物 117 头（只）、制品 214 件；上缴罚款 750.71 万元，为国家挽回直接经济损失 370 万余元。纳雍县破获的盗挖马缨杜鹃案件，七星关区破获的非法猎捕 39 只鹰、隼（国家二级重点保护野生动物）和网络收购黄金蟒（国家一级重点保护野生动物）等案件，社会反响强烈，极大震慑了涉林违法犯罪分子。尤其是一大批违法占用林地案件的查办，得到了毕节市委、市政府领导的高度评价，森林公安打出了声威，打出了实效。

（五）**补齐短板，全面提升信息应用水平** 2013 年以来，毕节市每年都要举办一次信息化应用能力提升培训，通过培训，森林公安民警信息化应用水平得到明显提高。5 年来，全市森林公安通过信息化应用，抓获在逃犯罪嫌疑人 13 名。七星关区森林公安局破获的重庆籍犯罪嫌疑人娄某某网络非法收购黄金蟒（国家一级重点保护野生动物）案件，得到贵州省森林公安局的高度评价。

■ 毕节市森林公安技能培训

三、主要体会

保护森林资源，捍卫生态安全，维护林区和谐稳定，巩固林业建设成果，森林公安责任重大。毕节市森林公安局将会以奋发有为、昂扬向上的精神状态，以求真务实、坚忍不拔的工作作风，扎实推进各项工作，为发展现代林业、建设生态文明、促进毕节经济发展奋力拼搏、砥砺前行。

（一）**加强政治学习，坚持正确的政治方向** 森林公安是生态建设的守护者，必须站在建设和谐社会的高度来看待森林公安的作用，时刻牢记使命，认真学习有关法律法规，坚持正确的政治方向，将自己的角色从单一的维护林业正常生产秩序为主转变到更高层次的维护生态平衡的角色上来。

（二）**加强道德教育，坚定光荣的职业信念** 对森林公安而言，一是进行职业道德教育，找准行业职业道德与民警个人理想的切入点，使两者达到完美结合，高度统一，树立民警"以林为家，从警光荣"的思想；二是增强社会主义法治观念，在国家法定职权范围内行使自己的职权，严守工作纪律，做法律和制度的模范执行者、宣传者；三是提高个人政治、法律及业务素质，更重要的是自身道德修养。使民警牢记使命、恪尽职守，同时自觉提高拒腐防变的能力，在复杂的社会环境中永葆森林公安的政治本色，坚定自己光荣的职业信念。

（三）营造特有氛围，增强队伍的凝聚力　森林公安必须营造所特有的行业文化氛围，并使之根植于森林公安民警的内心世界，形成一种向心力。用这种特有的警营文化，将民警的个人理想同单位的奋斗目标统一起来，使每一位民警都能做到"以林为家，从警光荣，不怕牺牲，勇于奉献"。

（四）加强队伍管理，提高队伍整体素质　一是通过学习教育和实战训练，提高领导班子的管理水平和战斗力，提高全体民警的执法水平和实战技能。二是积极参加"两学一做"教育活动，提高广大民警的道德修养，用社会主义荣辱观规范言行。三是认真执行党政纪律，保持森林公安队伍的纯洁性，提高森林公安队伍的战斗力。

密织防火网　筑牢防火墙

——毕节试验区森林防火机制逐步健全

唐恬

30 年来，随着毕节试验区"生态建设"主题的不断深化和林业工程的相继实施，森林资源总量持续增加，森林防火工作任务日益繁重，森林防火对森林资源保护的作用也愈加凸显。毕节市各级党委、政府高度重视森林防火工作，密织防火网、筑牢防火墙，取得了明显成效。2011—2017 年，全市累计发生森林火灾 88 起，受害森林面积 0.11 万亩，各年度森林火灾受害率均在 0.02‰以下，远远低于贵州省规定 0.8‰的控制指标，连续 7 年实现了森林火情低发生率、低受害率和零因灾伤亡的目标，有效保护了试验区森林资源和人民生命财产安全。

一、工作成效

（一）**机制体制逐步健全**　毕节试验区始终坚持以《中华人民共和国森林法》、《贵州省森林防火条例》等法律法规为指导，严格执行地方各级政府行政首长负责制，层层成立森林防火指挥部并设立办公室，每年签订森林防火目标责任书，每两年修订一次处置森林火灾的应急预案，对各级各部门的森林防火责任、队伍建设、经费配套等进行了明确规范。同时还制定出台了《毕节市森林防火层级管理责任追究办法》，明确规定各级政府、各部门、社会团体以及企事业单位的森林防火工作职责，构建了"以县（区）为主体、以乡（镇）为基础、以村（组）为根本、以农户为关键"的工作机制，落实了层级责任并严格实行责任追究，全市各级形成了"党委政府主导、林业部门协调、社会全面参与"的森林防火工作格局，森林防火机制体制逐步健全。

（二）**全民意识明显提高**　通过印发致群众的公开信、发送宣传资料、举办专栏、张贴横幅标语、组装宣传车等形式，大力开展森林防火宣传教育，同时充分利用广播、电视、报刊、网络、通信等媒体，广泛采取电台播音、电视播放、刊载文章、发送手机短信、开展警示教育等形式普及防火知识，努力提高人民群众的防火意识。仅 2017 年，全市共张贴宣传标语、悬挂宣传横幅 8 余万条（幅），出动宣传车 5000 余辆（次），举办培训演练 30 余次，中国森林防火网、贵州省林业厅网站、毕节电视台、《毕节日报》、《乌蒙新报》、毕节试验区网等媒体正面宣传报道森林防火工作 40 余次，做到了森林防火家喻户晓，全市上下形成了人人防火、时时防火的良好氛围，人民群众防范森林火灾的意识明显增强，扑救森林火灾的技能也得到了全面普及。

（三）火灾隐患大幅减少　在认真预测研判、及时发布预警信息、出台通知禁令规范用火行为的基础上，采取疏堵结合的方式，加强野外火源管控。一是实行重点地段防控，加大对城镇周边、坟山墓地、景区景点、重点工程建设区等地段的巡查力度，对违规用火的，严格依法处理。二是实行重点时段防控，高火险天气和春节、元宵节、清明节等特殊时段，派专人对林区入口严防死守，禁止将火种带入林区。三是实行全方位防控，组织护林员集中对所管辖的区域进行全面排查，坚决落实护林巡山制度，切实做到横向到边、纵向到底，不留死角。四是实行多措施组合防控，通过采取隐患排查、发布高火险天气警报、严防死守重点部位和重要时段、严管重点人员等多项措施，把森林火灾隐患消灭在萌芽状态，降低了森林火灾的发生率。

（四）应急能力显著提升　通过组建专业（半专业）扑火队、部门应急分队以及群众救援队伍等形式，进一步强化森林扑火队伍建设。据统计，目前全市共成立县级以上森林防火指挥部 10 个、212 人，共有专项编制的森林防火办公室 10 个、39 人，各县（区）、乡（镇）建立专业（半专业）森林消防队伍 400 余支、12000 多人，各地还结合实际建立了民兵应急分队、护林联防队等扑火队伍。各级森林防火指挥部负责对所建队伍进行日常管理和教育培训，每年组织开展森林火灾应急预案演练观摩，切实提高森林火灾扑救队伍的应急处置能力。实现了处置森林火灾指挥有方、协调有序、作战有力、减少损失，使得近年来发生的大部分火情能在第一时间内得到妥善处置，从而不至于酿成灾害。

■ 百里杜鹃管理区
森林防火

（五）**项目建设全面推进** 毕节市不断总结项目建设的经验，创新项目谋划途径，积极进京汇报，得到了国家林业局的大力支持，相继实施了国家重点火险区综合治理一期、二期、三期项目，共投入项目资金 6000 余万元，初步建立了毕节市森林防火地理信息系统、预警监测系统、视频会议系统、指挥扑救系统等新型科技防火系统，同时在火情瞭望监测、林火扑救等方面也得到了有效巩固和提升，全面夯实了毕节市森林防火基础设施，防范和控制森林火灾的能力显著增强。2017 年 5 月，《毕节市森林防火总体规划（2016—2025）》顺利通过国家级评审，为今后毕节市森林防火项目的争取指明了方向、描绘了蓝图。

二、主要做法

（一）**宣传教育抓广度** 对于森林防火的有关法律法规、防火扑火常识、遇险自救知识以及森林防火工作中涌现出来的先进人物和典型事迹，切实按照一份资料、一幅标语、一束鲜花、一句警示、一期专栏、一条信息、一篇报道、一次奖励的"八个一"宣传模式，拓宽宣传渠道，采取广泛印发宣传资料、举办专刊专栏、张贴横幅标语、出动宣传车、广电网络媒体宣传、手机短信宣传等行之有效的宣传措施，着力在宣传广度上下功夫，不断营造森林防火良好的社会舆论氛围。

（二）**预警预报抓精度** 依托重点火险区综合治理项目，大力建设森林防火瞭望塔、林火视频监控系统、气象因子采集站等基础设施，提高了瞭望监测精度，同时加大林业、气象部门之间的协作联系，采取联合预测的方式，对每个区域的气象信息进行认真分析，充分研判短期、中期、长期天气预报的基础上，结合森林资源分布、林相特征、以往火情特点等因素，适时发布森林火险形势预告，切实做到森林防火预警预报分析精细、预判准确。

（三）**体制创新抓深度** 在一丝不苟地贯彻落实国家和贵州省有关法律法规、政策制度的基础上，因地制宜、与时俱进地开展体制改革，深层次地革新陈旧机制，不断探索建立新的约束制度、激励制度，出台了《毕节市森林防火层级管理责任追究办法》、《毕节市生物防火林带建设实施方案》、《毕节市森林火灾救援动员网络体系建设实施方案》、《毕节市森林火情有奖举报制度》等新的措施办法，促进了森林火灾防范、扑救队伍的规范化管理，有效保护了人民生命财产和森林资源安全。

（四）**责任追究抓力度** 积极发挥各级林业行政执法部门的主观能动性，根据有关法律法规明确执法权限、执法主体和处罚标准，严厉打击一切野外违规用火行为。同时严格按照《毕节市森林防火层级管理责任追究办法》，强化火灾事故责任追究，一旦有森林火灾发生，将按照"四不放过"的原则调查处理，即：森林火灾事故原因不查清不放过、事故责任不追究不放过、整改措施不落实不放过、教训不吸取不放过。

（五）**区域联防抓跨度** 本着"一方有火，八方支援"的原则，加强毗邻省、市（州）、县（区）、乡（镇）之间的护林联防合作，层层划定联防区域，签订联防协议，不断扩大护林联防的跨度，在地面巡护、火情处置和火案侦破等工作上加强配合协作，充分发挥护

■ 赫章县水塘林场森林防火卡点

林员、基层包片干部的职能职责，努力在空间布局上建立健全森林防火长效机制，形成齐抓共管的良好工作格局。

三、经验体会

（一）**领导重视是关键**　毕节市森林防火工作历来都得到了市委、市政府领导的高度重视，尤其近年来，市委、市政府主要领导亲力亲为，重点时段经常专题研究部署森林防火工作，分析森林防火的措施和办法，使得防火工作的各项责任得到全面落实，促进森林防火工作协调有序开展。发生火情时，各级主要领导靠前指挥、鼓舞士气，有效提高了群众支持和参与森林防火工作的积极性，逐步构建起了"政府主导、部门协调、群众参与"的森林防火工作格局。

（二）**群众参与是基础**　为切实调动全社会支持和参与森林防火工作的积极性，毕节市各级森林防火指挥部以党的群众路线教育实践活动、"三严三实"专题教育活动、"两学一做"学习教育活动为契机，充分发挥各级媒体的宣传阵地作用，采取发送公益短信、公开报道、开展巡回宣讲等方式，将森林防火工作的政策法规、扑救常识等宣传到村、到户，不断传播正能量，形成全民支持参与森林防火的工作合力，既提升了群众防范救灾的意识，又进一步密切了党群干群关系。

（三）火源管控是核心　为从根本上控制森林火灾发生频率，毕节市牢牢抓住火源管控这一核心，高火险期及时发布森林防火各种戒严和禁令，严禁一切违规野外用火，各级森林防火指挥部组成专项督查组和明察暗访组，及时堵塞工作漏洞，同时加大森林公安机关的行政执法力度，做到见烟就查、见火就罚、违法就抓，实现了森林火患源头治理，做到了防患于未然。

（四）队伍建设是支撑　近年来，毕节市通过规范各级森林防火机构，不断强化森林消防队伍建设，大力推进专业、半专业扑火队伍能力建设，同时积极发挥各级武警、消防、军区等部队扑火主力军的作用，积极探索建立群众救援动员网络体系，形成了军民联防、群防群治的扑救格局。此外，各单位（部门）还纷纷建立了森林防火应急分队，造就了一支支扑打森林火灾能征善战的队伍，在火灾扑救过程中起到了强大的支撑作用，真正做到了森林火情早发现、早扑灭，使得辖区内发生的火情大部分不至于酿成森林火灾。

（五）物资经费是保障　近年来，毕节市出台了"市级防火经费每年不少于200万元、县（区）级防火经费每年不少于100万元"的规定，及时足额划拨防火经费，购置、储备必要的防火物资和扑火工具，保障了森林防火工作的顺利开展。仅2017年，全市投入森林防火经费1600余万元，用于森林防火物资购置、宣传培训、火灾扑救以及队伍建设等，为森林防火工作扎实有序开展奠定了坚实的物质基础。

适应新常态 实现新跨越

——毕节试验区林地资源管理成效显著

郭琳霞

　　林地资源是发展生态林业和民生林业的物质基础，毕节试验区成立30年以来，在毕节市委、市政府的坚强领导下，实现了生态环境从不断恶化到明显改善的跨越和森林资源的三个同步增长，为构建"两江"上游生态安全屏障，促进经济社会又好又快、更好更快发展做出了积极贡献。毕节市生态建设成果来之不易，但随着人口的增加、经济的迅速发展和城镇化建设的推进，破坏林地资源现象时有发生，给林地管理工作带来巨大压力。毕节林业始终贯彻落实习近平总书记"既要金山银山，也要绿水青山"的重要指示，既坚守生态保护底线，又进一步优化林地管理，林地保护管理工作步入法治轨道，有偿使用林地出现良好态势，违法使用林地的势头得到有效遏制，林地管理工作实现跨越式发展，取得显著成效。

一、主要做法

　　（一）以保护林地为目的，严格执行林业法律法规　　在林地管理工作中，毕节市各级林业主管部门严格遵守国家和贵州省相关法律法规，严格执行《中华人民共和国森林法》、《中华人民共和国森林法实施条例》、《建设项目使用林地审核审批管理办法》和《贵州省林业厅关于印发贵州省建设项目使用林地审核审批管理规定的通知》等有关文件对使用林地审核审批管理的规定，切实做到不占或少占林地，限制使用生态区位重要和生态脆弱地区的林地，限制使用天然林和单位面积蓄积量高的林地。

　　（二）以打击破坏为重点，大力查处违法犯罪行为　　从2014年开展森林保护"六个严禁"执法专项行动以来，毕节市上下齐心协力，各级联席会议成员单位高度重视森林资源的保护管理工作，切实加强组织领导，压实工作责任，采取行之有效的措施，持续打击各类破坏森林资源的违法犯罪行为，全力攻坚专项行动中"目标重、时间紧、案件复杂、查办困难"的案件查办任务。对大案、要案由市级挂牌督办，限期查处；对典型案件公开处理，并通过新闻媒体进行曝光，起到震慑犯罪、教育群众的作用。结合森林资源保护"六个严禁"执法专项行动制定林地管理监督机制，定期或不定期地对辖区建设项目使用林地情况进行排查，减少"六个严禁"执法专项行动中有非法占用的疑似图斑存在，对发现的未批先占、少批多占、异地报批、临时使用林地到期未恢复林业生产条件等违法使用林地行为依法进行查处，并督促依法办理林地使用手续。

（三）以目标责任为支撑，全面落实林地考核机制　建立林地保护利用目标考核责任制，把林地保护利用工作与森林覆盖率一起作为县（区）、乡镇森林资源保护和发展目标责任制考核的重要内容，建立并落实考核体系和考核办法。对辖区内发生违法使用林地的，按相关规定追究责任人的责任，并按规定计入领导班子和领导干部实绩考核档案。

（四）以服务业主为宗旨，创新实行使用林地预审　全市各级林业主管部门强化主动服务意识，主动对接、提前介入，大力宣传，积极向项目业主介绍有关的法律法规、政策规定和申报程序；实行林地预审，做好咨询答疑、选址建议、方案优化等技术支持和业务管理，引导项目节约、集约使用林地；开辟绿色通道，及时、快捷办理项目使用林地审核审批手续，确保项目按期建设。

（五）以充实力量为保障，强化队伍建设　全市各级林业主管部门建立林地管理专职机构，落实林地管理专职人员，加强对林地管理人员的培训，提高林地管理人员业务水平和执法水平；建立林业行政综合执法机构，充实林地管理执法力量，加大对违法使用林地案件的查处力度。

（六）以协调配合为抓手，充分发挥部门联动作用　建立林业、国土资源、交通、发改、公安等部门相互通报和联系制度，掌握林地使用动态，做到依法管理、依法保护，推动林地保护管理水平全面提高。各级林业、公安、检察院、法院等部门通力协作，全力攻坚森林保护"六个严禁"执法专项行动工作，结合自身实际制定往年度行政案件"责令恢复原状"处罚执行方案。如赫章县检察院会同赫章县林业局，认真探索森林保护和植被恢复措施，共同建立生态损失补偿机制，分别在赫章县兴发乡、威奢乡建立植被恢复基地 2 个，面积达 2600 余亩，已向 70 多家违法占用林地的行为人收取生态损失补偿金 16 余万元用于植被恢复工作。注重涉林案件移送和办理，确保尽快查结所有涉林刑事案件，并将案件查结的有效法律文书转交林业部门，地方公安机关按照《毕节市人民政府办公室关于印发毕节市 2017 年森林保护"六个严禁"执法专项行动实施方案的通知》要求，强化刑事案件查处工作。

（七）以林地规划为指导，积极推进科学林地管理　在森林资源二类调查和森林分类区划界定成果的基础上，按照《全国林地保护利用规划纲要（2010—2020 年）》和《贵州省林地保护利用规划大纲（2010—2020 年）》制定的目标任务，结合毕节试验区生态文明建设实际，编制《毕节市林地保护利用规划》，将每一片林地落实到山头地块。充分利用林地保护利用规划成果，构建以森林资源地理信息技术为核心的林地林权信息化管理系统和使用林地管理信息系统，为科学管理林地提供技术支撑。

二、取得的成效

（一）科学制定并发布生态保护红线　2014 年 9 月 4 日，毕节市召开新闻发布会，正式对外公布"毕节市林业生态保护红线"（包括林地面积保有量、森林面积保有量、森林覆盖率保有量、公益林面积保有量、湿地面积保有量、石漠化综合治理面积、生物多样性保护 7 条红线）。2016 年 9 月 18 日，毕节市林业局发布了《关于修正森林面积保有量和森林覆盖率指标的通告》，对森林面积保有量和森林覆盖率指标进行了修正。2017 年 2 月 20 日，毕节市政府办公室印发《毕节市林业生态保护红线责任考核办法》，要求各县（区）参照本办法，结合实际制定考核办法，加强辖区内的林业生态保护红线责任制的考核。

（二）建立森林资源保护长效机制　2015 年 3 月 20 日，毕节市人民政府办公室出台了《森林资源保护工作常态化管理工作通知》，加强全市森林资源管理。一是从严格林地保护管理、严格森林火灾防控、切实强化木材采伐管理、切实强化木材经营加工流通管理、切实强化野生动植物管理、切实强化森林资源有害生物防治、切实加大森林资源保护宣传力度七个方面制定坚持依法保护森林资源工作措施。二是通过形成多部门联动保护森林资源的新常态、继续加大破坏森林资源案件的排查力度、继续加大对破坏各类森林资源案件的查处力度、继续加大宣传力度和营造知法守法的良好氛围四个方面坚决依法查处违法破坏森林资源的违法犯罪行为。三是通过落实考核目标、严格考核结果运用来严格考核和责任追究。

（三）林业执法有新突破　2014 年开展森林资源保护"六个严禁"执法专项行动以来，全市共摸排出涉林案件 4179 起，其中行政案件 2804 起，刑事案件 1375 起。其中 2017 年

■ 大方县天然林资源保护

查结行政案件 768 起，占 2017 年行政案件总数(799 起)的 96.12%，移送刑事案件 716 起，占 2017 年刑事案件总数（725 起）的 98.76%。

（四）服务意识有新提高 全市各级林业主管部门进一步减少行政审批环节，降低行政审批成本，提高林地审核审批工作的管理水平和服务效率，方便项目业主办理手续；严格执行一次性告知制度，对群众申请和咨询做出说明、解释，提供准确、可靠信息，做到一次性予以告知；通过优质的服务，至 2017 年为止，从未接到过一起因服务不好、审核审批过程不规范、未一次性告知等引起的投诉。自取得行政审批委托权限以来，全市建设项目使用林地审核审批从 2006 年度全年仅 4 起项目审核审批、审批面积 40.5 亩、收缴植被恢复费 25.3 万元，增加到 2017 全年 135 起项目审核审批、审批面积 2.8 万亩、收缴植被恢复费 9003.6 万元。

三、几点启示

（一）保护是发展的基础 认真做好林地资源保护工作，必须坚持生态发展理念，正确处理好经济社会发展与生态环境保护的关系，不断提高林地资源保护意识，切实保护森林生态成果。

（二）依法治林是规范林地管理的重要手段 必须借鉴依法治林的先进经验，配合林地管理体制改革，尽快制定、完善相关法律法规，规范林地利用与开发行为，引导合法、合规、合理地使用林地。

（三）生态效益与经济效益并重是可持续发展的重要理念 在通过植树造林继续提高森林覆盖率的基础上，必须加强对天然林的保护，将提高森林质量、保护生态环境、维持生物多样性等方面纳入林地管理理论，使林业走上可持续发展道路。

百年饱经风霜　今昔苍劲古拙

——毕节试验区古树大树名木保护纪实

郭金龙

　　古树是指树龄在100年以上的树木，大树指胸径在100厘米以上的树木，名木是指具有重要历史、文化、景观与科学价值以及具有重要纪念意义的树木。古树大树名木弥足珍贵的物种资源，记录了大自然的历史变迁，传承了人类发展的历史文化，孕育了自然绝美的生态奇观，承载了广大人民群众的乡愁情思。加强古树大树名木保护，对于繁荣生态文化、丰富生物多样性、开展科普研究、发展生态旅游、推进生态文明建设等方面具有举足轻重的意义。毕节市各级林业主管部门通过全面普查、信息采集、识别鉴定、建档立库、定位上图、挂牌保护等一系列措施手段，在全市范围内全面开展古树大树名木保护工作，取得明显的成绩。

一、主要做法

　　（一）加强组织领导，落实工作经费　全市各级林业主管部门及时成立领导小组，切实担负起古树大树名木保护工作职责，帮助解决保护工作中随时出现的问题和困难，真正做到工作有人管、事情有人办。市、县财政积极支持古树大树名木保护工作，2017年投入财政资金和林业专项资金210万元。

　　（二）强化技术服务，科学开展调查　为加强本次调查工作技术服务保障体系建设，毕节市林业局编制《毕节市古树大树名木保护工作方案》和《毕节市古树大树名木技术方案》，成立了以总工程师张槐安为组长的专家组，对工作方案和技术方案进行论证和审查。邀请了贵州省野生植物保护专家张华海研究员、贵州省林业调查规划院院主任肖玲研究员、贵州省林业调查规划院高级工程师曾辉组成技术专家指导组，确保调查数据真实性、实用性。

　　（三）落实分级培训，确保培训效果　继2017年4月26日毕节市林业局古树大树名木培训会后，5月8~15日贵州省林业厅派出10名技术人员对各县（区）级调查单位的52个调查小组260名技术骨干进行市级培训。各县（区）也采取"以干代训"的方式对其他技术员进行培训，确保每个技术人员精准掌握古树大树名木调查技术方法、路线，熟悉调查软件、设备的使用。

（四）加强进度调度，确保按期完成　从2017年5月10日开始对全市各级林业主管部门下达"旬调度、月通报、年考核"的要求，明确专人负责调查进度的调度工作。通过对调度数据的汇总、分析，针对各县（区）级调查单位的工作进展情况，及时调整工作思路，并采取相应措施，保证全市整体调查工作的如期推进。

（五）加强检查把关，确保调查质量　在充分了解外业调查工作情况的基础上，毕节市林业局在2017年6月7～16日和2017年8月7～27日组织两个组8名技术人员开展市级中期和期末质检工作。质量检查组按照有关技术方案"样本株数不能少于各县（区）调查株数5%，且不得少于10株；抽取样本至少要包含5种以上树种，5种树种不得集中在一群古树群内，不足5种树种的要覆盖全部树种；抽取样本至少要覆盖1株树龄最大树木和1株胸径最大树木"等条件抽取检查。中期共抽取10个县（区，委）408株、55种以上树种；期末在不重复中期质检基础上抽取620株、75种以上树种进行质检。经市级质量检查组现地逐项对照细则标准检查，各县（区、委）古树大树名木存在率100%，照片采集率100%，位置准确率98%，树种鉴定正确率95%，其他各项调查因子误差小于5%，树种及株数漏登率小于5%。对检查中不合格的调查，要求补充调查并进行及时整改。在数据验收过程中，毕节市林业局明确专人负责对各县（区）级调查单位上交的数据

■ 大方县果瓦乡古银杏

■ 金沙县冷水河黄连木古树

■ 黔西县定新乡古黄杨

进行严格审查，并对各县（区）上报的调查数据库逐项进行逻辑检查，确保了古树大树名木调查工作的质量。

二、取得的成效

（一）摸清家底，为古树大树名木"建档案"　在古树大树名木调查中，毕节市共发现8228 株古树大树名木，其中国家一级保护树种 1156 株，国家二级保护树种 1479 株，国家三级保护树种 5591 株，名木 2 株。其中在百里杜鹃管理区发现全国第二大、西南第一大的千屈菜科紫薇属川黔紫薇，树高估测 26.4 米，地围 415 厘米；发现古树群 82 个，其中威宁县 60 个。在此基础上，应用 GIS 技术构建数据库，实现了全市古树大树名木空间位置、数据处理两大模块的有机结合。

（二）紧跟科技，为古树大树名木"制名片"　结合"云上贵州"大数据行动战略，紧跟林业前沿高科技技术水平，采用的调查手段及设备先进，技术方法科学合理。一是外业调查采用平板电脑进行数据采集，全面实现无纸化调查；二是内业处理通过软件进行操作，实现数据逻辑检查自动化、图件处理批量化、表格生成一键化、调查和数据处理一体化等；三是挂牌时利用现代计算机技术给每株古树大树名木都制作二维码名片，既方便扫码学习，也便于数据管理和更新。现在走到全市的每个乡镇，均会看见古树大树名木的保护牌，牌子设计了树木名称、保护级别、年限、保护单位等信息。

（三）出台办法，为古树大树名木"找保姆"　在省级古树大树名木保护办法尚未发布的情况下，通过积极筹备和反复论证，毕节市积极出台《毕节市古树大树名木保护管理办法（试行）》，对调查发现的古树大树名木，根据属地原则，就近保护；开展古树大树名木挂牌，签订管护合同，落实管护责任，确保每株古树大树名木都有专职"保姆"的照顾。

（四）注重管护，为古树大树名木"请医生"　全面落实古树大树名木保护管理责任，根据古树大树名木生长势、立地条件、土壤情况及存在的主要问题制订科学的日常养护方案，根据"一树一案"方法，制订具体保护措施，加强古树大树名木日常管护工作，定期进行施肥、修剪，对长势不良的树木进行复壮，更换营养、追肥、加大地表通气、增大围护范围等，确保健康生长。特别对衰弱、濒危的古树大树名木，及时组织专家进行会诊，制订可操作性强的古树大树名木保护复壮方案，有计划地组织具有相应资质的专业队伍开展抢救复壮，最大限度促进古树大树名木正常生长。如大方县果瓦乡上寨村树龄达 600 年的古银杏树为国家一级重点保护野生植物和重点保护的古大树，护林员发现分枝末梢已干枯，并有向主干延伸的趋势，需采取措施进行抢救性保护。接到信息后，毕节市林业局 2017 年 11 月立即邀请野生植物保护专家张华海研究员、杨加文高级工程师和毕节市森林病虫害防治专家刘正忠研究员等一行赶赴现场为该株银杏树"把脉问诊"并制订了保护措施。

（五）挖掘文化，为古树大树名木"披亮衣"　调查将古树大树名木与当地民风民情和民俗习惯等紧密结合起来，挖掘出不少地方特色文化，丰富了全市的生态文化，其中主要体现在悠久的少数民族神话传说、名人轶事和红军长征故事等方面。威宁"红军树"就记载了当年贺龙、任弼时和萧克等领导的红二、红六军团抗战经过迤那镇青山村时，因商讨下一步行动而在此停留，拴马在该株树上的经历。时间虽然流逝，但这棵树还述说着当年的红色记忆。七星关区亮岩镇"夫妻树"记载着一个美丽的爱情故事。传说当年丈夫外出经商，夫妻聚少离多，在丈夫出外的日子妻子经常在丈夫回来经过的村头路边盼夫归，不幸思念成疾而亡，化作杉树等夫归。丈夫归来后闻妻子亡而化树的消息，悲痛不已，靠妻（树）化为另外一株树，根缠交错，常伴妻子不弃不离。

三、主要启示

党的十九大报告提出建设"富强民主文明和谐美丽的社会主义现代化强国"目标，将人与自然和谐相处列入新时代坚持和发展中国特色社会主义的基本方略，赋予了林业现代化建设新的历史使命。加强古树大树名木保护是建设生态文明和深入践行"绿水青山就是金山银山"发展理念的重要举措，毕节林业必须勇于担当，不辱使命，勤奋工作，让古树大树名木这一弥足珍贵的物种资源尽可能留存于世，为建设"百姓富、生态美"的多彩贵州新未来增添一笔浓郁的绿色。

（一）古树是研究自然史的重要资料，其复杂的年轮结构蕴含着古水文、古地理、古植被的变迁史。从树木年轮可推测出大旱之年和风调雨顺之年，从树木年轮可确定此地主风方位。

（二）古树对研究树木生理具有特殊意义。人们无法用跟踪的方法去研究长寿树木从生到死的生理过程，而不同年龄的古树可以同时存在，能把树木生长、发育在时间上的顺序展现为空间上的排列，有利于科学研究工作。例如，通过分析树种的生长发育年龄段，可以推断出其生长曲线和生长规律。

（三）古树大树名木对于树种规划有很大参考价值，它们的地理位置、生长状况是很好的规划依据。

（四）古树大树名木在当地民间承载着深厚的感情，为当地自然文化遗产留下宝贵的财富。

狠抓资源保护　促进生态发展

——毕节试验区天然林资源保护工程纪实

张　禹　吴明艳

毕节市天然林资源保护工程（以下简称天保工程）1998 年开始试点，2000 年全面启动实施。在各级党委、政府和林业主管部门的正确领导下，毕节市紧紧围绕试验区"开发扶贫、生态建设"为主题，以保护、培育和增加森林资源为核心，以调整产业结构、发展后续产业为重点，经过广大林业干部职工和林区林农的艰苦努力，工程区的山更绿，水更清，生态环境明显改善，生态恶化、水土流失状况得到了有效遏制。

一、主要做法

毕节市结合实际，按照"抓住一中心，突出两重点，强化六措施"的思路，推进天然林资源保护健康发展。

（一）抓住一中心　以森林资源全面保护为中心，抓好实施管护。每个县每年新建碑牌 3 块以上（百里杜鹃管理区和金海湖新区新建碑牌 1 块以上），对已建的 800 多块老碑牌进行检查维修，对新建碑牌或部分老碑牌添加"天然林保护"新标志。严守生态保护红线，纳入对各县（区）党委、政府的工作目标考核。做到森林火灾受害率低于 0.8‰，林业有害生物成灾率低于 2‰。

（二）突出两重点　一是突出森林管护结构调整。根据《贵州省天然林资源保护工程森林管护实施细则》文件精神，各级各部门履行好各自工作职责。做到县、乡、村各司其职，县级林业主管部门负责划定管护责任区，落实森林管护责任；乡（镇）人民政府负责本行政区域内森林保护的宣传发动和组织实施，落实森林管护责任区；村委会负责落实管护责任区，制定和完善村规民约，督促林木所有者或经营者落实森林保护措施。二是突出森林管护队伍建设。按照《贵州省天然林资源保护工程森林管护实施细则》要求，落实森林管护责任，精选一批具有实力的林管员和护林员管护队伍，每个县（区）配备 10 名以上林管员，充实基层林业管护队伍建设。2017 年，全市共精选 240 名林管员协助乡镇林业站森林保护工作，聘请了 7806 名护林员从事森林管护工作，其中天保护林员 2372 人，

■ 赫章县天然林资源保护

建档立卡贫困人口生态护林员 2370，其他护林员 3064 人。

（三）强化六措施 一是强化领导责任。各县（区）人民政府成立县级天然林资源保护领导小组，由分管副县长任组长，林业局、发改局、财政局、人社局、审计局、国土局、环保局、公安局、工商局等单位负责人为成员，下设办公室在林业局，负责处理日常事务。各乡镇（街道）分别成立由乡镇长（办事处主任）任组长、相关领导和部门为成员的领导小组，统一协调和解决天保工程森林管护工作实施中存在的困难和问题。二是强化机构配置。没有天保管理机构的县（区）积极协调成立县级天保管理机构和配备固定的专业技术人员。在各乡镇林业站挂牌（天保工程管护站牌 941 块），落实管护责任，对没有专业技术人员的乡镇由县级林业主管部门或乡镇采取招考林管员的方式强化管护队伍，做到在现有天保护林员逐渐减少的基础上，增加林管员比例，做到有人办事。目前，各县（区）已招聘了 240 名林管员充实林业站技术人员队伍。三是强化经费保障。森林管护经费以中央财政安排的森林管护费为主，不足部分由植被恢复费和防火、林业有害生物防治及公益林建设等项目资金解决。1998—2017 年，毕节市已获中央投资天保工程约 10.6 亿元，其中森林管护费 3.2 亿元，中央财政森林生态效益补偿资金 5.2 亿元，公益林建设资金 1.8 亿元，其他费用 0.4 亿元。护林工资直接通过"一卡通"发放到林管员、护林员或是林权所有者卡上。林业、财政主管部门对森林管护费的到位和使用及管理情况加强检查监督，发现问题及时纠正。四是强化过程管理。建立健全森林资源保护组织、管护网络、效益监测和信息管理体系，搞好森林生态效益补偿。五是强化示范引领。指导示范县抓好示范点建设，切实打造天保工程实施的典型：抓好大方县黄泥塘镇 500 亩樱桃示范点建设，打造毕节天保工程建设精品点、林业产业示范点；督导织金县搞好省级天保工程管理能力示范建设工作，按程序选好配强林业管护队伍，为毕节市天保管理能力建设做示范；督促金沙县开展护林员管理系统试点建设。六是强化督导考核。将天然林资源保护纳入县对乡、乡对村的年度目标考核。明确县、乡、村在加强森林保护工作中的相关责任，做到层层有担子、人人有责任。根据《毕节市林业局关于对林业重点工作进行分片督促指导的通知》精神，结合《绿色毕节行动动态跟踪考核管理办法》，每次督查都对天保工程进行检查和考核，对在全市排名前三位的县（区）由毕节市考核办在领导班子和分管领导年度考核总分中加分，对排名后三位的由毕节市考核办对其通报并要求限期整改。

二、取得的成效

通过实施天保工程，工程区造林绿化进程加快，广大干部群众保护森林的意识普遍增强，林区产业结构得到初步调整，林业部门不再单纯依赖木材生产，工程区的山更绿，水更清，生态环境明显改善，天保工程取得阶段性成效。

（一）**森林管护全面落实** 2017年，全市森林管护面积1519.72万亩（其中国家级公益林594.43万亩、地方公益林615.1万亩、国有林47.58万亩、其他262.61万亩），超额完成上级下达的管护任务1257.11万亩（其中国家级公益林594.43万亩、地方公益林615.1万亩、国有林47.58万亩）；全市共建273个管护站房，各乡、村挂牌900多块管护站牌，修建管护碑牌831块，配置管护人员7806人，市政府与各县政府、县政府与各乡镇人民政府落实了管护责任，管护责任落实率达100%。做到森林管护工作有检查、有考核，为森林资源的恢复和增长提供了保障。

（二）**公益林建设全面完成** 1998—2017年，全市完成公益林建设221.85万亩，其中：飞播造林40.65万亩，以植代播造林7.65万亩，人工造林11.85万亩，封山育林161.7万亩。各县（区）从规划设计、组织领导、苗木准备、造林施工到检查验收，都制定了一整套方案，责任明确，检查督促到位，营造林质量和成效明显提高。森林面积从试验区成立之初的601.8万亩增加到2017年的2127万亩，森林覆盖率从14.9%增长到52.8%，森林蓄积量从872万立方米增加到4798万立方米。比如，大方县羊场镇穿岩村在实施天保工程前森林覆盖率18.6%，通过实施封山育林等措施森林覆盖率提高到68.15%。

（三）**木材采伐量调减到位** 1998年天保工程启动后，全市全面停止天然林采伐并大幅度调减商品材采伐量。2001年以来，商品材采伐指标为零，到2004年以后逐步恢复人工商品材计划指标。各级林业部门紧紧抓住国家加大生态建设投入的机遇，积极发展生态林业，不再依赖木材生产，"生态优先，三大效益兼顾"的意识增强，全市森林资源得到休养生息。

（四）**工程投资得到保障** 1998—2017年，国家投入毕节市天保工程资金22203.4万元，其中：公益林建设6375万元，森林管护费12385万元，种苗基础设施建设991万元（主要修建了威宁华山松种苗基地），森林防火经费345万元，下岗职工一次性安置补助184.4万元，基本生活保障费165.4万元，科技支撑10万元，政社性支出664.9万元，社会保险1082.7万元。由于资金足额到位，为工程顺利实施提供了保障。

（五）**工程监测全面启动** 为了动态、连续、全面、准确地了解天保工程对全市生态环境和社会经济方面的影响，为天保工程终期评估和毕节市天然林保护及林业可持续发展提供科学的依据，在大方、黔西、金沙和纳雍等县（区）完成了 178 个效益监测样地、305 户农户、3 个径流场、1 个测流堰的跟踪调查，并按时向贵州省林业厅上报年度工程效益监测社会调查表和样地监测样地表，其中大方县是贵州省林业厅的监测示范样地，其他周边县以大方县选择监测样地为参考顺利完成跟踪调查。

（六）**工程民生明显改善** 实施天保工程以来，通过拓宽就业渠道，毕节市妥善分流安置富余职工 143 人，逐年增加管护人员劳务报酬。比如，大方县护林员月工资从开始的 200 元增加到现在的 1000 多元。天保护林员除了每年有固定的管护补助费外，还通过森林抚育或给当地公司做零工增加收入，如大方县小屯乡滑石村护林员黎进除了平时管护林子外，还参加森林抚育、给当地天麻合作社做零工，月工资达到 2000 元以上。建档立卡贫困人口生态护林员人均月工资达到 800 元以上，公益林管护人员人均月工资达到 400 元以上。完善社会保障体系、推进棚户区改造，使国有林场、森工企业职工及管护人员生活水平显著提高，生产生活环境得到改善。比如，七星关区拱拢坪和白马山两个国有林场、赫章的水塘林场通过棚户区改造，改善了林场职工生产生活条件，切实提高了职工工作积极性。

三、几点体会

实施天保工程，全市森林植被得到有效保护，工程区的森林资源恢复速度加快，生态效益和社会效益显著，给工程区的经济和社会发展带来新的生机和活力，但继续实施好天保工程仍然任重道远。

（一）**加强管护、巩固成果是天保工程的重点** 坚持"一分造、九分管"的原则，在造林的同时尽可能保护好原生植被，采取封山育林，严禁放牧、割草、铲烧草皮灰。在管护上，实行专职管护与专业管护相结合，日常管护与专项行动相结合，承包管护与设站管护相结合，不断完善森林管护机制。比如，七星关区、大方县、金沙县等县（区）林业局成立了一支 30 余人的专业森林管护队伍，全市共有 4742 名专职护林员。通过这些管护形式使管护效果不断得到提升。

（二）**立足工程、提高质量是天保工程的关键** 一是围绕森林覆盖率增长的目标，把郁闭度在 0.2 以下的林业用地作为封山育林的主要对象；二是围绕"生态建设"主题，紧密结合绿色通道建设，把公益林建设任务重点安排在骨干公路沿线，全市在七星关、大方、织金、纳雍、威宁和赫章等骨干公路沿线完成公益林建设 10.9 万亩；三是以提高作业设计对施工的指导作用为目标，努力提高其科学性和规范性。

（三）**稳固基础、强化管理是天保工程的目的** 在认真分析和总结森林管护工作中出现的新情况和新问题的基础上，努力抓好森林管护工作的制度创新，研究新对策，制定新措施。严格执行有关法律法规，及时查处各类破坏森林的案件，坚决打击各种破坏森林资源的违法犯罪活动，防止森林火灾和重特大森林刑事案件发生。

守护绿水青山　　造就美丽山川

——毕节试验区森林资源保护不断加强

董　路

毕节试验区成立以来，毕节林业始终坚持全力建设生态保护、绿色发展的高地，森林资源总量不断增加、森林质量不断提升、生态功能不断增强、森林资源管理能力不断加强，生态环境得到明显改善，山水逐步"绿起来、美起来"，为构建"两江"上游生态安全屏障做出了积极贡献。

一、主要做法

（一）紧盯覆盖率提升抓修复保护　以退耕还林为抓手，充分利用 25°以上坡耕地资源，持续推进"绿色毕节行动"，统筹推进荒山造林、天然林资源保护、低效（质）林改造、石漠化综合治理、森林抚育、绿色通道建设等生态保护修复工程建设，突出景观打造和产业示范带动，整合政策、项目、资金和技术，强化措施、以点带面、整体推进，补齐森林资源保护短板。全市森林面积从试验区成立之初的 601.8 万亩增加到 2017 年的 2127 万亩，森林覆盖率从 14.9% 增长到 52.8%，平均每年提高 1.26 个百分点。

（二）紧盯重要区域抓建设保护　以森林公园、湿地公园、自然保护区等为依托，着力加强生态重要区域建设，深入开展古树大树名木等专项调查，注重野生动物驯养繁殖管理，重视珍稀濒危物种的繁育，逐步建立生物多样性检测体系和生物物种资源档案，全面实施古树大树名木挂牌保护。在重点区域建立保护标志 500 余处。

（三）紧盯制度建设抓法治保护　坚持问题导向，持续深化各项森林资源保护制度体系建设。严格划定林业生态保护红线，明确生态保护目标，建立森林资源保护长效机制，积极探索生态保护责任追究制度，努力形成湿地公园和自然保护区管理办法，完善湿地保护利用规划。先后制定了《毕节市湿地公园管理办法（试行）》和《毕节市森林和野生动物类型自然保护区管理办法（试行）》等办法，为林业生态建设的保护提供了可靠依据。

（四）紧盯生态安全抓执法保护　持续深入开展森林保护"六个严禁"专项行动，以零容忍的态度加大打击破坏森林资源违法犯罪力度，严格林地资源使用管理，做到守土有责、守土尽责，切实维护好试验区建立30年来之不易的生态建设成果。加强宣传教育，强化值班调度，做好应急准备，抓住重点部位、重要节点，严格火源管控，严密防范森林火灾，加强林业有害生物防治，预防和减少森林灾害发生。加强自然保护区、湿地、生物多样性保护，突出森林保护队伍建设，扩大生态护林员规模，形成森林资源管护网络体系。

（五）**紧盯行政审批抓监管保护** 严格执行《建设项目使用林地审核审批管理办法》（国家林业局令第35号）和《贵州省林业厅关于印发贵州省建设项目使用林地审核审批管理规定的通知》等有关文件对使用林地的规定，限制使用生态区位重要和生态脆弱地区的林地，限制使用天然林和单位面积蓄积量高的林地。制定林地管理监督机制，定期或不定期地对建设项目使用林地情况进行排查，对发现的未批先占、少批多占、异地报批、临时使用林地到期未恢复林业生产条件等违法使用林地行为依法进行查处，并督促依法办理林地使用手续。派出驻毕节市政务服务中心负责人负责指导政务中心窗口行政许可事项的登记、受理和办理，落实政务公开，提高服务质量，提升审批效率。

二、取得的成效

（一）**从披绿装到高颜值** 1988—2017年，全市森林面积从试验区成立之初的601.8万亩增加到2017年的2127万亩，森林覆盖率从14.9%增长到52.8%，森林蓄积量从872万立方米增加到4798万立方米。碧波荡漾的草海国家级自然保护区，绚烂多姿的百里杜鹃省级自然保护区，有"贵州屋脊"之称的赫章夜郎国家森林公园，静谧广阔的黔西水西柯海国家湿地公园，云蒸霞蔚的纳雍大坪箐国家湿地公园，这些都与森林资源的持续同步增长息息相关。

（二）**从相对单一到丰富多样** 2012—2017年，全市成功建设8个湿地公园（3个国家级、5个市级），实现毕节湿地公园零的突破。除了湿地公园，全市还拥有10个自然保护区、13个森林公园，生态系统类型已覆盖湿地、森林等，生态系统趋于多样性。通过红外线检测仪，不断发现白腹锦鸡、豹猫、贵州疣螈等国家珍稀动物踪迹，有国家一级重点保护野生动物林麝、黑颈鹤、白鹳、白头鹤等，国家二级重点保护野生动物大灵猫、小灵猫、猕猴、穿山甲、斑羚等；有国家一级重点保护野生植物光叶珙桐、云贵水韭和红豆杉等。据不完全统计，全市共有古树大树名木8228株，并陆续开始挂牌保护。物种丰富是对生态系统修复最好的印证。

（三）**从粗放的小体系调查到精细的大数据监测** 以前搞森林资源现状调查，得带一个大麻袋，里面装满了手持GPS、地形图、调查表、铅笔等，只能进行蓄积量、面积等森林资源现状的单纯信息收集。而现在搞森林资源动态监测，只带一台小平板电脑，里面融合了地理信息系统技术（GIS）、全球定位系统技术（GPS）、遥感技术（RS）和计算机技术，监测内容已经扩展到森林健康等级、湿地类型、荒漠化类型、森林群落结构、自然度、生物多样性、野生动植物等森林生态系统的各个方面。在社会高速发展的今天，现代林业需要科技，更需要大数据。森林资源监测的结果会通过每年的林地变更进行实时更新，逐步

■ 毕节市林业局工程技术人员在威宁县指导森林资源调查

形成林地"一张图",并进行跨部门的协同合作和信息共享,为建立生态文明大数据综合平台添砖加瓦。这些集聚大数据正在与林业执法、森林经营管理相结合,实现"以数据管林",为生态决策的每一个环节提供服务。

(四)从一个办法到一条线、一个规划 2012年,《毕节市森林资源保护和发展目标责任制考核办法》颁布实施,以造林绿化、采伐限额管理、林地保护管理、森林防火、林业有害生物防治为考核重点,开启了毕节市生态保护责任追究之路。2014年,毕节划定林业生态保护红线,逐年制定目标考核细则。2015年,毕节市发布《森林资源保护工作常态化管理通知》,建立森林资源保护长效机制,坚守发展和生态"两条底线",推动毕节生态文明先行区建设。2016年,毕节市中级人民法院、人民检察院和林业局联合下发了《毕节市关于破坏森林资源违法犯罪案件生态损失补偿工作机制的通知》,针对森林火灾、盗伐、违法使用林地等行政或刑事案件,引导犯罪嫌疑人、被告人自愿签订协议,弥补造成的生态损失。2017年,《毕节市湿地保护利用规划(2015—2030年)》获批实施,标志全市湿地保护迈上一个新台阶。毕节市的生态制度创新,不止于一个办法、一条线、一个规划,力争立法有保障、制度趋完备,毕节市绿水青山的底色必将更加鲜亮多彩。

(五)从被动防守到零容忍主动出击 "护林就是保家,保家才能发展",毕节来之不易的好生态绝不容忍破坏。2014年森林保护"六个严禁"执法专项行动开展以来,毕节林业主动出击,坚持"零容忍"的态度,严厉打击破坏森林资源的违法犯罪活动,改变林

■ 大方县雨冲乡青山绿水

业的执法形象，树立林业执法的权威。严禁盗伐滥伐林木、严禁掘根剥皮等毁林活动、严禁非法采集野生植物、严禁烧荒野炊等容易引发林区火灾行为、严禁擅自破坏植被从事采石采砂取土等活动、严禁擅自改变林地用途造成生态系统逆向演替的"六个严禁"已经家喻户晓，老百姓、企业法人和行政机关都深知破坏森林资源是要付出惨痛代价的。5 年来，毕节林业持续开展打击非法猎捕野生动物和候鸟专项行动、违法使用林地清理整顿专项行动、保护长江经济带林业资源专项行动，从一个典型到一次次行动，强有力的林业执法让涉林违法犯罪无所遁形，"林业执法"持续给力。

（六）从一个窗口受理到一条龙服务　以敬民之心，行简政之道。毕节林业坚定不移实行"双公示"、"双随机一公开"的政务透明，推进木材经营加工、运输许可放权，探索森林采伐限额计划体系，规范使用林地网络数据化管理，优化审核审批办理流程，筑牢了林业行政主管部门"法定职责必须为、法无授权不可为"的制度笼子。2015 年，毕节市级林业行政窗口正式进驻毕节市政务服务中心，向社会公开公共服务清单、权利责任清单和办事指南，承诺"一站式"受理行政审批事项、平均办结时限在法定时限基础上压缩 50% 以上。2017 年林业窗口共受理申报材料 135 件，是过去几年年均受理量的 3 倍多。民之所望，施政所向。毕节林业始终致力于提速优化林业行政许可的办理，对基础设施、公益事业、民生工程等重大项目使用林地提供前期指导服务，方便项目业主"足不出市"、"足不出县"即可办理使用林地审核审批手续。群众办事"最多跑一次"、"互联网＋政务服务"、"一条龙服务"等多项改革创新举措，推动林业政务服务逐步走向办事效率高、投资环境优、市场主体和人民群众获得感强。据统计，中共十八大以来，全市共办理使用林地审核审批 344 起，收缴植被恢复费约 2.4 亿元，同比增长 120% 以上；累计办理林木采伐许可证 2626 份，采伐面积 30.79 万亩，采伐蓄积量 170.55 万立方米，占毕节市年森林采伐限额的 10.34%；办理木材运输证 8132 份，运输木材 9.68 万立方米；年审木材经营企业 8761 家，新办木材经营企业 198 家。

三、经验和体会

（一）**认真履职是基础** "打铁必须自身硬"，守住林业生态底线是林业部门的职责，毕节林业必须依法认真履行森林资源保护职责，在工作中率先垂范，不断带动各级党政领导和社会各界提高森林资源保护意识，不断突破基层森林资源保护工作的种种障碍和瓶颈，全面遏制破坏森林资源的违法犯罪行为。

（二）**争取支持是关键** 当前，各地党委、政府加快发展、招商引资、改善民生和基础设施建设等具体项目的落地压力都很大，对森林资源破坏的可能性也随之增大，基层林业部门保护森林资源的压力与日俱增。因此，坚守生态红线、保护好森林资源，最大限度地争取党委、政府、公安机关、检察院和法院的支持显得尤为关键，任重道远的森林资源保护仅靠林业部门一家单打独斗是难以完成重任的。

（三）**大案查处是重点** 涉林大案、要案的查处是对森林资源保护最广泛的无声宣传和最现实的教育题材，特别是招商引资项目、民生项目和政府性工程的违法使用林地涉林案件，社会关注度都非常高，其查处也非常困难。没有坚定的办案意志和斗智斗勇的经验方法就可能让办案人员难以下手，无法查结。

（四）**全面执行是核心** 涉林案件查结后，补交罚款、植被恢复费和追究相关人员的责任是必须的，也是容易执行的。处罚中的补植复绿往往容易被忽视，若处罚了不执行，特别是一些在原地难以恢复原状的案件，如不及时督促，不想办法及时按要求异地补植复绿，已处罚的涉林案件执行就不全面、不彻底，就会给社会造成涉林案件查处只要交罚款就能了事的误导，不利于森林资源的保护和今后涉林案件的查处和执行。

（五）**全力普法是保障** 林地不是都不可使用，林木不是不可采伐，只要按要求办理林地使用和林木采伐手续，依法合理利用森林资源是倡导的，未按规定办理相关手续随意使用林地、随意采伐林木和随意破坏野生动植物资源，就要受到法律法规的制裁。这些道理和常识亟待大力宣传，林业法律法规的宣传和贯彻落实依然任重道远。

维护生态平衡　促进可持续发展

——纳雍大坪箐国家湿地公园的美丽嬗变

张 娅

湿地与森林、海洋并称为全球三大生态系统，与人类的生存、繁衍和发展息息相关。湿地具有保持水源、净化水质、蓄洪防旱、调节气候、保护生物多样性、保存物种、提供野生动物栖息地等重要功能，被誉为"地球之肾"。健康的湿地生态系统，是生态安全体系的重要组成部分和经济社会可持续发展的重要基础。保护湿地，对于维护生态平衡，改善生态状况，实现人与自然和谐，促进经济社会可持续发展，具有十分重要的意义。纳雍大坪箐国家湿地公园是国家林业局 2013 年 12 月 31 日行文批复的国家级湿地公园（林湿发〔2013〕243 号），公园规划总面积 1.6 万亩，湿地率 51.3%。目前，大坪箐国家湿地公园森林覆盖率达到 91.66%，这里物种丰富、四季异景、气候宜人，为纳雍呕待开发的一片净土。为守护纳雍这片处女地，纳雍林业人几十年来始终如一，使大坪箐实现从荒原到绿洲的华丽蜕变，并逐渐揭开她神秘的面纱，使之成为云贵高原上一颗璀璨的明珠，熠熠生辉！

一、建设历程

20 世纪 80 年代末，大坪箐是纳雍县张家湾镇补仲村、水东镇老包村、滥坝村、居仁街道办事处干坝村等村寨的主要放牛山，每天近千头牛羊肆意践踏，致使大坪箐生态遭到毁灭性的破坏，植被类型以草本和零星的矮灌型小灌木为主。大坪箐从"大跃进"前的"箐"轮为 80 年代末时的"放牛山"、"癞头坡"。

20 世纪 90 年代初，"中国 3356"工程落户纳雍，该项目的实施对纳雍人民来说是一大福音。乘"中国 3356"工程的东风，大坪箐实施大规模植树造林。严格的管护制度，严厉的处罚措施，使大坪箐的生态得到很好的恢复。经过 10 年的经营、管护，至 90 年代末，大坪箐的人工林面积达到 3982.8 亩，自然修复的天然次生林面积达到 1.5 万亩，实现了森林覆盖率从 80 年代的 3.4% 迅速增加到 83.89% 的质的飞跃。10 年的光景，大坪箐谱写了纳雍生态史上最为华丽的传奇篇章。

■ 大坪箐之影

2001年，国家天然林资源保护工程的实施，工程资金的投入，给大坪箐已经"断了炊"的管护工作注入了新的能量。又一个 10 年管护，大坪箐人工造林面积达 4105.2 亩，自然修复的天然次生林面积达 1.6 万亩，森林覆盖率达 90.66%，生态建设成效非常显著。大坪箐不再是荒草破坡，恢复了昔日郁郁葱葱、绿意盎然的秀美景致。得天独厚的地理环境、满目苍翠的生态植被，大坪箐筑茧成蛹，逐渐形成了藏于大山深处的高原沼泽湿地、乌江上游的蓄水塔。

二、主要做法

（一）抢抓机遇，着力打造特色湿地旅游　党的十七大报告将生态文明建设提上议事日程，国发〔2012〕2 号文件《国务院关于进一步促进贵州经济社会又好又快发展的若干意见》明确指出，进一步促进贵州经济社会又好又快发展，是加强长江、珠江上游生态建设，提高可持续发展能力的重大举措；十八大报告提出大力推进生态文明建设，十九大报告提出坚持人与自然和谐共生……党中央、国务院一直将建设生态文明放在一个高度，提出建设生态文明是中华民族永续发展的千年大计。"十三五"期间，湿地保护成为生态文明建设不可或缺的组成部分。在这种大政治背景之下，大坪箐湿地迎来了千载难逢的历史机遇。为了落实国家湿地分类分级保护管理措施，有效保护湿地资源，2013 年，纳雍大坪箐获国家林业局批准建立国家级湿地公园。在湿地公园的申报、科考的过程中，科考专家、摄影师镜头记录了大坪箐的山、水、草、木的神奇，展现了大坪箐的风、云、雨、雪的风采……大坪箐似一个藏于深闺无人问的羞涩少女，慢慢地揭开她的神秘面纱，如梦如幻、款款而来，充满了神秘、充满了诱惑，成为纳雍乃至贵州省内外摄影、探险、生态旅游爱好者向往之地。机遇让大坪箐破蛹化蝶，她的名字逐渐被世人所知，她的建设一度成为纳雍人民茶余饭后的热论话题，很多纳雍人视尚未到过大坪箐为一件憾事。如今的大坪箐管理局，力求探索一条合理利用、科学开发大坪箐生态旅游资源，切实解决湿地保护与利用的矛盾之路。着力打造纳雍特色湿地旅游品牌，让纳雍大坪箐生态旅游走出贵州乃至走向世界。

（二）整合机构，着力组建强力管理队伍 2015年6月，纳雍县人民政府落实了湿地公园管理机构，成立了纳雍大坪箐国家湿地公园管理局。2017年9月，为了合理利用人力资源，更好地开展森林资源保护与管理工作，纳雍县人民政府将原有的纳雍大坪箐国家湿地公园管理局、纳雍珙桐省级自然保护区管理局、国有纳雍林场进行了整合，成立正科级全额拨款事业单位。3个事业单位机构的整合、改革、创新，让更多精彩嬗变在大坪箐管理局实现。走进大坪箐管理局，一支意气风发、团结奋进、苦干实干的干部职工队伍让人感觉无比振奋。

（三）勾勒蓝图，着力助推生态脱贫攻坚 大坪箐的发展紧绕建设"两园一区"开展发展规划。两园，即纳雍大坪箐国家湿地公园、小湖坝森林公园；一区，即纳雍珙桐省级自然保护区。一个个标新立异的设想，让全体干部职工看到了美好的前景和希望，激励着所有人员全身心投入，群策群力，齐心谋发展。2017年12月12日，纳雍"绿水青山"讲习所在大坪箐管理局正式挂牌开讲，意在贯彻落实党的十九大报告精神，向林区群众传授林业产业技能，带动群众发展林农、林药、林菌、林下养殖等林下经济项目，依托林业提升群众脱贫致富的发展能力，坚持抓实生态脱贫，让"绿水青山"讲习所助推群众致富奔小康。同时，有效地助推了管理局社区共管工作，为构建和谐林区打下了坚实的基础。

（四）强化管理，争取各级项目资金扶持 一是严厉打击林区非法建筑，遏制非法侵占用林地的违法行为。2017年11月中旬，大坪箐管理局组建了5个工作组，集中力量开展林区非法建筑调查、取证等工作。频繁的出警率、严谨有序的工作作风，控制了国有林地被疯狂侵占的势头，有效地震慑了不良之风。二是积极争取省、市、县级项目资金开展湿地公园的建设、科研等工作。2017年11～12月期间，大坪箐管理局向国家申报了两个500万元以上的项目，其中云贵水韭原生境保护区项目已获农业部批复。

三、主要成效

（一）生态建设成效显著 通过几代林业人的不懈努力，如今的大坪箐生机盎然、绿意连绵、碧草如毡，湿地面积不断增加，湿地保水蓄水能力不断提升。森林覆盖率从20世纪80年代初的3.4%增加到2017年的90.66%；湿地面积从20世纪80年代初的几十亩增加到2017年的0.83万亩，湿地率达到51.3%，谱写了纳雍生态建设史上的一个神话。

（二）科研监测收益颇丰 大坪箐管理局把加强湿地科研监测作为保护生态、发展生态经济的一项重要基础性工作来抓，通过推进项目建设、寻求技术支撑等措施，有力提升湿地科研监测能力。在湿地重点区域设置监测点1个，对气象、土壤、植被等因子进行日常监测和调查。建立湿地公园基础数据库和湿地鸟类数据信息库，设置红外线监测点 15 个，累计记录监测数据 3000 余组。加强与科研院所的合作，与重庆大学和毕节学院开展湿地生态监测合作，为湿地鸟类种群特征、湿地植物群落和湿地生态保护等方面的科学研究提供依据。通过红外线摄像实拍到豹猫、野猪、小鸊鹈、黄鸭、黑水鸡等以前没有实体图片记录的图片，特别是小鸊鹈在大坪箐水库的种群数已达 15 只以上，不断更新了大坪箐科研监测动态数据，科研监测收益颇丰。

（三）科普宣教有序推进　通过纳雍县人民政府网站、纳雍电视台、珙桐纳雍公众微信平台等宣传媒体，结合"世界湿地日"、"爱鸟周"、"野生动物保护宣传月"等法制宣传日对湿地公园生态服务功能、湿地建设、保护和生态旅游方面进行持续宣传报道。已成功举办湿地日宣传摄影展 4 期，建成湿地保护宣传碑牌 4 处，定期开展湿地鸟类观测调查、湿地资源监测项目。成功组织 1 期小学生野外观鸟活动，让参加活动的学生更深层次地体会保护鸟类与自身生活息息相关，从而将这一理念传达给自己身边的亲人，达到"小手牵大手"科普宣教的目的。

四、几点启示

（一）坚持保护与发展相结合是湿地管理的根本　湿地资源合理利用必须从整体利益出发，项目的建设必须服从于保护，并与环境保护建设同步进行，遵循适度性原则，坚持在保护好生态环境的前提下进行合理开发，实现生态系统安全完好、生态旅游和生态种植长久繁荣的双赢目标。

（二）坚持资源保护与市场开发相结合是湿地管理的重点　资源的利用必须与市场接轨，在倡导利用的同时，要注重市场的动态变化，力争合理利用项目多元化，满足不同层次的需求。

（三）坚持合理利用与科普教育相结合是湿地管理的有效措施　合理利用要把环境保护、生态教育、休闲娱乐融为一体，通过寓教于游、寓教于乐等丰富多彩的形式，向游人传播生态、环境科学知识以及相关的法律法规，使游人享受自然、陶冶情操、增长知识，提高环境保护的意识。

（四）坚持可持续发展与永续利用是湿地管理的目的　统一规划、集中管理、合理布局、先易后难，优先发展投资少、风险低、见效快、辐射范围广、服务当地民众多的项目。

第三章
绿 色 产 业

　　毕节试验区始终坚持寓生态建设于经济发展之中，把林业发展与经济结构调整、扶贫开发和农民增收致富有机结合，统筹推进生态建设和产业发展，同步实现生态改善和民生改善。经果林发展步伐不断加快，连片种植经果林面积达 448.31 万亩。按照"林旅一体化"的发展思路，着力发展森林生态旅游。2017 年累计发展林下经济 150 万亩，实现产值 34 亿元，生态旅游累计接待游客 944.2 万人次，实现收入 65.9 亿元，林业产值达 251 亿元。

依托生态工程　调整产业结构

——毕节试验区林业产业发展纪实

廖冬云　糜小林

林业产业是涉及国民经济一、二、三产业的复合产业群体。毕节试验区建立以来，寓生态建设于经济发展之中，按照"生态建设产业化、产业建设生态化"的思路，充分依托林业生态工程项目的实施，逐步调整林业产业发展结构，重点发展林木种植业、特色经济林业、林下经济产业、森林生态旅游业、花卉苗木产业、林产品加工业，并拉长产业链条，逐步形成各自产业优势、特色优势。

一、主要成效

（一）第一产业资源总量逐年增加　一是森林培育业情况。"十二五"规划以来，毕节市完成营造林 976.76 万亩，连续 7 年突破百万亩。森林覆盖率从试验区 1988 年建立之初的 14.9% 增长到 2017 年的 52.8%，共增长了 37.9 个百分点，年均增长 1 个百分点以上。活立木蓄积量达到 4798 万立方米。二是经果林种植情况。到 2017 年底，全市经果林种植面积达 448.31 万亩，连续 3 年完成经果林建设 186.42 万亩。经果林种植中，毕节核桃种植面积占贵州省核桃种植面积 50% 以上，核桃面积达 236.6 万亩，进入盛果期的核桃有 55.96 万亩，年核桃总产量达到 5.6 万吨，按每吨市场价格 3 万元计算，年产值达 16.8 亿元以上，139 万名农业人口受益，农民人均纯收入 1200 元以上。三是林木种苗发展情况。全市种苗生产经营单位已达 345 家，苗圃育苗面积为 20585 亩，5 年累计生产各类合格苗木 10 亿株，产值 50 亿元以上，每年提供就业岗位 5000 余个，群众就业总收入达 1.5 亿元以上。四是花卉产业发展情况。花卉产业发展尚处于起步阶段，从事花卉生产的企业、合作社、大户等有 103 家，从业人员 9940 人，生产经营面积 12.6 万亩，生产各类花卉苗木等 1.2 亿株，年产值 1.28 亿元。五是林下经济发展情况。积极引导农民发展林药、林菌、林菜、林茶等林下种植业，以及林禽、林畜、林蜂等林下养殖业。发展林下经济面积 150 万亩，其中林下种植 75 万亩、林下养殖利用林地面积 25 万亩、森林景观利用林地面积 45 万亩、林产品采集加工利用林地面积 5 万亩，实现产值 33 亿元，带动农户近 30 万户就业创业。

■ 纳雍县厍东关乡'玛瑙红'樱桃

（二）第二产业发展规模不断壮大　一是木材加工情况。全市共有木材加工经营企业
1196 家，其中新办 124 家。二是林副产品加工企业情况。鼓励发展新型林业经营主体 641
个，其中专业合作社 506 个，家庭林场 14 个，林业企业 108 个，专业大户 13 个，带动脱
贫 3567 人。三是龙头企业和品牌情况。全市省级林业龙头企业 7 家，Q 版上市企业 1 家。
目前已申请注册特色林产品品牌的有大方县"奢香庄园"核桃乳、大方漆器、"九龙腾"
天麻系列产品，黔西县水西红宝石软籽石榴、金刺维系列产品，纳雍县'玛瑙红'樱桃，
威宁县苹果、黄梨、"鹤乡果"核桃乳，赫章县"赫章核桃"、"赫之林"核桃乳饮料、"金
果缘"核桃工艺品、核桃糖等系列产品等。

（三）第三产业发展方兴未艾　依托丰富的森林资源景观，建森林公园 13 个，经营面
积 103.62 万亩；建湿地公园 8 个，经营面积 14.50 万亩；建自然保护区 10 个，经营面积
112.51 万亩。百里杜鹃油沙河国家森林公园获全国森林康养试点，百里杜鹃、赫章夜郎和
毕节拱拢坪 3 个国家级森林公园获省级森林康养试点。2017 年全市实现森林旅游综合收
入 65.9 亿元。如百里杜鹃国家森林公园成功建成 5A 级景区，2017 年实现森林公园旅游收
入 39.85 亿元，各类乡村旅馆、农家乐应运而生，贫困农户纷纷参与到景区建设和保护中，
景区 70% 的农户享受到旅游开发带来的红利，2 万余户贫困户因此脱贫。毕节国家森林公
园拱拢坪景区成功创建 4A 级景区，采用私营企业和民营资本与政府进行合作参与公共基
础设施建设（PPP）模式改善旅游基础设施条件，充分挖掘森林旅游潜力。

二、主要做法

近年来，全市积极通过完善产业链来提升林业产业竞争力，通过良种繁育、园区建设、林下经济、林产品深加工、产品展销、电子商务、森林生态旅游等环节不断加强林业上下游产业之间的紧密联系，通过整合和一体化运作，大力推动林业全产业链发展。

（一）强化林木良种繁育　建立国家良种基地2个，分别为赫章县国家核桃良种基地10000亩和威宁县华山松良种基地700亩，夯实产业发展种苗基础。建立赫章县优质核桃采穗圃2600亩和黔西县刺梨采穗圃200亩；选育出了'黔核5号'、'黔核6号'、'黔核7号'、'黔核8号'4个核桃良种，'黔核6号'、'黔核7号'和'毕林核1号'、'毕林核2号'通过省级优良品种认定。威宁县华山松也被贵州省审定为林木良种，建采种基地5.02万亩。

（二）强化示范园区建设　加强规划布局，根据区域分布特点，初步形成了以赫章、威宁为主的核桃产业带，七星关、大方、黔西和金海湖新区刺梨产业带，黔西、大方皂角产业带，威宁苹果产业带，六冲河流域樱桃产业带，赤水河流域柑橘产业带。按照"产业链、产业带、产业群"的发展思路，科学规划、合理布局，点、线、片结合，充分发挥示范点以点带线、连线成片的示范引领作用，在全市培育形成一批面积1000亩以上的专业村、1万亩以上的示范乡、10万亩以上的产业带，全面推进产业示范基地建设。如赫章县规划"千年夜郎栈道，百里核桃长廊"，沿夜郎栈道"城关—财神—朱明—可乐—双坪—结构"等乡镇，高标准、高起点、高规范建设核桃基地精品示范带25万亩；威宁县依托都江高速和内昆铁路，沿"中水—牛棚—迤那—斗古"等乡镇打造糖心苹果产业示范带10万亩；纳雍县沿总溪河一线，在"厍东关—维新—董地—化作"等乡镇打造'玛瑙红'樱桃示范园11万亩，使生态效益、经济效益和社会效益相得益彰。毕节市相关县（区）荣获

■ 织金县竹荪

■ 大方县林下冬荪种植基地

■ 织金县马场镇竹荪种植基地

"中国核桃之乡"、"中国樱桃之乡"、"中国天麻之乡"、"中国竹荪之乡"、"中国珙桐之乡"、"中国漆器之乡"等荣誉称号。

（三）强化林下经济发展　充分整合各类项目，积极引导经济合作社和广大林农因地制宜推进林下种植、林下养殖、生态旅游等林下经济多元发展，初步探索出林下中药材、林菜套种、林下养禽、森林康养、林下开办农家乐等多种林下经济发展模式。如大方县采用"林药"模式，大力发展林下种植仿野生天麻 4 万亩、林下冬荪 1 万亩，林农每亩可增收 4000 元以上。又如纳雍县采用"林游"模式，在厍东关乡打造了万亩'玛瑙红'樱桃观光园，丰富了纳雍县"观滚山珠、品'玛瑙红'、漂总溪河"旅游内涵，每年樱桃成熟上市时，慕名前来采摘的游客络绎不绝。再如七星关区撒拉溪镇龙凤村柏山家庭林场栽植晚秋黄梨等经果林 500 余亩，并采用"林菜"结合模式，在林下种植白菜、辣椒等，带动了农户脱贫致富。毕节市被国家林业局列为首批国家林下经济示范基地。

（四）强化产品精深加工　围绕林产品产后增效，做好核桃、刺梨、天麻等林产品精深加工。针对核桃开发出了核桃乳、核桃糖、核桃油、核桃工艺品等系列产品。针对刺梨开发出了刺梨汁饮料、刺梨干等产品。针对漆树开发了漆器工艺品。针对林下仿野生天麻开发出了天麻胶囊、天麻酒、天麻颗粒、食得乐颗粒等系列产品，产品销往北京、上海、广州、湖南、河南、河北、重庆、武汉等地，深受广大消费者的青睐。

（五）强化产品营销服务　发展农社对接、农超对接、直销直供等现代流通新业态，探索创新服务农业生产营销新方式。积极推荐涉林企业参加全国森林食品交易博览会、农产品交易博览会等，推介林产品。如织金县猫场镇建立了全国最大的皂角精加工交易市场，全镇每年加工销售皂角精 200 多吨，广州、福州、台湾、昆明等地商人纷纷前来订货。皂角精加工大户发展到 20 多家，带领周边 10 多个村、1000 多户群众致富，每户纯收入达 4000 多元。

三、经验启示

林业产业是集生态建设、经济发展、社会进步于一体的基础产业和公益事业，是生态文明建设的重要载体，是林区和社会主义新农村产业发展和农民增收的有效途径。应始终注重处理好四个关系。

（一）始终注重处理好森林保护培育和利用的关系 保护培育丰富的森林资源是林业产业发展的物质基础，反过来，通过产业发展，又为森林资源保护和培育提供更多的财力支持，最终使资源越来越多，越来越好，产业越做越大。在保护的基础上合理利用，通过利用更进一步促进保护和发展，实现生态与经济双赢，实现绿水青山就是金山银山。

（二）始终注重处理好政策调动和市场引导的关系 发展林业产业，一方面依靠国家大的方针、政策，争取国家投入、支持，利用重点工程项目带动产业发展。另一方面研究利用地方产业政策，推动林业产业发展。毕节市委、市政府出台了《关于大力推进特色林果产业发展 促进生态建设和农民增收的意见》、《关于加快核桃产业化发展的意见》，编制了《毕节林业产业发展规划》，着力把林业产业培育为群众增收致富的优势产业、支柱产业。同时，还要尊重经济规律，以市场为导向，通过招商引资、扶持政策，建设一批类型多样、资源节约，种植、生产加工、销售一体，效益良好的龙头企业，龙头企业前端连接基地和农户，后端连接千变万化的大市场，实现全产业链发展。

（三）始终注重处理好长远目标和当前利益的关系 林业产业周期性长，既要考虑当前利益，又要长远谋划。在实施退耕还林工程、石漠化治理工程中，在坚持生态优先的前提下，努力调整林业产业结构，注重发展经济价值高的经济和生态兼用林种、树种。同时采取"林草结合"、"林药结合"、"林豆结合"、"林芋结合"、"林肥结合"、"林菜结合"等种植模式，将经果林种植与半夏、何首乌、辣椒、马铃薯等短期可见效益的矮秆作物进行套种，促进了产业之间"长短结合，以短养长"，实现了土地资源效益最大化，促进了产业协调持续发展，加快了农村产业结构的调整步伐。

（四）始终注重处理好第一产业和第二、第三产业的关系 积极深化林业一、二、三产业供给侧结构改革，促进林业一、二、三产业融合发展，实现"接二连三"。积极发展以核桃、油茶、樱桃、刺梨、皂角、苹果、竹产业、生态茶园、花卉苗木和其他精品果业为主的"十大林业产业基地"，计划到 2020 年，使全市经果林总面积达到 500 万亩以上，实现人均 0.5 亩经果林的目标，覆盖贫困农户达到 40 万人，实现综合产值 100 亿元。加大招商引资力度，大力培育龙头企业，突出精深加工，扶持经营组织创新，推动林产品由粗加工向精深加工发展、向高附加值产品转化、向终端产品发展，逐步延伸产业链长度、增强产业链厚度、拓展产业链幅度。采用"森林＋"等模式，推进林业与旅游、文化、康养等产业深度融合，发展生态旅游新业态。结合林特产品基地建设，积极发展乡村旅游，建设樱桃公园、核桃公园等专类园，融生产、旅游、食品、工艺等为一体，提高旅游综合产值。

推进林业结构调整　拓宽林农增收渠道
——毕节试验区大力发展花卉苗木产业

林清霞

毕节市依托得天独厚的地理优势、适宜的土壤和气候条件、便利的交通条件以及丰富的生态资源，确立了"积极发展林业产业、做强花卉苗木产业"的发展思路，采取"政府引导、科学规划、招商引资、技术服务"的联动机制，不断创新制定林业产业扶贫的目标和规划，围绕"群众主体、企业带动"的扶贫模式，大力发展花卉苗木产业。通过退耕还林、石漠化综合治理、绿色通道建设等林业重点工程的实施，促进了毕节市林业花卉苗木产业的稳步发展。

一、主要成效

（一）**生产基地初具规模**　毕节市借助退耕还林、石漠化综合治理等林业生态工程的实施，为花卉苗木产业的发展夯实了基础。"公司+基地+农户"、"合作经济组织+公司+农户"等花卉苗木产业发展模式的不断完善，使毕节市花卉苗木产业的发展实现了从无到有、从小到大、从弱到强的演变。如山东良田花卉苗木有限公司投资 1.7 亿元在织金县建立织金良田花卉产业园区，一期工程建设智能温控花卉市场 18528 平方米、智能温室型花卉科研中心 4400 平方米及标准化连栋日光栽培温室 20000 平方米。年生产兰花瓶苗 500 万株，成品兰花 100 万盆，市场交易额 3.5 亿元以上，辐射带动发展农户种植花卉 10000 亩，促进就业 500 余人，带动 2500 户农民脱贫。贵州华泰生态农业开发有限公司一期投资 8000万元，在百里杜鹃流转土地规划种植以玫瑰、紫薇、牡丹、万寿菊、雪域花等为主的"彝山花谷"花卉产业园区 5300 亩，园区的建设带动周边农户 2000 余人就业。基地建设为公司的发展和全市花卉产业化建设奠定了坚实基础。

（二）**区域布局日趋合理**　随着毕节市建设步伐的加快，按照优势产业向优势产区集中的原则，区域布局上形成以七星关区、织金县、金沙县为主的节日盆花、种苗生产片区，以百里杜鹃管理区杜鹃花、赫章韭菜坪韭菜花为主的天然野生花卉资源保护区，以威宁彝族回族苗族自治县为主的万寿菊生产区，以七星关、黔西、纳雍、赫章、百里杜鹃、

■ 织金良田花卉园区苗圃基地

金海湖新区为代表的玫瑰花产业园种植和加工产业区。在品种结构上形成以盆景、盆花为主，干花、观花观叶植物、绿化苗木、地方特色花卉和种苗种球等多元化发展的格局。目前，全市主栽品种达 100 余个。

（三）**市场占有率日趋增大** 毕节市的花卉产品已从改革开放前的零生产，逐渐进入大众家庭，市场化的步伐也在加快。各县（区）城镇家庭对花卉需求份额日益增长，据估算，有 50% 以上的城镇家庭有送花、养花的习惯，从而推动花卉产业质量的提高及数量的增加。

（四）**生活方式明显转变** 改革开放以前，农民的生活方式简单传统，关注的重点是如何解决温饱，经济来源薄弱。改革开放以后，经过各类林业工程的实施，生态环境得到明显改善，群众的生活水平有了显著的提高，群众关注的问题也逐步从"耕地糊口"向"如何让土地增值增效"的方向转变。群众生活质量的提高、意识的转变为花卉产业的发展提供了契机，百里杜鹃国家森林公园的成立、赫章县韭菜坪国家级自然保护区的建立、织金县良田花卉园区的建立等为群众由传统农牧生活方式发展到开始注重丰富精神生活提供了越来越多的绿色生态旅游景点，同时也带动了林业二、三产业的发展，有效地转变了群众的生活方式，提高了群众的生活质量。

（五）**服务功能日益显现** 近年来，毕节市加大了构建以产地为基础、销地为骨干、产销两地结合的农产品批发市场体系，在促进农产品市场流通、推动区域经济和保障市场供应方面起到了积极作用。市场的繁荣带动了花卉相关产业及旅游业的发展。如 2016 年 1 月 16 日，织金第一届"大美织金·多彩花卉"中国织金花卉博览交易会开幕，标志着织金县引资 1.7 亿元实施的织金良田花卉园项目正式投入运营，开启了织金县绿色发展的春天。该园区以高档兰花的培育、生产、经营为主产业，辅以生态旅游、休闲观光产业，融合一、二、三产业，推进花卉苗木产业健康、有序、快速发展。园区以"公司＋基地（合作社）＋农户"模式在该县三甲、官寨、桂果等乡镇（街道）带动 500 多户农户建成花卉基地 2000 余亩，就近解决就业 100 余人，带动 50 余户贫困农户脱贫。

二、主要做法

毕节市把加快发展花卉苗木产业作为推进林业结构调整、拓宽农民增收的重要手段，不断加大发展花卉苗木产业扶持引导力度，推进全市林业生态产业化快速发展。

（一）加强政府组织引导，明确花卉苗木发展目标　近年来，毕节市委、市政府高度重视花卉产业建设，以加快林业产业结构调整为契机，把建设花卉苗木基地纳入十大林业产业之一，重点加以扶持和培育。先后出台并印发了《林业投资项目优惠政策》、《毕节市"十三五"林业生态建设规划》、《关于毕节市打造"十大林业产业基地"实施意见的通知》等。制定了信贷、奖励、技术引进、人才管理、流转土地、招商引资等方面优惠政策；依托退耕还林、石漠化综合治理等林业生态工程的实施，规划到2019年全市打造以玫瑰、牡丹、紫薇、杜鹃等为主的花卉苗木基地15万亩以上。如毕节市委办公室、市政府办公室印发了《关于切实抓好油用牡丹产业发展试点示范工作的通知》，要求全市各县（区）按照"渠道不乱、用途不变、统筹安排、各记其功、优势互补、形成合力"的原则，积极整合国家生态功能区（三江源）、退耕还林、产业扶贫、林业产业化发展、林业综合开发等项目资金，集中财力推进油用牡丹试点示范基地建设工作。

（二）加大资源整合力度，促进花卉苗木产业发展　毕节市提出了"实施资源大整合，推进园区大建设，促进产业大发展"的工作思路，切实整合交通、水利、农业综合开发、国土资源、扶贫，以及国家"三江源"重点生态功能区建设、巩固退耕还林成果、石漠化综合治理等工程项目资金，着力加强产业园区水、电、路和市场、冷库以及育苗中心等配套基础设施建设。各县（区）还通过增加信贷投资、鼓励社会融资等方式加大对园区建设的投入力度，充分调动社会各界参与、支持园区产业化经营。据不完全统计，2017年全市花卉苗木生产规模达12.9万余亩，从事花卉生产的企业、合作社、大户等100余家，从业人员9940余人，其中贫困农户5349人，年生产各类花卉苗木等12000万株，年产值达12843.5万元以上。

（三）加大政策扶持力度，营造产业发展良好环境　根据花卉产业化需求制定有利于林业产业化发展的优惠政策，创新财政支持机制，建立特色产业激励机制。比如，对发展势头好、带动力度大、辐射范围广的产业园区给予一定的财政激励，如林业、农牧、水利等部门安排一定的资金扶持花卉苗木园区建设等，增强政府机构对花卉苗木产业发展的组织、协调、服务功能。县、乡政府积极协调解决在土地、林业、交通、水利、电力等方面的困难和问题，营造良好的投资发展环境，打造发展平台。成功引进了青州良田花卉苗木有限公司、贵州华泰生态农业开发有限公司、贵州金菊生态观光农业发展有限公司等企业到毕节市织金县、百里杜鹃管理区、威宁彝族回族苗族自治县等投资花卉苗木基地建设。如毕节市为加快牡丹产业的发展，2016年印发《毕节市委办　毕节市人民政府关于切实抓好油用牡丹产业发展试点示范工作的通知》，要求各县（区）试点示范种植面积5000亩以上。截至2017年底，全市实施面积5.83万余亩，涉及43个乡（镇、办事处），资金投入上除国家林业项目补助外，各县（区）不同程度地从财政再给予补助，共落实投资 9704 万元。威宁县为加快花卉产业建设以此带动旅游经济发展，出台相关文件，加大全县菊花产业发展力度，将责任分解落实到县、乡、村干部，进行科学引导，2015 年万寿菊种植面积达 5.5 万余亩，涉及县内 24 个乡镇（街道）。其中通过现代高效农业产业示范园区核心区带动合作社发展 5120 亩万寿菊种植，配套建设了万寿菊收购站1 个、万寿菊色素颗粒加工厂 1 座。

（四）加快品牌建设进程，实施龙头带动发展战略　花卉苗木产业发展先后被列入《毕节市"十三五"林业生态建设规划》和《毕节市打造十大林业产业基地规划》，以百里杜鹃管理区杜鹃花、纳雍县珙桐花、赫章县韭菜花、金沙县玉簪花、七星关区玫瑰花等优势花卉为突破口，在全市范围内实行奖励激励机制，鼓励龙头企业、农民专业合作经济组织争创花卉苗木名优品牌。如百里杜鹃管理区打造了"百里杜鹃"高山杜鹃的地方优势花卉品牌，以此为中心，辐射大方、黔西两县花卉旅游业的发展。

（五）加大科技支撑力度，为花卉产业发展添动力　为提升花卉苗木产业竞争力，深入挖掘杜鹃花、韭菜花、珙桐花、玉簪花等野生花卉资源附加值，更好地推动毕节市花卉产业示范园建设，根据毕节市人才工作领导小组《关于大力引进智力助推产业发展的通知》，毕节市引进了一批专业领域的专家，为毕节市花卉产业发展"问诊把脉"、建言献策。如2014 年毕节市人民政府聘请了云南省农业科学院园艺作物研究所副研究员、昆明金科艺花卉有限公司总经理刘家迅为毕节市花卉产业发展科技顾问，解决全市在花卉苗木产业发展中出现的各种问题。为推进毕节市油用牡丹基地建设，2016 年 5 月，毕节市人民政府邀请了国家林业局原党组副书记、副局长、中国油用牡丹专家委员会主任李育材，国家林业局、

■ 金沙县柳塘镇菊花基地

中国科学院植物研究所、北京林业大学、中国牡丹产业协会、人民日报社、神农牡丹集团、福建商会、山东菏泽盛华牡丹园、遵义东阳光实业公司等业界的专家、学者和从业人士在毕节市召开油用牡丹产业发展专家论证会，就发展油用牡丹产业建言献策。2016 年 11 月，邀请农业部全国农业技术推广服务中心副秘书长王万港，北京农业大学教授、博士生导师、中国花卉协会月季分会副会长、中国花卉文化协会副会长、中国生态文化协会常务理事赵梁军等组成的专家组对毕节市玫瑰花引种试种建设"把脉"。

三、几点体会

（一）**深入调研是产业发展的前提**　调研是产业发展的前提，根据适地适树的原则，选好适宜本地生长的品种。在玫瑰花产业发展中，为了确保产业的成功率，毕节市政府于 2016 年 11 月组织市林业局、农委、扶贫办、建设投资有限公司等单位有关人员组成考察小组赴中国农业大学、北京林业大学、中国林业科学研究院、山东省平阴县玫瑰研究所，围绕玫瑰生物学特性、玫瑰名特优新品种与市场价格、玫瑰花及系列产品深加工技术、玫瑰产品市场现状及前景等进行综合考察。毕节市政府根据考察结果，以"发展特色花卉产业，助推产业扶贫"为目标，在金海湖新区建设 3500 亩玫瑰产业示范基地，在示范区形成"企业（专业合作社）带动贫困户、一户带动几户、几户带动一片、几片形成一个产业"的良好局面。

（二）**加强规划是产业发展的基础**　毕节市将花卉产业列入《毕节市"十三五"林业生态建设规划》主要内容，围绕"加快花卉发展，做活林业经济"的主题，以建设"生态毕节、美丽毕节、富饶毕节"为目标，加速推进花卉苗木基地、盆栽花卉基地、鲜切花切叶基地、特用花卉基地、优质种苗种球繁育基地、百里杜鹃杜鹃花繁育基地六大产品基地和沿高速公路、铁路花卉产业带建设。规划花卉苗木种植面积达 10 万亩，年生产花卉苗木量达 5 亿株，实现产值 10 亿元。建立以龙头企业为中心的特色品种研发基地，发展包括杜鹃、珙桐、桂花、玉兰、牡丹、玫瑰等特色优势品种。充分利用新一轮退耕还林优势，不断加强花卉苗木基地建设。

（三）**招商引资是产业发展的捷径**　近年来，借助交通网的快速发展及百里杜鹃管理区杜鹃花、赫章韭菜花、金沙玉簪花等野生花卉旅游资源的发展优势，毕节市积极开展包装项目，开展花卉产业招商引资工作。成功引进如贵州台金农业技术开发有限公司、织金良田花卉发展有限公司、贵州华泰生态农业开发有限公司等有实力的企业到毕节市发展花卉苗木产业基地建设。据不完全统计，全市通过招商引资共引进各类花卉苗木企业 20 余家，投入资金达 2.09 亿元。

（四）**落实扶持政策是产业发展的保障**　以"贫农脱贫、农民增收、生态文明"为发展目的，毕节市根据花卉产业发展需求，对发展势头好、带动力度大、辐射能力强的基地给予政策扶持，积极协调解决在土地、林业、交通、水利、电力等方面的困难和问题，整合各类工程项目资源，引导农民调整林业产业结构，集约利用土地规模化经营，发展花卉苗木特色产业，壮大集体和个体经济。

立足资源禀赋 助推产业发展
——赫章县核桃产业发展纪实

程　婷　阮友剑　曹景富

赫章县是南方泡核桃分布中心之一、核桃生长适宜区之一，是全国 10 个"国家核桃良种基地"之一，是"中国核桃之乡"、"全国核桃标准化示范区"。赫章县种植核桃历史悠久，早在西汉时期夜郎土著民族就有采食核桃的习惯，县内百年核桃古树遍布各镇。赫章县核桃品质优良，境内分布乌米核桃、串核桃等原生优质种源，以其壳薄、仁满、色匀、肉香、油足等优点享誉国内外。近年来，赫章县立足自然资源禀赋，紧紧围绕"转方式、调结构、促发展"的思路，坚持把"小核桃"当作"大产业"来打造，把核桃产业作为特色优势产业，与开发扶贫、生态建设、农业结构调整、经济转型升级结合起来，大力推进核桃产业发展。

一、主要成效

（一）**种植面积不断扩大**　近年来，赫章县按照"小核桃、大产业"的发展思路，充分依托退耕还林、石漠化综合治理、重点生态功能区转移支付、巩固退耕还林成果、森林植被恢复等项目资金，逐步调整和优化林业产业结构，重点发展核桃等特色经果林，推动了核桃产业快速发展。与 2006 年相比，核桃面积从 14 万亩发展到 2017 年的 166 万亩（连片种植 100 万亩，"四旁"和零星种植 66 万亩），净增面积 152 万亩，年均增加 12 万亩以上。

（二）**产品加工不断增强**　一是核桃干果处理、分级、包装等初级加工正在起步，提高了干果质量，促进了销售，增加了价值。二是以贵州赫之林食品饮料有限公司（简称赫之林）为主的食品加工企业规模不断扩大。该公司占地面积 42000 平方米，拥有年产 10 万吨核桃乳自动生产线。三是贵州金果缘核桃实业发展有限公司（简称金果缘）生产的核桃工艺品加工，拓展了核桃的文化内涵，丰富了核桃文化产品。

（三）**营销市场不断拓展**　贵州赫之林食品饮料有限公司、贵州利民食品有限责任公司、贵州金果缘核桃实业发展有限公司等精深加工企业，主要生产核桃乳、核桃糖、核桃工艺品、核桃油等系列产品，年产值近 5 亿元。2007 年以来，"赫章核桃"先后获得"奥运推荐果品"、"中国十大名优核桃"、"中国果品著名品牌"等称号，赫章县被评选为"中国核桃之乡"、"全国核桃标准化示范区"、"国家核桃良种基地"；"赫之林"品牌核桃乳荣获"贵州省著名商标"，"果缘品"核桃工艺产品获得外观设计专利19项。2013年2月，国家质量监督检验检疫总局批准赫章核桃为"国家地理标志保护产品"；2016年3月，财神镇、朱明乡被国家林业局认定为"国家级核桃示范基地"。核桃系列产品得到广大消费者的认可和欢迎，产品销售市场已打破在毕节市区域销售格局，不仅扩大到贵阳、遵义、六盘水等省内市（州），还远销北京、江苏、浙江、福建、上海、云南等地，辐射全国各地。

（四）良种繁育不断加力　赫章县与中国林业科学研究院、贵州大学、中国农业大学、贵州省核桃研究所、贵州省农业科学院植保所等高等院校及科研单位建立了长期合作关系。鉴别和选育出了'黔核5号'、'黔核6号'、'黔核7号'、'黔核8号'4个本地优良品种，主要指标达到国际特级商品核桃标准；正在研究和试验核桃专用肥、核桃病虫害等科技课题。自2008年以来，赫章县与贵州大学农学院潘学军教授（博士）合作，组建专业研究队伍，历经3年的反复试验、研讨和总结，制定了《核桃方块芽接技术要领（十要三抹芽）》，培训核桃方块芽接技术人员1.3万人次，选用本地优良核桃品种嫁接核桃基地30000亩，建成优质核桃采穗圃2000亩，嫁接改良实生苗核桃示范基地28000亩，经初步测算，经核桃方块芽接技术嫁接的核桃可提前6～8年挂果。

（五）脱贫攻坚不断显现　全县核桃挂果面积32万亩，坚果产量3.84万吨，年产值近15亿元，年收入万元以上的核桃种植户13000余户，助农人均增收1700元以上，占全县农村居民人均可支配收入的4.6%以上，带动减少贫困人口约1600人。核桃树已成为农民致富的"摇钱树"、石漠化治理的"生态树"、新农村建设的"风景树"。

二、主要做法

（一）坚持抓好"一个规划"，切实让核桃产业"立起来"　赫章县坚持"高起点、高标准"绘制核桃产业发展蓝图，编制了《赫章县新一轮核桃产业发展规划》，按照"一带、两线、一园、三区、全覆盖"的总体布局，规划了"千年夜郎栈道、百里核桃长廊"精品示范区、野马川农特产品加工生产与交易区、水塘产品研发与文化综合展示区，从生产、加工、销售等方面完善功能分区，优化产业布局，全县上下"一盘棋"推进核桃产业科学发展，逐步形成了"小核桃、大产业"的产业化扶贫新格局。为此，赫章县核桃产业示范园区被纳入了贵州省30个重点农业示范园区，是贵州省唯一的核桃扶贫产业示范园区。

（二）坚持抓实"两头生产"，切实让贫困群众"富起来"　核桃种植和产品加工是核桃产业发展最重要的"两头"，一头连着基地与农户，一头连着企业与市场。一是在基地建设方面，大力推行"龙头企业+合作社+基地+农户"、"合作社+村委会+基地+农户"等模式，组建了核桃专业合作社65个、核桃协会27家，对核桃基地实行代种代管、联合经营、承包经营等。同时，赫章县还建立了一个县直部门包保一个行政村核桃基地工作机制，充分发挥示范引领作用，促使全县核桃基地上规模、升水平、显效益。目前，全县 166 万亩核桃基地覆盖了所有贫困村 90% 以上的贫困户。"要想快致富，多种核桃树"已然成为广大群众的共识。二是在加工生产方面，相继引进赫之林、金果缘等精深加工企业，生产了核桃乳、核桃糖、核桃油、核桃工艺品等系列产品，年产值近 5 亿元，吸纳了近 3000 名贫困人口就业。2017 年，赫之林核桃乳年加工能力达 10 万吨，正在建设年产 10 万吨的核桃调和油生产线，开发了 7 种包装产品；金果缘年加工铁（夹）核桃果 500 吨，年生产工艺品 20 万件以上。以上核桃加工企业已在国内外建立了营销网点，产品十分走俏，供不应求。

（三）坚持抓住"三品建设"，切实让赫章核桃"响起来" 产业化的出路在于市场化，市场化的关键在于优良的品种、品质、品牌保证。一是在品种建设方面，赫章县只种"四棵核桃树"，鉴选出了'黔核 5 号'、'黔核 6 号'、'黔核 7 号'、'黔核 8 号' 4 个优良品种，凡是核桃育种、嫁接苗培育等，一律选用以上 4 个品种。同时，从 2014 年开始，赫章县紧紧依靠获得的国家发明专利——高位嫁接技术，嫁接改良了核桃品种 10 万亩，经嫁接的核桃生长快、产量高，5 年后亩产可达 500 千克左右。二是在品质建设方面，赫章县坚持打好绿色、生态、有机牌，确保核桃品质优良。境内分布的乌米核桃、串核桃等原生优质种源，经专业机构检测，脂肪含量、蛋白质含量、出仁率等理化指标达到国际特级商品核桃标准。三是在品牌建设方面，赫章县坚持以品牌为引领，以文化为载体，着力提升品牌效应。建成了贵州省唯一的"中国核桃文化生态博物馆"和核桃文化广场，每年举

■ 赫章县挂果核桃

■ 赫章县"中国核桃文化生态博物馆"

■ 赫章县获得奥运推荐果品的'黔核7号'核桃

办"中国·赫章核桃节"、核桃产业发展研讨会、全国核桃招商引资推介会等活动，开展"十佳核桃基地"、"十佳核桃书记"、"十大核桃致富能手"等评选活动，不断提高"赫章核桃"的知名度和影响力。

（四）坚持抓牢"四项保障"，切实让核桃产业"强起来" 一是在组织保障方面，组建了赫章县核桃产业发展事业局、赫章县核桃产业发展办公室、赫章县核桃研究所，并在各乡（镇）、村组建了核桃产业发展工作站和专业服务队，形成了县、乡、村联动的核桃产业发展网络。二是在技术人才保障方面，探索和建立了核桃科技人才长效机制，采取技术引进、技术承包、技术咨询和专业队伍授课等方式，开展核桃实用技术培训上万人次，基本实现了每户至少有1人以上掌握核桃关键技术，为核桃产业发展提供了长效的科技人才支撑。200余名贫困人口已成为了"核桃专家"，经常到县内外开展核桃技术培训，以核桃作为一技之长，鼓起了腰包。三是在科技保障方面，与中国林业科学研究院、中国农业大学、贵州大学、贵州省林业科学研究院、贵州省农业科学院等高等院校及科研单位建立了长期合作关系。研究总结的"九个一"核桃种植技术标准在全省和广西河池市等地广泛推广；研发的核桃高位嫁接技术在全国处于领先水平，获得国家发明专利。四是在资金保障方面，赫章县按照"渠道不乱、用途不变、统筹安排、集中使用、各记其功"的原则，加大项目资金整合力度，近3年来，整合各类资金近2.7亿元投入核桃产业。同时，积极通过实施"特惠贷"扶持贫困户发展核桃产业，切实为核桃产业持续发展提供了源源不断的资金保障。

三、主要经验

（一）党政重视是前提 党政重视、统一认识、齐抓共管是抓好核桃产业发展的前提条件。赫章县在核桃产业发展中，成立以县委书记任第一组长，县长任组长，县委副书记、分管副县长任副组长，县直单位领导和乡镇主要负责人为成员的领导小组，将县直40多个部门的核桃建设任务具体分解落实到村，全县从上到下形成了抓核桃产业发展的组织网络。这是有效推进核桃产业快速发展的前提。

（二）**发动群众是基础**　发展特色农业产业是对农村传统产业模式的改革，与广大农民的切身利益休戚相关，必须发动群众，取得广大群众的积极支持和主动参与。事实证明，凡是群众支持并积极参与发展的产业，成功率就高，生命力就旺盛。赫章县在核桃产业发展中，把增加农民收入作为主要目标，通过广泛宣传、典型引路、示范带动，充分调动广大农民的积极性，得到了群众的广泛支持。这是核桃种植面积得以快速扩大、产业持续发展的基础。

（三）**规模发展是核心**　特色资源要形成产业，必须先有一定的生产规模，达到一定的产量，才能争取市场份额，形成竞争力，发展深加工，延伸产业链。赫章县大力推进核桃种植质量和品质提升，种植面积 166 万亩，种植规模全国第一，为赫章县核桃全产业链的建设提供了充足的核桃坚果来源。

（四）**机制创新是保障**　形成市场牵龙头、龙头带基地、基地连农户的农业产业化经营格局，必须健全完善体制机制作为保障。为此，在推进核桃产业发展的工作中，赫章县着力构建"组织保障、良种繁育、示范建设、市场营销、品牌创建、合作构建、科技支撑、投资融资、政策支撑、文化推介"十大体系，创新了资金整合、代种代管、土地流转等工作运行机制，推动了全县核桃产业顺利发展。

（五）**龙头带动是关键**　龙头企业一头连农民，一头连市场，处在农业产业化发展的关键环节点。发挥龙头企业对农民专业合作社和农户的引领、扶持和反哺作用，对于农业产业化经营水平的提升至关重要。为此，赫章县把引进、扶持、打造龙头企业作为重点，引进和培育了贵州赫之林食品饮料有限公司、贵州利民食品有限责任公司等龙头企业，有力地推进了核桃产业发展，有效解除了产品销售的后顾之忧。

（六）**科学技术是支撑**　科技是发展特色农业产业一项必不可少的要素。赫章县把科技推广与技术培训作为核桃产业发展的重要措施，聘请专家作顾问，组建专业授课队伍，大力推广核桃丰产栽培技术和高接换头技术，这些都为核桃产业发展强化了科技支撑。

四季花果飘香　处处人间美景

——七星关区清水铺镇橙满园村发展经果林产业纪实

周　芳

七星关区清水铺镇橙满园村地处四川、贵州交界处的赤水河畔，原名南关村，距毕节城区 86 千米，总面积 10.2 平方千米，有耕地 2380 亩，辖 13 个村民组、889 户、3350 人，最低海拔 580 米，最高海拔 1050 米，立体气候明显。毕节试验区建立以来，橙满园村紧紧围绕试验区"三大主题"，以改善生态、发展社会经济为目标，寓生态建设于经济开发之中，开展大规模、高起点的综合治理，为解决当地农民贫困、生态恶化、人口膨胀等问题进行了坚持不懈的探索试验，实现了四季花果飘香，处处人间美景。

一、取得的成效

毕节试验区建立以来，橙满园村紧紧围绕生态建设的主题，实现了从毁林开荒到治山养山这一观念上的转变，确立了从"对抗"到"和谐"的生态环境治理思路，寓开发扶贫于生态建设之中，以生态建设促进开发扶贫，充分利用多方支持，大力发展经果林，培育形成产、供、销一条龙的林业产业发展格局，促进人与自然和谐发展。治理水土流失面积 9960 亩，发展生态林 3817 亩、经果林 7500 亩，森林覆盖率从 1988 年的 19.5% 上升到 2017 年的 88.32%，曾经的荒山披上了绿装，满坡石山变成了"绿色银行"，逐步实现了生态效益、经济效益和社会效益"三丰收"。

（一）生态建设成效显著　橙满园村结合自身实际，按照乡村振兴的要求，坚持"种果树，帮民富，保青山，留后路"发展思路，全面开展新农村建设，取得了一定成效。全村引进柑橘 9 个品种，林下套种早熟蔬菜 700 余亩，种植枣 300 亩，年均产水果 1000 余万千克，早熟蔬菜 250 余万千克。为了让来小山村旅游的人一年四季有果吃，春、夏两季有花看，橙满园村还辅助种了桃、李、梨等水果，一到春天，漫山遍野姹紫嫣红，令人流连忘返。现在，全村村民人均纯收入超过万元，户均水果收入超过 3.8 万元。该村成立了橙满园村果蔬生产专业合作社，帮助农户解决生产、销售中的一系列问题，让农户安心发展水果、蔬菜产业，解决了后顾之忧，初步形成了一定的规模经济效应，助推了脱贫攻

■ 七星关区清水铺镇椪柑

坚。据橙满园社区讲习员张安福介绍，橙满园村产业结构调整发展历程为：群众由怀疑到信任，由不愿到自愿，由贫穷到富起来，由"难关村"到"南关村"再到"橙满园村"。

（二）**基础设施逐步完善**　在积极发展经济的同时，积极争取部门支持和帮助，切实加强基础设施建设。2011 年，在七星关区交通运输局的帮助下，修通了通村公路 9.8 千米；通过财政部门"一事一议"工程，共硬化通组公路 4.5 千米，串户道路 11 千米；贵州省水利厅下拨 160 万元建成了"三小"水利工程和 80 万元的安全饮水工程；建沼气池 400 余个，同时完成 400 余户改厕改灶工程，完成房屋亮化美化 12000 平方米，硬化院坝 3500 余平方米，修建花池 60 余个，建垃圾池 50 余个，安装垃圾箱 45 个，房屋垛梁垛脊 150 余栋。大力改善了村民的生产生活环境，有力地加快了新农村建设步伐。

（三）**生活水平大幅提高**　橙满园村在依托果蔬产业发展起来的同时，不断加强物质文明、政治文明和精神文明建设，加快小康建设步伐。先后修建了党员活动室、图书室、卫生室、宣传栏和文体活动场所。从而营造了"一心一意谋发展，聚精会神搞建设"的良好发展氛围。2010 年，成立"生态文明家园"农民文艺宣传队，在全村巡回演出，宣传党的方针政策，提升对外形象，丰富了群众文化生活。坚持"种果树，帮民富，保青山，留后路"发展理念，历经 10 多年的大调整和快速发展，如今的橙满园村已是花果飘香、初步小康的生态宜居村，人均纯收入超过万元。

（四）**生活环境逐年改善**　为了逐步提高村民的整体素质和生活质量，橙满园村以提高村民生产生活水平为根本，以改善人居环境、变革落后的生产生活方式为切入点，以生产发展、生态良好、社会和谐为目标，积极引导广大村民参与"一建四改"工程，切实整治村民柴草乱垛、垃圾乱倒、畜禽乱放、污水乱泼、粪土乱堆等现象，组织实施了路面硬化、村寨绿化、环境美化、庭园净化、房屋亮化等工程，逐步提高村民思想道德素质和科学文化素质。大大增强了村民的发展意识、文明意识和守法意识，形成了"净、畅、宁、和"的人居环境。同时，积极培养有文化、懂技术、会经营、善管理、守法纪、讲文明的新型农民，不断加强法制宣传教育，提高村民学法、守法、用法能力，不断提高村民自我发展、自我管理、自我约束、自我服务能力，努力造就适应时代发展需要的新型农民，着力构建和谐村寨。

二、主要做法

（一）明确思路，整村推进　橙满园村以"三农"工作和"毕节试验区"为载体，实施特色经果林发展战略，着力打造"水果之乡"和"生态旅游景点"。把发展林业产业放在突出位置，统一村"两委"干部思想，调动群众积极性。依托得天独厚的自然气候优势，规模化发展以夏橙、椪柑、橘子为主的经果林，开展农业供给侧结构调整，发展现代山地高效农业，加快农村农业产业转型升级，加快了橙满园村万亩经果林建设，使其沿着"旅游、观光、生态"产业为一体的综合村寨迈进。

（二）整合资源，争取扶持　橙满园村充分利用天然林资源保护、石漠化综合治理、三江源生态治理等林业项目资金，加大项目实施力度。按照"在发展中保护，在保护中发展"的总体思路，橙满园村把"生态环保型"和美丽乡村建设作为工作的出发点，全力推进生态建设和环境保护。目前，橙满园村水土流失、荒漠化状况得到治理，发挥了赤水河流域的生态屏障作用。

（三）强化管理，构建和谐　橙满园村以改善民生为主抓手，综合发展各项社会事业，为构建和谐村寨奠定坚实基础。全村实施"生态文明家园"建设农户数达90%，人口自然增长率控制在0.52%以内，农村养老保险参保率达100%，新型农村合作医疗保险参合率达100%；推进义务教育均衡发展，适龄儿童入学率达100%，劳动就业率达90%，建立健全留守儿童和空巢老人管理服务体制；完善村卫生室设施，改善全村卫生环境，建立健全弱势群体救助中心，建立了运营高效、服务优质、覆盖死角盲点的公共文化服务网络体系，致力平安橙满园、和谐清水铺建设，推进服务为民，依法行政，构建和谐。

（四）强化培训，提高技能　橙满园村借鉴各地发展经果林建设的好经验，通过外出学习技术，"走出去、引进来"相结合，选择适宜品种种植。在市、区林业部门的支持下，聘请贵州大学、贵州工程应用学院的教授和专家到村进行现场讲学和传授技术，利用过程教学和农民讲习所等形式进行学习。同时，还采取"公司＋党支部＋专业合作社＋农户"的组合模式，组织技术人员前往四川叙永等地学习技术，让大家掌握经果林种植、施肥、整形修剪、有害生物防治、采摘等各项实用技术，为经果林产业的发展奠定坚实的基础。据统计，橙满园村现有经果林种植科技示范户200户。

三、几点体会

（一）树立"**大林业、强产业、长效益**"的发展理念，用理念引领发展　坚持以"创新、协调、绿色、开放、共享"五大发展理念为引领，把造林绿化纳入守住发展和生态"两条底线"的重要内容，按照《绿色毕节行动三年行动计划》要求，把林业工作放在第一位，并制定方案，研究措施，分解任务，明确责任，把林业工作作为现阶段工作的重中之重，大胆实践，改革探索，采取"公司（专业合作社、大户）＋基地＋农户"等多种经营模式发展橙、柑橘、蜜橘等特色经果林产业，实现森林资源产业化，让林农得到更多实惠。橙满园村结合实际，凝聚工作合力，落实工作方案，扎实推进各项林业工作，整合各类林业项目，大力发展林业产业。

（二）制定"**前瞻性、合实际、可持续**"的发展规划，用规划指导实施　坚持生态建设与开发扶贫相结合，通过经果林种植，涵养了水源，保住了土壤，防治了土壤沙化、石漠化，取得了较好成效，培育了新兴产业，让当地百姓成功把"绿水青山变成金山银山"。通过聘请权威专家实地调查和多方论证，坚持因地制宜、适地适树原则，制定了村级经济发展规划和村级特色经果林发展规划，橙满园村柑橘管理示范园已见雏形，产品销往毕节、镇雄、叙永及周边乡镇。橙满园村已从人与自然"对抗"转变为人与自然和谐共处，推进经济社会实现全面协调可持续发展。

（三）探索"**市场化、多样化、规模化**"的发展模式，用现有做法助推改革　一是探索出了先建后补、先退后补、第三方验收、造林绿化资质认定、多元化投入、"四到乡"造林绿化等新型造林管理机制。二是着力开展国家集体林业综合改革试验示范区建设，大力探索集体林权配套改革。大力推进探索"三权分置"、健全社会化服务体系、完善财政扶持政策、完善森林保险制度 4 项改革重点任务。根据《毕节市深化集体林权制度改革推动农村产权"变现"和"三变"改革实施方案》，探索林业资源变资产、资金变股金、农民变股东的"三变"改革，实现森林资源资产化，让林农得到更多实惠。

（四）创建"**政策优、服务广、领导强**"的发展环境，用创新助推发展　充分调动干部群众的积极性，创造有利于发展的硬环境，通过走政府搭台、市场参与、群众唱主角的发展路子，制定各类政策，鼓励各类林业专业合作社，站在更高的角度，更长远地打算，用更广泛的视角，优化服务指导，加强领导督促，真正为林业发展助阵加油。

高目标定位 高标准建设

——威宁彝族回族苗族自治县发展苹果产业纪实

黄海霞

威宁彝族回族苗族自治县坚持把苹果产业发展作为调整产业结构、促进农民增收、推动农村经济发展的一项重要举措，作为实现"百姓富、生态美"有机统一的重要抓手，依托独具优势的地形和气候，按照"品种优良化、布局合理化、种植区域化、生产规模化、管理集约化、技术标准化、果品安全化、经营一体化、服务系列化"的发展思路，坚持高目标定位、高起点规划、高标准建设，大力发展苹果产业。1996年，威宁苹果获得"贵州省优质农产品"称号，2017年被农业部列入全国特色农产品区域规划，获国家地理标志认证。

一、主要成效

（一）**种植规模不断扩大，生产产值不断提高** 威宁县苹果种植区域主要以南部黑石头镇、北部雪山镇、西北部牛棚镇和迤那镇及中水镇为中心分布。2009年，全县苹果种植面积7.94万亩，其中老果园5万亩、新建果园2.94万亩，年产精品苹果1.2万吨，总产值4560万元。近年来，威宁加入苹果产业发展步伐，在牛棚、迤那、斗古等乡镇加大苹果种植力度，延伸苹果产业链条，全县苹果种植面积达33万亩，挂果面积10.8万亩，总产量8万吨，产值3.2亿元。

（二）**选种技术不断提升，优势品种不断改良** 威宁县争取农业部种子工程项目资金180万元，建设350亩苹果良种苗木繁育基地，其中建立母本园（采穗圃）250亩、繁育圃100亩，年出圃优质种苗90万株，保证了威宁精品苹果产业发展对优质种苗的需求。在贵州省果蔬站、贵州省果树科学研究所、贵州大学以及毕节市农委等省、市有关科研部门的支持下，从品种资源引进与本地优质品种选育、主要病虫调查与防治、测土配方施肥、高效栽培模式、无公害栽培技术等方面分别对威宁苹果进行了深入研究，选育出适宜威宁自然生态条件的优质新品系5个（其中'黔选2号'和'黔选3号'通过贵州省农委品种审定委员会审定），总结出了威宁苹果优质高效栽培综合配套技术，制定了威宁苹果绿色果品生产技术标准，为威宁苹果产业发展奠定了很好的科技支撑基础。

■ 威宁县黑石镇糖心苹果

（三）优势企业不断增多，市场竞争不断增强　威宁县以"选好一个目标、建好一套体系、形成一个龙头、树立一个品牌、带动一个产业、致富一方百姓"为目标，大力发展苹果产业。现有中国海升集团威宁超越农业有限公司、乌蒙绿色产业有限责任公司、红云苹果专业合作社等54家苹果生产企业和专业合作社入驻，在迤那、黑石头、中水、牛棚、雪山等地建示范园1万亩以上，年产量1万多吨。中国海升集团威宁超越农业有限公司于2016—2017年建成3500亩矮化密植肥水一体化标准示范园，2018年规划在中水镇、牛棚镇、黑石镇建设3000亩以上矮化密植肥水一体化标准示范园。企业的不断增多在促进苹果产业发展和提升苹果市场竞争力方面发挥着巨大作用。

（四）发展步伐不断加快，脱贫攻坚不断凸显　威宁县改变传统农业种植模式，始终把苹果产业作为产业结构调整和增加农民收入的一项主要工作来抓。牛棚、迤那作为中国海升集团的苹果发展基地，入股农户可获得土地保底费、务工收入、利润分红、退耕还林款收入四重保障。入股农户393户、1651人，其中贫困户37户、167人，2017年开始挂果产生经济效益。基地2018年进入丰产期，预计亩产苹果达4000千克以上，亩产值可达3万元左右，受益年限20年。据测算，海升苹果基地可带动农户户均年增收2.3万元以上，其他农户自主种植的户均年增收达10万元左右，可带动1668户、7172人，其中贫困户

155 户、814 人增收致富，实现由传统的玉米、洋芋向烤烟再向苹果产业转型，把小小的一棵苹果树种成"脱贫树"、"致富树"、"小康树"。

二、主要做法

（一）**发展优势产业，改良传统果园**　近年来，在农村产业结构调整政策的带动下，威宁县坚持科学引领、集中连片、规范种植，做好做精苹果产业。以中水镇为例，当地充分利用有利的自然条件和依托毗邻的昭通市建设中国南方最大苹果加工储藏销售基地的优势，积极争取上级有关部门的大力支持，不断提升苹果品质，着力把苹果打造成富民支柱产业。由于自然环境适宜，政府高度重视，投入力度加大，群众积极参与，技术得到保障，全镇改造老果园、建设新果园的步伐不断加快，中水镇苹果逐渐形成了规模效应。截至 2017 年底，中水镇优质苹果种植面积已达到 1.45 万亩。中水镇苹果因其皮薄、甘甜、味纯、清脆、可保留数月而备受客商的青睐，产品远销六盘水、贵阳、黔东南、安顺等地。

（二）**加大财政投入，提供资金保障**　威宁县级财政每年预算安排 500 万元以上资金，专门用于苹果良种选育、引进、扩繁、高产示范、新品种、新技术的推广应用，并随着财政收入的增长按比例逐年增加。实行分类投入，对新建果园全部纳入退耕还林补贴范畴，其中矮化苗木每亩按 4800 元的投入标准补助，苗木实行全额补助，不足部分给予 3 年期银行贷款财政贴息补助，乔化苗木每亩补助 300 元。通过政府的大力支持，坚持科学规划、集中连片、规范栽植的原则，全力推进苹果产业规模扩张。

（三）**强化科技支撑，提升种植技术**　强化科技支撑是威宁县发展壮大苹果产业的底气，将矮砧大苗、高架密植、高纺锤形栽培、水肥一体化等一系列新技术运用到苹果种植中，为苹果提高品质、实现丰产提供了保障。迤那镇为了发展苹果产业，聘请 11 名苹果种植专职辅导员，承担起"海升技术本土化"的职责，通过不断开展田间大学、院坝培训、农民夜校等活动，逐渐使"高起点规划、高技术引领、高标准建园、高品质生产、高效益经营"成为全镇果农的集体共识，为苹果产业标准化建设注入科技力量。

（四）**提升品牌竞争，扩大销售半径**　目前，威宁县所产苹果可北上成都、重庆，南下广东、广西，西出云南，东进湖南、湖北。威宁县苹果具有较大的市场空间和竞争优势，随着淘宝、微商等电子销售手段的快速兴起，打开全国各地其他市场势在必行。目前拥有的苹果品牌"炭上红"、"黔山红"已在国家工商行政管理总局注册商标，并且"炭上红"荣获贵州省著名商标称号。威宁精品苹果种类多样，其中最出名的"冰心"在市场上供不应求。

（五）**以短养长，加强配套产业发展**　为了解决苹果产业见效周期较长、农户缺收的短板，威宁县大力发展短、平、快林下经济，以短养长、以矮养高、以多养壮，引进企业在苹果基地种辣椒、党参、万寿菊、大豆、绿肥等林下经济作物，按照"苹果到哪里，基础设施配套到哪里"的要求，积极争取项目，着力加强以排灌渠系、小型集雨蓄水和引灌设施土地整治为重点的农田水利设施建设，以及以田间耕作道路、干道连接基地路为重点的交通路网建设。将苹果产业与精准扶贫结合起来，利用好扶贫项目全力支持、优先支持贫困对象种植苹果，将苹果产业做成脱贫致富产业。

（六）推进合作模式，促进产业发展 威宁县黑石镇河坝村采取"合作社＋基地＋农户"运作模式，彻底打破了户界、社界、村界界限，统一规划，用新技术、新品种、新生产流程，高标准打造有机苹果第一品牌。合作社通过引进新品种、种苗繁育、高效示范，以采后处理为核心，集科研、示范、对外交流、生产、培训为一体，促进现代化果树高效生产技术大面积推广，使苹果产业扶贫真正走上可持续发展之路。雪山镇锅底村成立的威宁雪山精果种植专业合作社由 8 户苹果种植大户带头组建，村"两委"统一负责规划、引领，村民用每年收获的苹果参与入股，种植与管理技术服务统一由合作社负责，同时，合作社还负责给村民销售苹果，利益分配按照"村集体＋合作社＋农户"的模式，农户在获得与合作社签订的保底价之外，销售的利润按照村集体 20%、合作社 60%、农户 20% 的比例进行分红。以群众力量为基础，发展集体合作社，示范带动群众积极参与，达到共同脱贫致富。

三、取得的经验

（一）抓住发展机遇是苹果产业发展的关键 抓住国家产业供给侧改革发展的机遇，是稳步推进苹果产业的关键。为把苹果产业做好、做实、做大、做强，必须坚持"生态产业化，产业生态化"的发展理念，注重"四个结合"，即注重与正在实施和已审核的农业项目结合、注重与扶贫开发项目结合、注重与"四在农家·美丽乡村"创建行动相结合、注重与自然资源禀赋和市场相结合，整合林业工程建设、农业综合开发、扶贫开发、新农村建设、科技推广、水土保持等各类项目资金投入，以及县财政投入基础设施建设奖励扶持资金，建立苹果高效示范园区和生产基地。

（二）产品深加工是苹果产业发展的后盾 有了加工企业，才能提高经果林产业的附加值。为提升苹果品质，打造威宁特色精品苹果，威宁县斥资 2.6 亿元建设苹果气调库及分选包装线项目。该项目占地约 155.6 亩，包括 2 万吨气调库、鲜果分选加工包装线、展示中心、交易中心、A 区市场、B 区市场等。建成投运后苹果交易量每年可达 40000 吨，营业收入 3.6 亿元。苹果分级洗选生产线在 2016 年底建成。

（三）群众力量是苹果产业发展的基础 发展苹果产业是威宁县农民致富的"金钥匙"。多年以来，苹果产业的发展在流转土地、劳务保障等方面得到广大群众的积极参与和大力支持，脱贫致富的百姓与日俱增，先富带动后富，共同富裕指日可待。大力发展苹果产业必须依靠群众，让群众在生产过程中获得更多的收入，充分调动起广大群众参与苹果产业发展的积极性。

（四）技术人才是苹果产业发展的保障 近年来，威宁县加大人才引进力度，在薪酬、住房、职级、职称等方面给予政策鼓励和物质关怀，积极吸纳从事苹果良种研发、实用技术指导、生产加工、市场营销、品牌创建等方面的专业人才，既向外招募外地人才，也向内挖掘本地人才，通过人才支撑助推苹果产业的提速跨越发展。鼓励农技人员留职留薪、带职带薪创办苹果产业实体，支持科技人员以技术入股、技术承包、技术咨询、技术服务等有偿方式参与苹果产业发展。鼓励人才机制，促进科技发展，提升苹果产业效益，全力打造具有优良品质的"威宁高原生态苹果"。

整合各方资源　推动农旅发展

——金沙县打造万亩牡丹园促进农村经济发展

唐春霞

　　金沙县以"生态产业化、产业生态化"发展理念，按照"资源互补、产业共生、项目拉动、集团发展"的思路，以市场为导向，积极培育农业经营主体，加快推动金沙县牡丹农业园区建设。截至2017年底，全县共种植油用牡丹1.02万亩，主要分布在柳塘镇、禹谟镇、茶园镇、五龙街道等5个乡镇，在柳塘镇打造了"爽爽柳塘，牡丹天堂"等旅游胜地，全年到牡丹基地休闲旅游人数达到2万人次，实现旅游综合收入达1000万元，实现了生态、经济、社会效益的全面发展。

一、主要做法

　　（一）坚持绿色定位，"接二连三"融合发展　牢守发展和生态"两条底线"，找准发展定位，有效利用闲置资源，不断延伸产业链条，推动多产共进。一是用规划保生态。坚持"分步推进，突出特色"山地高效生态农业的发展理念，紧贴当地自然环境、交通优势、人文环境实际，在油用牡丹园区建设上，规划布局为"一园多产三融合"，即：以牡丹休闲观光园为主，多种产业延伸，服务设施配套完善，农业、旅游、康养融合发展，促进了园区规模经营、风格独特、功能多样化的发展格局，既守住了生态，又发展了经济。二是用荒山变"金山"。牡丹种植基地多以土地比较贫瘠、闲置的荒坡地或二耕地为主。金沙县充分抓住牡丹这一特性与优势，选择了村集体荒山和通过流转村民闲置多年的土地作为牡丹产业发展区域，统一种植牡丹。同时，套种核桃、楠木、桂花等经果林，形成立体种植模式，让荒山"变废为宝"，产生生态、经济、景观多重效益。三是用市场定生产。围绕牡丹特色产业发展，强化市场运作，并采取以短养长，以快养慢，长短、快慢相结合的生产经营思路，在油用牡丹种植的同时，建立自己的种源培育基地，在保证基地用苗需要的同时，向外推广销售种苗。后期还将建设油用牡丹提炼精加工工厂，提高牡丹的商品附加值，让油用牡丹实现纵深发展、全域发展、可持续发展。

　　（二）坚持三方共赢，"村企联动"共促发展　把辐射带动群众致富作为产业发展的根本目的，在村集体、农户和企业之间建立利益联结机制，广泛调动群众参与建设管理的积极性。一是集体资源入股，增加村集体经济。金沙县在牡丹园区建设中，通过政府引导，将核心区集中连片的 2000 亩村集体荒山折价 60 万元入股投资经营企业。同时，鼓励村（社区）将各类项目资金入股，在保证股本不流失的前提下，村集体每年按股本 10% 的比例获得分红。二是自有资源入股，带动农户脱贫。如柳塘镇按照每户贫困户贷款 5 万元的标准，积极引导双兴、金新、桃园等村 92 户贫困户争取到富民村镇银行发放的"富民贷"贷款 460 万元入股到贵州尚土农业股份有限公司发展油用牡丹种植，合作期限为 3 年，由公司分别按照 6%、7%、8% 的比例对入股贫困户进行保底分红，5 万元的本息由贵州尚土农业股份有限公司偿还，确保贫困户无风险、稳增收。三是自家门前务工，促进农户增收。农户将土地流转给公司，公司又通过村集体将整地翻犁、起垄开厢、种植和田间管理等劳务工程返包给农户。

（三）坚持政策引导，"育管一体"保障发展　金沙县人民政府出台了《金沙县油用牡丹产业发展试点示范实施方案》，对牡丹产业发展实行以奖代补，为牡丹产业的发展提供有力的政策支持。一是以试点作示范。以禹谟镇同心村为核心，覆盖周边的金岩、秀山、龙泉、沙兴、金坝、大龙、新寨以及长坝镇店民、柳塘镇金新等 10 个村（社区），并在五龙街道、沙土镇、茶园镇等范围内，培育经营主体种植油用牡丹，并形成一定规模，以观赏和油用兼用的牡丹种植示范基地，形成以点带片、以片促面的示范引领作用。二是以技术管质量。加大对经营主体技术人员的培训力度，创造条件配备外聘农民技术员 2 名以上、本地技术员 5 名以上，建立本土油用牡丹产业发展队伍。选择具有一定实力的经营主体开展育苗工作，保障全面推广时全部采用本地苗木。三是以政策强支撑。2016 年金沙县油用牡丹试点示范种植统一按照每亩 2500 元给予补助，由县财政补助给实施经营主体。其中，建设地块符合国家退耕还林政策规定的，全部纳入退耕还林工程实施范围，除退耕还林种苗和造林补助费每亩 300 元外，县财政补助 2200 元。在退耕还林地内套种油用牡丹的，使用国家退耕还林资金给予农户退耕现金补助每亩 1200 元。截至 2017 年底，金沙县已兑现油用牡丹建设补助资金 1286.53 万元。

二、取得的成效

通过牡丹产业的发展拉动，牡丹园区所覆盖的村基础设施不断完善，人居环境质量大幅提升，村集体和农户经济收入不断增加，实现了政府得生态、公司得收入、农户得就业、游人得体验等综合效益。

（一）牡丹园区变旅游景区　2016 年，金沙县种植牡丹 1.02 万亩，核心区种植面积达 7991 亩。园区生产便道、灌溉水池、管理房、办公大楼、停车场、观光栈道、观景台等配套设施已初步建成，万亩牡丹花海已成为集休闲观光生态旅游、牡丹植物油综合利用和中草药为一体的农旅观光景区。如柳塘镇牡丹园，因毗邻金沙南高速出口，地理条件优越，在牡丹园套种不同花期的菊花、紫薇，接待游客量将成指数增长。仅 2017 年 8～10月花期就接待游客 1 万余人次，据初步统计，旅游综合收入达到 500 万元。

（二）贫困农户变富裕农户　一是农户将自家土地流转给牡丹园区项目，在收取土地流转金的同时，还可以在基地里务工挣钱，年收入已远远超过脱贫标准。牡丹产业园建成后，助推当地1000余户贫困户直接受益，带动5000余户农户增收致富。2016年，仅劳务返包和零星务工，公司支付农户劳务费就达700余万元，平均每亩地达900元。农户收益远高于从事传统农业，年入1万元以上的农户比比皆是，收入2万～3万元的家庭也占了相当比例。禹谟镇同心村赖子坝组村民王维学就是发展万亩牡丹园项目的受益者，60多岁的他于2016年将自家土地流转给牡丹园区项目，"在家门口基地打工，10元钱每小时，比种传统的苞谷等作物划算多了，收入也更稳定"。二是通过"富民贷"入股分红。如2017年贵州尚土农业股份有限公司就以每户3000元分红红利标准，向柳塘镇农户累计发放红利27.6万元。

（三）单一产业变多产融合　传统农业属于第一产业，而牡丹园的建设加快了第一产业连接第二产业、第三产业的跨越式发展步伐。牡丹园的牡丹蜂蜜、牡丹油等农产品将被加工成各样的农副产品，不同花期的美丽景色吸引更多的人来旅游度假，实现单产业链接到多个产业，达到了生态、经济互利双赢。如贵州尚土农业股份有限公司就在其牡丹园内套种毫菊，空闲地还养殖蜜蜂500群，不仅带来了旅游观光，按每群蜜蜂产蜂蜜10千克，市场价格300元/千克计算，仅蜜蜂养殖一项就可实现产值150万元。

（四）集体荒山变"金山银山"　油用牡丹属于多年生小灌木，比较耐干旱、耐贫瘠、耐高寒，不换茬，属林下中药材。金沙县利用了牡丹的这一生长属性，把以前的荒山开发利用了起来，让荒山遍地栽满了"摇钱树"。油用牡丹经济价值很高，全身都是宝。花朵可以供观赏、花瓣可入茶、籽粒能榨油，其所含的不饱和脂肪酸——亚麻酸超过40%，相当于橄榄油的40倍、大豆油的10倍，是生产化妆品的上等佳料。牡丹种植每亩苗木价格约900元，每年管护成本约1000元，每亩年产牡丹

■ 金沙县柳塘镇油用牡丹

籽 150～250 千克，按每千克 20 元市场收购价计算，亩产值可达 3000～5000 元，纯利润可以达到 1000～3000 元，再加上发展其他林业产业，效益可观，有效地把原来的集体荒山和农村闲置土地变成了增收致富的"金山银山"。

（五）空壳村变成富裕村　牡丹产业的发展充分利用了村集体荒山资源，分别成立专业合作社组织生产。按照"塘约经验"，所有收益实行三方共享，即村集体、农户、专业合作社实行利益分享。如在柳塘镇金新村，将属集体经营且可利用的荒山、荒坡、荒地折价入股，在基地起步期按银行利率标准分红，在基地进入丰产期后提高分红。这样增加了村集体收益，消灭了"空壳村"，绿化了环境。2017 年，村集体实现分红 3 万余元，村级经济积累得到了增加。

三、经验及启示

（一）顺应发展需求是牡丹园区建设的前提　金沙县牡丹产业园的定位是集休闲观光生态旅游、牡丹植物油综合利用和中草药为一体的农旅观光园，这符合国家提出的牢守发展和生态"两条底线"以及贵州省提出的"大健康、大旅游"的要求，顺应发展需要，满足群众期盼，赢得长足的发展空间。

（二）建立利益联结机制是牡丹园区建设的基础　金沙县油用牡丹园项目采取的是"三变"模式，实现农村"资源变资产、资金变股金、农民变股民"，既可以盘活农村集体资源、资产和资金，激活农村各类生产要素潜能，又可以增加农民收入、壮大集体经济、发展现代农业。实施产业延伸带动，在农户、村集体、企业之间建立利益联结机制，实行三方共同创建、共同管理、共同盈利的发展格局，安上了新的引擎，得到各方助力，不断发展壮大。

（三）政策扶持到位是牡丹园区建设的保障　发展产业，政府扶持是重要保障。为发展牡丹产业，金沙县特别引进了贵州尚土农业股份有限公司、金沙源隆林业合作社投资建设，解决了牡丹产业发展上的资金、技术、人才和市场问题。同时，按照"渠道不乱、用途不变、统筹安排、各级记其功、优势互补、形成合力"的原则，整合国家生态保护功能区（三江源）、农业产业化发展、农业综合开发、科技示范等项目资金及县级财政资金，参照《金沙县荒山绿化资金筹集与管理办法》，按照 5∶2∶3 的比例分 3 年补助到经营主体，集中财力推进试点示范工作。涉及镇（街道）选定项目经营主体后，由县财政划拨 30% 启动资金到镇（街道）启动建设。从项目的启动到项目的最后验收，都由县政府层层给予支持。

（四）技术服务到位是牡丹园区建设的关键　金沙县成立了由县长为组长的油用牡丹产业发展领导小组，下设办公室在县林业局。由县林业局局长兼任办公室主任，负责统一协调油用牡丹产业发展各项具体工作和苗木监管工作。牡丹从栽种到收益一般需要 3～5 年时间，技术要求比较高，前期投入较大。因此，在技术上，从苗木质量、整地、时间、种植密度、平茬、除草、追肥，最后到整形修剪，都要严格把好关口。在技术力量薄弱的情况下，县林业局领导除了加强技术人员的培训外，还引导实施主体自用其优势从陕西、河南等地引进技术专家进行现场指导和技术咨询，采用举办观摩会等不同方式强化技术服务，确保项目取得成功。

调整产业结构　促进农民增收

——大方县猕猴桃产业谱写林业壮丽诗篇

洪本江

大方县坚持以打造"全国优质猕猴桃生产基地"、"全国黄肉品种猕猴桃主产区"为产业发展目标，主抓猕猴桃产业发展。2013年起，大方县高度重视发展猕猴桃产业，助推农业产业结构调整，促进农业增效、农民增收，谋划"绿水青山和金山银山"两山一起建的山地高效生态农业致富路。截至2017年，全县种植猕猴桃2.04万亩，覆盖13个乡镇。全县猕猴桃产业实现从零星种植到规模化连片种植、从传统种植到专业化种植提升，猕猴桃产业的蓬勃发展，在产业助推脱贫攻坚工作中写下了浓墨重彩的一笔。

一、主要成效

（一）**扶贫效益，脱贫致富**　大方县发展猕猴桃产业是落实党中央脱贫攻坚战略部署和精准扶贫、精准脱贫的重要举措，围绕"强龙头、创品牌、占市场、带农户、促脱贫、增效益"的基本思路，突出品质优势，实现种植、储藏保鲜、销售及品牌推广一体化，促进产业规模化、质量标准化、营销网络化、利益股份化，全面提高大方县猕猴桃的市场占有率、品牌知名度和美誉度，推进猕猴桃产业裂变式发展、泉涌式增长，发挥猕猴桃在产业扶贫中的作用。目前建成的2.04万亩猕猴桃基地2018年可实现带动贫困农户2000户、6500人稳定脱贫。

（二）**生态效益，治山治水**　10万亩猕猴桃基地建成后将有效缓解石漠化严重的现状，减少治理面积近66.7平方千米，水土流失面积得到一定程度控制。过去的"开荒开到颠，种粮种到边，春种几片坡，秋收不满箩"的传统农业将得到彻底扭转，石漠化严重的山旮旯种出了"金果果"，真正实现山青了、水绿了、寨美了、民富了。

（三）**经济效益，助农增收**　已经建成的2.04万亩猕猴桃，2017年开始初挂果面积1000余亩，总产量近25万千克，实现总收益500万元以上。从2018年起全县猕猴桃挂果量及经济收益将会在此基础上翻倍增加，2019年进入盛果期后每亩产量将突破1500千克，亩产值将突破20000元，现已建成的2.04万亩猕猴桃直接经济收入将突破4亿元，

10 万亩猕猴桃基地建成后将创造直接经济收入 30 亿元。"一业兴，百业兴"，10 万亩猕猴桃基地将带动运输、旅游、农家乐、劳务、深加工等产业间接经济收入 10 亿元以上。

二、具体做法

（一）科学规划，合理布局　2013 年，邀请中国科学院华南植物园黄宏文研究员、中国科学院武汉植物园钟彩虹研究员等 10 多位全国首席猕猴桃专家亲赴大方县实地调研，综合大方县土壤、海拔、气候、交通、野生资源、经济效益、生态效益等指标因素充分论证后，得出了"大方县完全可以实现猕猴桃种植 10 万亩以上的发展目标，创造总产值 50 亿元以上，发展猕猴桃种植将对全县加快农业产业结构调整起到积极推动作用"的科学结论。由中国农业科学院规划研究所历时近一年时间编制了《大方县猕猴桃产业发展规划》，规划种植猕猴桃 10 万亩。

（二）示范引领，龙头带动　抢抓农工党帮扶大方县机遇，经农工党中央主席陈竺牵线搭桥，引进北京华麟合众科技有限公司在理化乡建成省级猕猴桃产业高标准示范园 1099 亩，2015 年引进贵州新农大生态农业发展有限公司在理化乡盐井组建成高标准示范园 680 亩，2016 年引进贵州水西阳光公司在长石、凤山等乡镇种植猕猴桃近 1 万亩。在龙头企业的引领下，带动牛场、黄泥塘、绿塘、猫场等乡镇发展种植猕猴桃面积达 2000 余亩。

（三）"三变"模式，激发动力　按照"资源变资产、资金变股金、农民变股民"模式，建立"龙头企业＋专业合作社＋基地＋贫困农户"的利益联结机制，在长石、凤山、绿塘等乡镇，由贵州水西阳光公司领头，村集体组织贫困农户以土地资源、项目补助资金入股建成猕猴桃种植基地 8000 亩，收入按农户占 35%、公司占 65% 进行分配。形成了公司与农户捆绑发展、利益共享、风险共担的利益共同体，充分激活了农户参与猕猴桃产业发展的内生动力。

（四）以短养长，农旅结合　一是采用猕猴桃与魔芋套种模式发展猕猴桃种植近 300 亩，套种魔芋每亩每年实现收益 4000 元左右。在理化乡长春村、大塘村，采用猕猴桃与中药材、辣椒套种模式，每亩每年实现收益 4000 元左右。二是围绕"产业生态化，生态产业化"和"农旅一体化"发展思路，把猕猴桃园区建设和恒大幸福新村、蒙古风情园等旅游资源有机融合，走出了

■ 大方县理化乡黄肉专利品种'金圆'猕猴桃

一条乡村旅游与猕猴桃产业相互促进发展的农旅一体化致富新路。

（五）科技引领，产学一体 在武汉植物园和华南植物园提供技术支撑的基础上，大方县还专门聘请了贵州大学以龙友华博士为首的专家技术团队为大方县猕猴桃产业技术顾问。北京华麟合众科技有限公司于2014年在理化乡建成了猕猴桃高标准省级示范园1099亩和猕猴桃品种展示园30亩，收集了20多个品种进行试验试种。贵州省山地资源研究所与大方县恒瑞猕猴桃种植专业合作社协议合作，在长石镇建立了野生红心猕猴桃选育圃。以上措施为大方县猕猴桃资源的开发和苗木繁育创建了科研平台，为大方县猕猴桃产学研一体化创造了必要条件。

三、几点体会

（一）发展产业，关键在人 习近平总书记强调："面对复杂多变的国际形势和艰巨繁重的国内改革发展任务，实现党的十八大确定的各项目标任务，进行具有许多新的历史特点的伟大斗争，关键在党，关键在人。"为确保有人做事、做得成事，大方县探索建立了猕猴桃产业发展"七个一"管理机制，实行一名县领导挂帅、一套服务机制、一个项目落实文件、一个专门机构、一个联络员跟踪服务、一月一次调度和一抓到底。真正做到有人做事，形成一年接着一年干、一届接着一届办的长抓不懈长效机制。

（二）凝心聚力，重抓落实 "如果不沉下心来抓落实，再好的目标，再好的蓝图，也只是镜中花、水中月。"围绕产业发展目标，发扬实干精神，全县一盘棋统筹项目资金整合，集中精力抓落实、干产业、谋发展。在积极争取国家、省、市猕猴桃项目专项资金支持的基础上，部门之间加强联合，形成合力，整合项目。除对果农建园给予补贴外，对猕猴桃基地水、电、路等基础配套设施建设给予大力支持；企业、果农修建规模以上冷库或建设猕猴桃深加工生产线所需的固定资产投资实行政府贷款贴息政策；对猕猴桃基地建设所需的农机具纳入补贴范畴；推动大方县华麟果业有限公司和水西阳光生态农业开发有限公司先后注册了"1450"商标和"奢香贡果"商标，打造绿色、生态、无公害品牌；积极帮助企业解决猕猴桃基地所需灌溉用水基础配套设施建设。

（三）借力发展，弯道取直 "行稳致远关键在于结伴成行。"借他山之石，弯道取直，学会站在别人的肩膀上来发展产业。一是积极沟通对接国内已发展成功的猕猴桃种植机构，加强交流合作，积极学习借鉴，实现互助、提高、共赢、完善发展。二是成立大方猕猴桃产业协会，充分利用猕猴桃协会的参谋助手作用，为猕猴桃产业决策的科学化、民主化提供参谋意见，及时反映会员的愿望和诉求，积极向会员宣传有关技术、政策、法规，做到"下情上达"和"上情下达"；充分利用猕猴桃协会的监督约束作用，认真探索一整套行之有效的办法和途径，减少恶性竞争，规范市场秩序，净化市场环境；充分利用猕猴桃协会规范、统一、引领产业发展的作用。三是以市场为导向，吸纳培育生产、科研、销售、品牌打造、深加工企业团队，促进猕猴桃产业持续、健康、规范、有序发展，引领大方县猕猴桃逐步按照统一生产标准、统一产品质量、统一品牌打造和农旅一体化方向发展。

发展林下养蜂　促进经济发展
——大方县让小蜜蜂托起大产业

杨尚军

　　蜜蜂产业常常被称为"空中农业"，有着投资少、见效快、用工省的特点，是一个集生态、经济和社会优势为一体的产业。大方县立足良好的自然条件和资源禀赋，将中蜂产业作为深化供给侧结构改革、保护生态环境、推进脱贫攻坚的结合点，不断提升产业扶贫的针对性和实效性。目前，全县有专业合作社118家、家庭养蜂场80个，有养殖户360余户，共养殖中蜂1.8万群，2017年产蜜180吨，实现产值5400余万元，可带动1500余户贫困养殖户户均增收2000元以上。

一、主要做法

　　（一）制定一个规划　　通过调研，大方县环境好、生态美、蜜源植物丰富，长期以来农村就有养蜂的传统，投资小、见效快，通过蜜蜂采蜜授粉，还能够促进农业、林业、中药材产业增产增收，在大方县脱贫攻坚工作中有切入点。2015年，大方县委领导亲自安排部署，把林下养蜂与扶贫攻坚结合起来，由县扶贫办牵头，县林业局负责，制定了《大方县林下养蜂产业发展规划（2015—2018年）》，全县林下养蜂要从2015年的13800群（包含技术落后的土法养蜂），发展到2018年主要以新式活框养殖为主的65200群，年产值从2015年的2760万元达到2018年的13040万元以上。把林下养蜂打造成一项绿色产业、扶贫产业、富民产业，让小蜜蜂托起大产业，成为大方县人民生产生活的甜蜜事业。

　　（二）加强技术培训　　一是举办县、乡级林下养蜂技术培训班。大方县林业局自2012年起，首先在乡镇林业站、天保护林员中结合天然林保护工作开展林下养蜂基础知识培训，然后逐步在县乡村干部培训、十万农民技能培训、农民专业合作社创业培训、新时代农民讲习所等大力开展林下养蜂技术培训。5年来共举办培训班62期，培训约4500人次，使大方县林下养蜂产业遍地开花，养殖技能大为提高。二是建立微信群，交流、传授养蜂技术。在黄泥塘鸡场社区甜蜜园土蜂种养殖专业合作社负责人洪文宁的倡导下，建立了大方县林下养蜂微信群，成员达130人，遍布全县各地，有机关工作人员、合作社负责人、养蜂个体爱好者等，交流、传授林下养蜂技术。洪文宁向群友免费赠送优良蜂王近100只，价值2万余元，免费授徒，培训学员400余人次。

（三）加强宣传报道 大方县充分利用群众会、培训、座谈会等形式宣传林下养蜂的优点和保护生态助推经济发展的好处。先后有来自贵州电视台、《贵州日报》、《当代贵州》、《毕节日报》、大方电视台等媒体加以报道，宣传氛围浓厚，尤其是《小蜜蜂托起大产业》一文，引起了广大农户的关注，七星关区、黔西县、纳雍县等及周边农户看到报道后纷纷前往黄泥塘鸡场社区甜蜜园土蜂种养殖专业合作社学习养蜂技术。2017年大方县召开各类群众会200余次，参与6000余人次，被省、市、县新闻媒体宣传报道20余条（篇）。

（四）切实保护蜜源 大方县气候适宜、生态优美，有天然林保护面积151万亩，分布有山樱桃、李子、山苍子、火棘、毛栗、珍珠荚蒾、盐肤木、楤木等大量蜜源植物，主要蜜源植物多达上百种，非常适宜发展林下养蜂产业。2014年开展林业板块经济建设以来，全县新种植经果林30余万亩，蔬菜、马铃薯、绿肥等30余万亩，中药材10万余亩，为发展林下养蜂培植了大量的蜜源植物。通过加强蜜源保护和培育，为林下养蜂奠定了坚实的物质基础。黄泥塘镇、猫场镇等结合新一轮退耕还林、天然林资源保护等林业工程，大力实施经果林项目，不仅调整了农业产业结构，还增加了蜜源植物种类和数量。

（五）加强项目扶持 省、市、县对大方县林下养蜂产业给予了大力的支持。贵州省林业厅先后下达林下养蜂产业项目2个，给予在林下养蜂产业发展方面做出示范的2个合作社共计项目补助资金25万元。2017年，市、县政协领导组织考察组对大方县林下养蜂产业进行专题调研后，向毕节市委提交议案，希望得到各级政府部门支持。大方县把林下养蜂融入脱贫攻坚范畴，2017年安排扶贫资金800余万元，对贫困户发展林下养蜂产业给予大力支持。

二、主要成效

（一）养殖规模不断扩大 大方县31个乡（镇、街道）都有养蜂场，东、南、西、北均有示范点，林下养蜂已初具规模，从2015年初的1万群发展到2017年的1.8万多群，两年增加了0.8万群，增长速度快，年均增长40%。同时，在土法养殖改良、推广活框养蜂、提质增效方面取得了显著成效。按每群成本1000元、年平均净收益1500元估算，2017年全县林下养蜂产值达4500万元，年净收益达2700万元。

（二）促进农林增产增收 蜜蜂养殖的发展，为农作物、果树、中药材传花授粉，提高坐果结实率，促进增产增收。按每群蜜蜂授粉10亩估算，全县1.8万群人工养殖的蜜蜂可为18万亩农作物、果树、中药材传花授粉，按每亩农作物、果树平均产值2000元，增产10%估算，亩均多增产200元，全县年增产3600万元。

（三）维护生态平衡 蜜蜂是大自然的精灵，1.8万群蜜蜂分布于全县各地，通过其传花授粉作用，促进植物繁衍，保护生物多样性，维护着数十万亩森林的生态平衡。

（四）助力脱贫攻坚 通过"合作社＋能人＋农户"的发展模式，有效带动农户发展，促进增收致富，助力脱贫攻坚，涌现出许多典型事例。黄泥塘鸡场社区甜蜜园土蜂种养殖专业合作社带动 3 户贫困农户（人口 11 人）养殖蜜蜂，每户养殖 5 群，户均增收 1200 元以上；大方县猫场镇富家蜂场 2016 年带动 47 户贫困户养殖蜜蜂，贫困户以扶贫项目支持的 125 群蜜蜂入股猫场镇富家蜂场，由蜂场代养，并教给农户技术，每群蜂折算扶贫资金 800 元，按 10% 保本分红，期限 3 年，签订三方协议。全县通过合作社或能人带动 146 户贫困农户共 511 人参与养蜂保本分红，让贫困户不但学到了技术，还能无风险分红。

■ 林下养蜂

（五）培训养蜂人才 由县委党校和新时代农民讲习所等聘请当地农民养蜂专家结合自然地理条件，通过现场教学和理论教学的方法，不断培训养蜂专业人员。5 年举办培训 60 余期，培训养蜂学员 4500 人，学员遍布全县各地，因地制宜自主创业，为大方县养蜂产业的发展奠定了人才基础。

三、取得的经验

（一）领导重视是关键 大方县林下养蜂能够蔚然成风，离不开领导的高度重视。县委、县政府领导高度重视，调研林下养蜂，安排部署，制定规划，整合县组织部、农牧局、林业局、扶贫办等部门的资源、资金，把养蜂纳入 10 万名农民技能培训内容和支持发展的产业项目，特别是扶贫资金投入近 1000 万元，支持贫困户发展养蜂 0.8 万多群。县政协领导深入调研养蜂产业，问政于民，把握发展方向；民政、林业、市场监管等部门领导亲自关心和支持大方县林下养蜂产业发展，让养蜂产业形成合力、抱团发展、抵御风险、做大做强。

（二）专业合作组织保驾护航 养蜂是门技术活，养蜂产业要取得收益，全靠蜂群、蜂具、蜜源、技术、气候五大因子的有机结合。养蜂技术是关键，是纽带。打造"合作社＋能人＋农户"的发展模式，依托合作社和能人的技术、资金和管理优势，结合农户的资源优势，在合作中授人以渔，"你帮我发展，我帮你发财"，同时，通过这种合作，让广大蜂农成为产业的受益者，在控制除草剂和杀虫剂滥用、有效保护蜜源植物方面取得成效，共同发展养蜂产业，实现双赢。

（三）信息共享助推发展 大方县政府利用政府信息网络，对养蜂业在生态建设方面的作用进行宣传，增强广大农户对蜜蜂产业的认识，提高农户对蜜蜂产业发展的积极性。利用林下养蜂微信群和 QQ 群传授养蜂技术，倡导正能量，为全县养蜂爱好者提供交流、互助和信息共享，推动了养蜂产业的健康发展。

第四章

改革创新

　　毕节试验区在完善集体林权制度主体改革的基础上，继续深化林权流转、森林保险、林权抵押贷款等配套改革，进一步盘活林地资源，吸引资金、技术、人才等现代生产要素向农村流动，切实提高林农的生产性和财产性收入。按照"建一批组织、兴一项产业、活一地经济、富一方群众"的思路，加快发展产业化、经营特色化、管理规范化、产品品牌化、服务标准化的新型林业合作经济组织建设。深入推进国有林场改革，出台了《中共毕节市委　毕节市人民政府关于进一步加快国有林场改革发展的意见》，明确国有林场公益性质，以分类经营为突破口，积极推进国有林场管理体制、经营机制、产业发展等改革措施，充分激发国有林场活力。改革传统造林绿化机制，提升企业、合作社、大户等参与造林的积极性，促进造林模式多元化，规范造林施工队伍管理，提升施工水平。

总结成功经验　助推林业发展

——毕节试验区林业改革发展"六五经验"

高宁荣

　　起源于习仲勋同志亲切关怀，胡锦涛同志亲自倡导建设，肩负着习近平总书记"两新使命"的毕节"开发扶贫、生态建设"试验区，已经走过了30年的改革试验历程。30年来，试验区针对生态建设面临的生态修复、资源保护、产业发展和体制机制问题，着力开展改革试验探索。总结出了"五子登科"建设立体生态、"五种模式"推进造林绿化、"五轮驱动"发展林下经济、"五开五源"防控石漠化、"五度法则"防控森林火灾、"五改五推"深化国有林场改革等毕节林业改革发展"六五经验"。

一、"五子登科"建设立体生态

　　（一）山顶种植松杉柏涵养水源"戴帽子"　在山顶种植马尾松、华山松、杉木、柳杉、柏木、桦木、白杨等为主的生态林，加强森林资源管护和森林经营，深化集体林权制度改革，努力提高森林资源总量和质量，充分发挥森林涵养水源、防风固土的生态功能。治理山上保山下，为基本农田筑起坚实的绿色屏障。

　　（二）山腰种植经济林增加收入"系带子"　在山腰土壤相对肥沃的区域，按照区域布局，大力发展核桃、樱桃、石榴、刺梨、苹果、油茶等具有毕节特色的经果林，打响"乌蒙山宝·毕节珍好"特色产品品牌，推进山地特色农林产业组织化、品牌化、集约化发展，把"绿水青山变成金山银山"。

　　（三）山下抓结构调整发展现代化高效农业"铺毯子"　大力推进科技兴农和农业产业结构调整，改变传统农业种植结构，发展设施农业，提高农作物产量和质量；发展林粮、林菜、林药、林草复合经营，提高土地利用率和产出率；鼓励职业农民、职业林农兴办家庭农场、家庭林场，推动农业集约化、现代化发展。

　　（四）富余劳动力务工创业"挣票子"　把务工收入当作一个产业来推动。一方面吸引更多外出务工人员回乡创业，另一方面鼓励更多的农民走出去，增加工资性收入。把劳务输出和人口管理有机结合起来，对外出务工人员建立电子台账，进行微机动态管理。

加强流入地区对接、维护劳务输出人员的合法权益，注重研究劳务市场，加大劳务人员的培训，提高输出人员的素质。大力开展招商引资，引导农民就近就业，实现半工半农促发展。

（五）增收致富建设美丽乡村"盖房子" 以实施扶贫攻坚为着力点，以促农增收为主线，以科学规划为引领，以发挥群众主体作用为动力，以丰富人文内涵为依托，以示范引领、点面结合、连片推进、全域打造为抓手，注重城乡统筹、基础先行、生态引领、市场运作、三产互融，着力推进"四在农家·美丽乡村"建设。走出一条有别于东部、不同于西部其他省份的新农村建设的新路，真正让广大农村成为产业强、百姓富、生态美的美丽乡村。

二、"五种模式"推进造林绿化

（一）先建后补模式 县（区）人民政府制定方案，出台不同树种、不同造林密度营造林补助标准，组织专业合作社、造林大户、企业、农户按照"自行育苗、自我栽培、验收合格、兑现补助"的操作方法和相关技术标准先行造林，经验收合格后，分期兑现补助

■ 丰收

资金。或由营造林市场主体预先提出造林申请，林业部门规划设计后，由申请人在林业主管部门的监管下自行培育或采购苗木，在拥有使用权的土地上进行造林，造林第一年通过检查验收合格后，兑现补助标准的50%，第二年验收合格兑现20%，第三年验收达到保存率80%以上的兑现剩余的30%。

（二）**代种代管模式** 采取"政府定价、乡镇育苗、群众出地、专业造管"的操作方法，整合林业、扶贫、农业综合开发等项目资金，由县政府规定苗木价格，农民提供土地，由乡镇在造林区采集优良乡土树种培育苗木，由村"两委"或专业合作社根据林业部门规划设计，代农户种植、嫁接、抚育和管理，建好后经验收合格政府兑现代种费，移交给农户管理和经营，收益归农户所有。第一年种植的苗木费由政府负责，除重特大自然灾害外，如成活率达不到85%，补植补造苗木费和栽植费均由代种者承担。在不影响树苗正常生长的前提下，农户可在经果林下耕种矮秆作物，政府根据套种的作物类型，适当给予套种矮秆作物补助。

（三）**承包造林模式** 一是按照"大户承包、流转土地、规模栽植、合格扶持"的方式，由林业专业大户或合作社流转土地，使用林业部门统一提供或自己采购的苗木造林，造林验收合格后给予扶持。二是按照"县里统一供苗、乡镇组织发动、专业队伍栽植、受益主

■ 大海坝国有林场

体经管"的方式，县人民政府将营造林任务下达到乡镇，由县林业主管部门公开采购苗木，乡镇人民政府通过邀标等方式落实栽植承包人，由承包人使用林业部门统一供应的苗木，组织专业队伍按设计要求进行整地、打坑、栽植，完成栽植任务，经验收达到设计标准后兑现造林承包费，移交给土地使用者进行经营管理。三是按照"整体打包、公开招标、包栽包活、分期付款"的方法，将苗木采购、整地、打坑、栽植、抚育、管护进行打捆，面向社会公开招标，由县林业部门与中标人签订造林合同，预付部分工程资金后，中标人根据设计要求组织造林，造后抚育管理3年，第二、第三年验收合格后分期兑现承包资金，移交给林地所有者或使用者经营管理。实施过程中，林业部门负责苗木检验检疫、技术指导、检查验收等监督指导工作。

（四）**企业带动模式** 采取"公司牵头、农民参与、政府补助、保底回收"的方法，由企业提供苗木（自己培育或采购），农户出土地和劳动力，在企业技术人员指导下，农户按照技术标准进行整地、打坑、栽植和抚育管理，造林验收合格后政府按工程投资标准给予补助，林木结果后企业按保底价回收产品。

（五）**建设移交模式** 按照"政府租地、企业造林、专业经管、见效移交"的方法，由政府出钱租赁造林用地，将租赁土地交给通过公开招投标采购的企业，由企业使用自己培育或采购的苗木组织营造经济林，苗木栽植后由企业按照所造经济林经营标准进行管理到果树开始挂果，经县级林业主管部门组织鉴定所栽种经果林品种适应当地立地条件、品种真实对路后，再移交给土地承包农户经营管理，由政府兑现造林承包费用。其间，企业要负责培训农户，使其掌握经济林经营管理技术。

三、"五轮驱动"发展林下经济

（一）**高位推动** 毕节市成立了以市委书记任组长，市委分管领导任副组长，市直17个相关部门主要负责人为成员的集体林权制度改革领导小组，把发展林下经济作为深化集体林权制度改革、巩固主体改革成果、促进扶贫开发的重要抓手，作为增加林地产出、提高林地生产效益、解决"三农"问题的重要渠道，高位推进林下经济发展。

（二）**政策撬动** 出台《关于进一步搞好金融服务林业工作的意见》、《关于全面深入推进集体林权制度改革充分调动农民林业生产积极性的意见》等一系列文件，积极引导农民发展林药、林菌、林菜、林茶等林下种植业，林禽、林畜、林蜂等林下养殖业，以及开展森林景观利用，使林下经济成为农民收入增加的新途径和农村经济发展的新增长点，真正实现"不砍树，能致富"、变"绿水青山"为"金山银山"的目标。

（三）**龙头带动** 重点培育扶持一批发展潜力大、辐射带动能力强的龙头企业和林业专业合作组织，带动林农发展林下经济，形成"龙头企业+专业合作社+基地+农户"的经营模式。通过培育，扶优树强，促其上档次、成规模，充分发挥典型的示范作用，营造企业带大户、大户带小户、千家万户共同参与的发展格局。现已建成省级龙头企业12家，市级龙头企业35家。有6个合作社获"全国林业专业合作社示范社"称号，3个核桃种植示范基地被认定为国家级核桃示范基地。

（四）**基地推动**　根据各县（区）自然条件、资源状况、群众基础、市场行情等情况，采取"五大模式"，即林药、林菌、林蜂、林禽、林游模式，着力建设一批有较大规模和较强带动辐射能力的林下经济示范基地。现已建成市级林下经济示范基地22个。

（五）**品牌拉动**　大力推进标准化生产和品牌经营，重点打造一批具有毕节试验区特色的林特产品及森林旅游产品知名品牌，推动林下经济快速发展。打响"乌蒙山宝·毕节珍好"特色产品品牌，以大方天麻、织金竹荪、赫章半夏等品牌为主导，着力打造一批具有毕节特色的林下经济品牌。

四、"五开五源"防控石漠化

（一）**开绿色之源，铺开防治生态被**　坚持以恢复林草植被为中心，把造林绿化作为石漠化治理的主要措施，严格实行各级领导干部任期造林绿化目标责任制，坚持目标严要求、造林高标准，着力构建石漠化地区生态安全体系，为毕节添绿色之源，铺生态之被。

（二）**开产业之源，撬开防治经济阀**　本着突出特色、因地制宜、合理规划、相对集中、连片开发、高产高效、规模经营、壮大产业的原则，整合各项资金，发展以核桃、樱桃为主的特色经果林，采取优惠扶持措施，引导农民发展林下种植业，打造出"中国核桃之乡"、"中国樱桃之乡"、"中国天麻之乡"、"中国竹荪之乡"等品牌，开创出兴林富民的绿色产业之源。

（三）**开机制之源，解开防治束缚链**　一是建立项目资金整合机制。整合水利水保、生态畜牧业、茶产业、森林植被恢复、风景名胜区绿化、特色经果林、石漠化科技支撑等项目资金参与石漠化综合治理。二是建立地方生态补偿机制。按照"以工哺农、矿村结合、企业自愿"的工作思路，广泛发动企业自愿捐资治理石漠化，对集中连片种植经果林、茶叶和牧草的农户进行补贴。三是建立统分结合的经营管理机制。按照"群众自愿、自我管理、自我服务"的原则，积极推进农民合作经济组织建设，采取"合作社＋农户"的运作形式，有效实施工程经营管理。四是建立石漠化土地流转机制。采取政策扶持、合作社带动、公司担保授信、农户互换等模式推进石漠化土地流转，发展规模种养殖业。

（四）**开模式之源，凿开防治力量泉**　一是封山育林与人促修复主导型模式。针对缺水少土、生态承载力低、居民生活能源和生存条件困难的强度石漠化地区，采取封育管护和人工促进封山育林的方法，达到恢复林草植被、减少水土流失、改善生态环境和农村生产生活环境的目的。二是植被恢复与特色产业主导型模式。针对人地矛盾突出、耕地支离破碎的中、轻度石漠化地区，实施坡改梯、人工造林、水利水保等措施，积极发展特色经果林和道地中药材产业，达到改善生态环境，实现生态富民的目的。三是岩溶景观资源开发与生态旅游主导型模式。针对人地矛盾突出、拥有较好岩溶资源禀赋、具有独特的石漠化景观和民族文化积淀的石漠化地区，提高植被覆盖率，构建良好的生态岩溶景观，积极发展生态旅游业。四是水土保持与基本农田建设主导型模式。针对地表水资源短缺、耕地资源匮乏、土地生产力低下、人口压力大、居民生活贫困的轻度石漠化地区，通过坡改梯等措施和配套坡面水系工程，达到减少水土流失、提高土地生产力、建设稳产高产基本农田、提高粮食单产的目的。五是石漠化草地建设与生态畜牧业主导型模式。针对草地资源较为丰富、地广人稀的地区，遵循草畜平衡原则，以草地种植、草地改良和发展生态草食畜牧业为主要内容，合理调整农业产业机构，实现农民致富和治理石漠化的目标。

（五）开科技之源，打开防治锦囊袋　大力推广应用现有的成熟技术、治理模式与科研成果，积极推进新技术、新方法和新工艺的应用，促进科技成果的转化；组织开展科技攻关，针对不同类型和程度的石漠化土地，探索、筛选可供借鉴的技术措施和治理模式，提高治理的科技含量。加强与科研院所的技术协作，在项目区开展经济林种植、种草养畜等示范引导和技术培训，提高项目的实施效益。

五、"五度法则"防控森林火灾

（一）宣传教育抓广度　对于森林防火的有关法律法规、防火扑火常识、遇险自救知识以及森林防火工作中涌现出来的先进人物和典型事迹，切实按照一份资料、一幅标语、一束鲜花、一句警示、一期专栏、一条信息、一篇报道、一次奖励的"八个一"宣传模式，拓宽宣传渠道，广泛采取印发宣传资料、举办专刊专栏、张贴横幅标语、出动宣传车、广电网络媒体宣传、发送手机短信、防火知识进学校等行之有效的宣传措施，着力在宣传广度上下功夫，实现森林防火家喻户晓，不断营造良好的森林防火舆论氛围。

（二）预警预报抓精度　依托重点火险区综合治理项目，大力建设森林防火瞭望塔、林火视频监控系统、气象因子采集站等基础设施，提高了瞭望监测精度，同时加大林业、气象部门之间的协作联系，采取联合预测的方式，对每个区域的气象信息进行认真分析，在充分研判短期、中期、长期天气预报的基础上，结合森林资源分布、林相特征和以往的火情特点等因素，适时发布森林火险形势预告，切实做到森林防火预警预报分析精细、预判准确。

（三）体制创新抓深度　在一丝不苟地贯彻落实国家和省有关法律法规、政策制度的基础上，因地制宜、与时俱进地开展体制改革，深层次地革新陈旧机制，不断探索建立新的约束、激励制度，出台了《毕节市森林防火层级管理责任追究办法》、《毕节市生物防火林带建设实施方案》、《毕节市森林火灾救援动员网络体系建设实施方案》、《毕节市森林火情有奖举报制度》等新的措施办法，促进了森林火灾防范、扑救队伍的规范化管理，有效保护了人民生命财产和森林资源安全。

（四）责任追究抓力度　根据《中华人民共和国森林法》、《贵州省森林防火条例》要求，积极发挥各级林业行政执法部门的主观能动性，进一步明确执法权限、执法主体和处罚标准，严厉打击一切野外违规用火行为。同时严格按照《毕节市森林防火层级管理责任追究办法》，强化火灾事故责任追究，一旦有森林火灾发生，将按照"四不放过"的原则调查处理，即：森林火灾事故原因不查清不放过、事故责任不追究不放过、整改措施不落实不放过、教训不吸取不放过。

（五）区域联防抓跨度　本着"一方有火，八方支援"的原则，加强毗邻省、市（州）、县（区）、乡（镇）之间的护林联防合作，层层划定联防区域、签订联防协议，不断扩大护林联防的跨度，在地面巡护、火情处置和火案侦破等工作上加强配合协作，充分发挥护林员、基层包片干部的作用，努力在空间布局上建立健全联防长效机制，形成齐抓共管的良好工作格局。

六、"五改五推"深化国有林场改革

（一）改革管理体制，推进分类经营　根据《中共贵州省委省人民政府关于进一步推进毕节试验区改革发展的若干意见》中"按照分类经营的原则，把试验区国有林场全部划定为生态公益型林场，纳入全额拨款事业单位管理"的政策，毕节市从2009年1月开始，对全市国有林场进行调查摸底、分类指导，并妥善安置职工，有效处理债务，积极推进国有林场改制转型。到2010年6月，全市12个国有林场全部纳入县级财政全额拨款事业单位管理，执行国家对事业单位的管理政策，人员和机构经费全额纳入同级人民政府财政预算，林场发展取得的各项收入纳入同级财政管理，实行"收支两条线"，建立了与新的管理体制相适应的财务管理制度和会计核算办法，使林场职工收入大幅度增加，稳定了职工队伍，为国有林场持续发展奠定了坚实基础。

■ 七星关区拱拢坪国有林场职工新居

■ 赫章县水塘林场森林人家

（二）改革激励机制，推进招商引资　在坚持生态公益型林场主体地位不变的情况下，建立激励机制，鼓励扶持国有林场结合自身实际，在保护和建设好生态公益林的基础上，鼓励扶持国有林场职工在完成森林资源管护任务后，承包国有荒山造林、中幼林抚育、低效林改造等生产项目，充分利用林地资源，大力发展林下养殖、林下种植药材等种养项目，增加职工收入。同时，充分发挥资源优势，不断加大招商引资力度，开展多种经营。在严格执行"收支两条线"的基础上，对林场上缴的经营收入，同级财政按照"收支两条线"管理要求，将林场发展产业取得的收入全额返还给林场，60% 作为林场发展资金，40% 用于工作奖励，有力地促进了林场经济发展。

（三）改革经营模式，推进产业发展 充分利用国有林场优势资源，按照因地制宜、立体开发、适度规模经营的原则，面向市场，大力发展种植业、养殖业、加工业、采掘业和森林旅游业等实体经济，走多产业、多门类、多形式、多成分发展产业的道路。适度开展森林抚育补贴试点项目，营造针阔混交林，提高林分生长量，优化林分结构。依托林场森林资源发展森林生态旅游。

（四）改革考评制度，推进责任落实 根据《中共毕节市委毕节市人民政府关于进一步加快国有林场改革发展的意见》，全面推进以场长负责制、目标考核制、绩效工资制和劳动用工制等为主要内容的改革措施。一是推行场长负责制和目标考核制。切实推行场长任期目标管理责任制，进一步完善林场内部岗位责任制、生产经营责任制，把林场的各项工作任务和经济指标层层分解，落实到人，实行目标管理，年终逐项考评。二是全面推行绩效工资制度。采取职工工作绩效与收入挂钩的方式，在收入分配上贯彻效率优先、兼顾公平、合理拉开分配档次的原则，多劳多得、少劳少得、不劳不得。三是推行用人制度改革。对内设机构的职能职责进一步细化，把各项工作任务、工作职责落实到个人，实行竞聘上岗，建立一套干部能上能下、工人能进能出、工资能升能降的管理机制。

（五）改革机构设置，推进队伍建设 《中共毕节市委 毕节市人民政府关于进一步加快国有林场改革发展的意见》明确提出：在毕节市林业局设立林场管理办公室，为副县级财政全额预算管理事业单位，负责协调解决国有林场改革与发展中存在的问题；将全市国有林场升格为副科级财政全额预算管理事业单位。国有林场的升格，既解决了人事管理问题，又解决了林场内部职能交叉、职权脱节、效率偏低等问题。对改善国有林场落后面貌，进一步理顺国有林场管理体制和经营机制，确保国有林场持续、稳定、健康发展，确保林区社会和谐稳定，具有十分重要的意义。

探索改革管理体制　增强经济发展后劲

——毕节试验区国有林场改革成功实践

高宁荣　洪　林

毕节市地处四川、云南、贵州三省结合部，是长江南岸最大支流乌江的发源地，也是国务院批准的我国唯一以"生态建设"为主题的试验区。全市辖 10 个县（区）263 个乡（镇、街道），国土面积 26853 平方千米，森林覆盖率 52.8%。现有国有林场 12 个，经营面积 61.46 万亩，其中林业用地 57.6 万亩，活立木蓄积量 230.2 万立方米，职工总数 1187 人。2009 年以来，毕节市大力推进国有林场改革，对国有林场生态公益功能进行了精准定位，将全市所有国有林场从事业单位企业管理转型为财政全额拨款事业单位，探索出改革管理体制、推进分类经营，改革激励机制、推进招商引资，改革经营模式、推进产业发展，改革考评制度、推进责任落实，以及改革机构设置、推进队伍建设的"五改五推"改革发展经验，促进了林场森林资源增长，激发了林场发展活力，提高了职工收入，增强了林场发展后劲。

一、改革现状

（一）实现林场改制转型　毕节市抢抓发展机遇，大力争取政策支持，完成全市 12 个国有林场纳入全额拨款事业单位进行管理的改制转型工作。毕节国有林场改革取得成功，走在了全省乃至全国前列，得到了国家林业局、贵州省林业厅的高度评价和赞赏。

（二）开展森林划定工作　根据《贵州省林业厅关于开展国有林场所有森林转为生态林试点工作的通知》精神，为进一步巩固毕节市国有林场改革，充分发挥试验区探路子、做示范的作用。选择七星关区拱拢坪、大方县大海坝、纳雍县纳雍、化作 4 个国有林场，按照《贵州省国有林场生态林划定办法（试行）》相关要求，通过采取实地调查、公益林数据库对比、签订划定书等方式，共完成生态林划定面积 33.67 万亩，其中拱拢坪国有林场生态林划定面积 4.58 万亩，大海坝国有林场生态林划定面积 1.99 万亩，纳雍国有林场生态林划定面积 17.93 万亩，化作国有林场生态林划定面积 9.17 万亩。

（三）加强林场机构设置　随着国有林场改革工作的深入，为了加强保护、培育和合理利用国有林场森林资源，按照毕节市委、市人民政府出台的《关于进一步加快国有林场改革发展的意见》，七星关区、金沙县、赫章县等机构编制委员会研究决定，将所属国有林场升格为副科级全额拨款事业单位。

■ 赫章县平山林场

（四）完善基础设施建设　近年来，各林场积极争取中央扶贫资金、省级扶持资金、基建项目等资金用于国有林场基础设施建设，从供水、供电、房屋、防火通道建设等方面不断加强林场基础设施建设，从根本上解决了林场职工饮水安全、用电困难、居住危房等问题，有效改善了林场职工生产生活条件，切实提高了职工工作积极性。截至 2017 年，共争取各级资金 1993 万元，其中中央资金 1117 万元，省级资金 876 万元。主要完成了新建、改造供水管道 11350 米，修建蓄水池 1397 立方米，解决了 12 个场部、6 个工区 1625 户 6252 人的饮水困难问题；新建、改造林区道路 68 千米，缓解了国有林场护林防火的交通压力；架装电力、通信线路 16950 米，安装变压器 11 台，解决了 3700 多人办公及生活用电和通信困难；改造工区危房 1000 余平方米，改造职工危旧房 3 万多平方米，改善了林场职工的办公及居住条件；实施危旧房改造配套硬化院坝 6300 平方米，建设院坝绿化 4200 平方米，进一步改善了林场职工的居住环境。

二、主要成效

（一）大幅增加了林场职工收入　改革前，国有林场一直实行事业单位企业管理，自收自支、自负盈亏，生产发展受到很大制约，生活极为艰难，职工工作积极性受到极大影响，严重制约了国有林场发展。2009 年，国有林场实现改制转型，进入全额拨款事业单位管理后，林场职工工资得到了明显提高，稳定了职工队伍。据统计，全市林场在职职工人均月收入从原来的 465 元增长到现在的 4376 元，增长了 8.4 倍；离退休职工人均月收入从原来的 630 元增长到现在的 4354 元，增长了近 5.9 倍。国有林场职工月平均工资增加了 3000 多元，稳定了职工队伍，职工的精神面貌和工作积极性空前高涨。

（二）有力推进了森林资源培育　改革前，由于没有财政保障，林场场长主要精力都放在搞创收，想方设法给职工发工资上，无力组织开展森林资源培育和管护工作，造成林地的大量闲置浪费。通过改革，林场的财政压力减轻了，场长们逐步将精力集中到森林资源培育和管护上来，国有林场森林资源增长潜力逐步释放，生态功能进一步凸显。2010 年以来，全市国有林场积极实施中央财政森林抚育补贴项目 8.72 万亩，获得中央财政项目补助资金 1046.4 万元。通过项目的实施，国有林场的森林资源质量得到了很大提高，增加了生物多样性。通过采取专业队承包、能人承包等方式，不仅增加了林场的经济收入，而且还增加了林场职工收入。如：威宁县新华林场采取能人承包的方式，将实施地块按小班承包给职工或护林人员，按每抚育 1 亩给予 20 元补助，所有抚育间伐林木归承包者所有。2013 年该林场实施中央财政森林抚育补贴项目 2800 亩，除去所有开支，林场净收入 20 多万元，承包抚育的林场职工或护林人员收入超过 1 万元，实现了国家、集体、个人利益的双赢。

（三）促进了林场经济快速发展　通过改革，林场负担的职工工资和社保压力大大减轻，集中精力谋发展，不少林场建设了森林公园，积极发展花卉苗木、森林旅游等林业产业，促进了林场经济发展，走上了健康发展道路。全市依托国有林场建立森林公园 10 个。2017 年，接待游客 944.2 万人次，实现旅游综合收入 65.9 亿元。特别是大方大海坝县级森林公园，从当时的一把雨伞、两张板凳开始，通过不断的建设和发展，在县委政府的高度重视和正确领导下，结合县烈士陵园的建设，整合发改、民政、交通、建设等相关部门资金，加大森林公园基础设施建设力度，使森林公园接待能力、接待水平得到了不断提高。据统计，2017 年大海坝县级森林公园共接待游客 13 万人次，实现旅游综合收入 1620 万元。

（四）调动了职工的生产积极性　通过建立竞争上岗、目标管理、收入分配等激励机制，林场职工发展生产的积极性得到了提高，有效防止职工工资实行全额管理后出现"机关病"、"养懒人"等现象出现。纳雍县纳雍国有林场采取职工入股的方式，建立纳雍众森园林绿化股份有限责任公司，培育香樟、桂花等绿化苗木 300 余亩，年收入达 100 万元，人均年收入 2 万余元。大方县大海坝国有林场充分利用自身森林、林地资源优势，大力引导职工发展林下经济，不断增加林场和职工收入。2017 年，林场与当地天麻种植专业户、专业合作社和天麻加工公司合作，职工筹资 80 余万，发展林下种植冬荪 120 亩，种植天麻 500 亩，产值可达 500 余万元，净收入可达 200 余万元。七星关区拱拢坪国有林场职工的工作积极性不断高涨，通过积极争取，2015 年 6 月 5 日，在江苏省常熟市举办的中国林场协会三届五次常务理事会上，拱拢坪国有林场通过评选，荣获了"全国十佳林场"称号，是毕节市第一个获得此殊荣的国有林场。通过对林场职工进行正确的引导，在完成本职工作的基础上，利用自身资源优势，发展各种特色产业，不仅增加了林场职工收入，也实现了人人有事做、事事有人管、年年效益增的良好局面。

三、主要做法

（一）改革管理体制，推进分类经营　毕节市所属国有林场自建场以来，在管理体制上一直实行事业单位企业管理，自收自支、自负盈亏，除在建场时国家投入的基本建设费外，林场既没有事业单位的经费，又无企业的经营自主权，生产发展受到很大制约，特别是 1998 年实施天然林资源保护工程后，国有林场绝大部分林子被划为生态公益林，执行木材禁伐、限伐政策，使收入单一的国有林场陷入前所未有的困境，职工工资不能全额兑现，实发工资仅占应发工资的 55%，职工月均收入仅有 465 元。针对这一实际，毕节市抢抓发展机遇，大力争取政策支持。2007 年 11 月，贵州省委、省政府在《关于进一步推进毕节试验区改革发展的若干意见》中明确提出："按照分类经营的原则，把试验区国有林场全部划定为生态公益型林场，纳入全额拨款事业单位管理。"依据这一政策规定，毕节市各级各部门通力合作，积极开展调查摸底，分类指导，妥善安置职工，有效处理债务，积极推进国有林场改制转型。到 2010 年 6 月，全市 12 个国有林场全部纳入县级财政全额拨款事业单位管理，执行国家对事业单位的管理政策，人员和机构经费全额纳入同级人民政府财政预算，林场发展取得的各项收入纳入同级财政管理，实行"收支两条线"，建立了与新的管理体制相适应的财务管理制度，使林场职工收入大幅度增加，稳定了职工队伍，为国有林场持续发展奠定了坚实基础。七星关区拱拢坪和白马山 2 个国有林场在 2009 年改革过程中，成立了林业、发改、财政、编办、人事等相关单位为成员的国有林场改制转型工作组，深入 2 个国有林场进行摸底调查，进一步摸清国有林场人员编制、在职人员、离退休人员、债务、社保等基本情况，通过各个部门的通力合作，于 2009 年 6 月将 2 个国有林场纳入财政全额拨款事业单位管理，人员工资及林场所需工作经费从 2009 年 1 月开始计算，成为全市第一个将国有林场纳入财政全额拨款事业单位管理的县，为推进全市国有林场改革带好了头，发挥了引领作用。据测算，2 个国有林场纳入全额拨款事业单位管理后，每年县级财政解决林场职工工资及工作经费等支出近 2000 万元。

（二）改革经营模式，推进产业发展 毕节市充分利用国有林场资源优势，按照因地制宜、立体开发、适度规模经营的原则，面向市场，大力发展种植业、养殖业、加工业和森林旅游业等实体经济，走多产业、多门类、多形式、多成分发展产业的道路。一是探索公益林经营模式。适度开展森林抚育补贴试点项目，营造针阔混交林，提高林分生长量，优化林分结构。二是依托林场森林资源发展森林生态旅游。七星关区在整合拱拢坪和白马山 2 个国有林场基础上建立毕节国家森林公园，通过加大资金投入，基础设施不断改善，使森林公园旅游形象不断得到提升，先后被评为国家 3A 级旅游景区、贵州省生态文明教育基地、七星关区国防教育野外军事拓展训练营地等。2013 年以来，七星关区政府采取建设—转让（BT）模式投资 5500 万元在拱拢坪景区新建准四星级欧式酒店 3000 平方米，游客接待中心 2000 平方米，新建停车场 3000 平方米，阶梯广场 2000 平方米，改造迎宾大道 2 千米，维修入园公路 5 千米，改造和新建旅游步道 4 千米，大力改善森林公园基础设施，全年共计接待游客 48.9 万人次，旅游综合收入 1 亿余元。赫章夜郎国家森林公园以自然山水景观为主，并融合当地民风民俗等人文景观，相继建成生态停车场 14000 平方米、景区大门及门禁系统、旅游公路 6 千米、旅游步道 10 千米、旅游公厕 6 座、游乐场 1 个、水滑道 400 米、真人实战基地 1 个、森林探险基地 1 个、森林环保射击基地 1 个、木屋 8 栋、音乐文化广场 1 座、温室大棚 1 座（5000 平方米）、生态餐厅 1 座（1000 平方米）；布局完成公鸡寨国色天香牡丹园、灰渣坡温室大棚特色花卉培育基地、花场坝相思草海棠基地等生态农业板块。使森林公园的服务接待能力和接待水平得到很大提升，年接待游客 12 万~15 万人次，加快林场公园建设步伐，促进林场森林公园的健康发展。三是着力发展林下经济。在保护好森林资源的前提下，各林场根据自身资源优势，积极发展森林药材、森林蔬菜、苗木花卉、林下养殖等林下产业，大力发展核桃、茶树等名特优经济林，逐步探索立体开发、综合开发、联合发展之路。赫章县水塘国有林场整合各类项目资金 400 余万元，建设优质核桃良种繁育基地 1000 亩，其中优质核桃采穗圃 800 亩、核桃种质资源库 200 亩，收集了来自全国、省内及本地的早实和晚实类优良核桃品种 60 多个，配套建设了综合用房、培训中心、冷藏库、管护用房等 2000 平方米，修建主干公路 3.1 千米、蓄水池 210 立方米，新建了微喷、滴灌等供排水系统，被国家林业局评为"国家核桃良种基地"。纳雍国有林场积极争取项目资金 100 万元，建立核桃采穗圃 250 亩，年产穗条 200 万根，产值近 100 万元。

（三）**改革激励机制，推进招商引资** 在坚持生态公益型林场主体地位不变的情况下，建立激励机制，鼓励扶持国有林场结合自身实际，在保护和建设好生态公益林的基础上，林场职工在完成森林资源管护任务后，可以承包国有荒山造林、中幼林抚育、低效林改造等生产项目，充分利用林地资源，大力发展林下养殖、林下种植药材等种养项目，增加职工收入。同时，不断加大招商引资力度，开展多种经营，对林场上缴的经营收入，同级财政按照"收支两条线"管理要求，将林场发展产业取得的收入全额返还给林场，60% 作为林场发展资金，40% 用于工作奖励。据统计，近两年，全市国有林场共完成招商引资项目 7 个，引进资金 30110 万元。其中，纳雍国有林场引进贵州森宝天麻有限责任公司投资 150 万元发展林下天麻种植。金沙县石仓国有林场引资 1510 万元，发展林下葛根种植 6000 亩，赫章县平山国有林场引进贵州百灵集团投资 1400 万元种植半夏、金银花、虎耳草、何首乌等中药材 2000 亩。赫章县委、县政府为加快"文旅兴县"战略，推进森林生态旅游产业的发展，通过招商引资，2014 年引进贵州夜郎春秋生态农业综合开发有限公司进驻赫章夜郎国家森林公园主景区水塘国有林场，租用林场林地 3000 亩，流转农地 3000 亩，启动建设综合农业观光旅游项目——"夜郎国家森林公园生态农业观光园区"项目。该项目结合《赫章夜郎国家森林公园规划》，投资 2 亿元，建成"神秘夜郎民族风情园"、"高端农业生产观光园"、"特色水果采摘园"、"花海雪莲"、"精品茶语"、"避暑庄园"、"露营拓展基地"、"科普教育基地"、"夜郎文化及民族小商品一条街" 8 个板块。

（四）**改革考评制度，推进责任落实** 2013 年 8 月，毕节市委、市人民政府出台了《关于进一步加快国有林场改革发展的意见》，进一步明确国有林场公益性质，提出深化国有林场内部管理制度改革。一是推行场长负责制和目标考核制。切实推行场长任期目标管理，进一步完善林场内部岗位责任制、生产经营责任制，把林场的各项工作任务和经济指标层层分解，落实到人，实行目标管理，年终逐项考评。二是全面推行绩效工资制度。采取职工工作绩效与收入挂钩的方式，在收入分配上贯彻效率优先、兼顾公平、合理拉开分配档次的原则，多劳多得、少劳少得、不劳不得。三是推行用人制度改革。对内设机构的职能职责进一步细化，把各项工作任务、工作职责落实到个人，实行竞聘上岗，建立一套干部能上能下、工人能进能出、工资能升能降的管理机制。四是建立有效的激励机制。在严格执行"收支两条线"的基础上，财政将发展产业取得的收入按一定比例返还给林场，作为林场发展资金和工作奖励，以提高职工积极性和主动性。如：织金县桂花林场属全市正科级国有林场，改革前，由于人数多、包袱重、内部管理混乱，严重制约了国有林场的发展。改革后，县政府成立国有林场改革指导小组，采取精简、高效的管理政策，根据实际，撤销管理人员岗位3个，削减管理人员2名，制定聘用制改革的方案和程序，公开、公平、公正，对办公室、保卫室、生产办实行竞争上岗。建立干部能上能下、人员能进能出的用人机制，极大地调动了职工积极性，杜绝了懒、散、慢的情况发生，扭转了职工等、靠、要的思想。

（五）改革机构设置，推进队伍建设　毕节市委、市政府《关于进一步加快国有林场改革发展的意见》明确提出各级党委、政府和有关部门要切实加强对国有林场改革发展工作的领导，将国有林场改革与发展工作纳入议事日程。将国有林场改革发展作为县（区）政府目标责任制的内容进行考核，制定年度改革发展目标任务，加强考核督查，严格兑现奖惩，并公开通报考核结果。毕节市编委办根据《关于进一步加快国有林场改革发展的意见》，于2013年10月下文成立了副县级毕节市林场管理办公室，强化对国有林场改革发展的监督管理。七星关区编委办于2014年8月6日行文，同意七星关区拱拢坪国有林场和白马山国有林场升格为副科级全额拨款事业单位。升格后的2个国有林场，明确了主要工作职责，其中拱拢坪国有林场内设资源管理站、营林站、办公室、森林防火办公室和管护站等8个机构，设场长1名，副场长3名，内设机构领导职数12名。白马山国有林场内设资源管理站、营林站、办公室等7个机构，设场长1名，副场长3名，内设机构领导职数10名。2个国有林场的升格，既解决了人事管理问题，又解决了林场内部职能交叉、职权脱节、效率偏低等问题。对进一步理顺国有林场管理体制和经营机制，确保国有林场持续、稳定、健康发展具有十分重要意义。2017年，全市12个国有林场有正科级单位1个，副科级单位11个。

四、几点体会

（一）搞好顶层设计是国有林场改革成功的关键　毕节市国有林场改革之所以得到顺利推进，得益于2007年11月贵州省委、省政府出台的《关于进一步推进毕节试验区改革发展的若干意见》中"按照分类经营的原则，把试验区国有林场全部划定为生态公益型林场，纳入全额拨款事业单位管理"的政策设计。为进一步做好林场改制转型工作，毕节市林业局及时拟写报告，并多次召集市编委办、财政、发改、人事等有关单位负责人参加的联席会议，对国有林场纳入全额拨款事业单位达成了共识，联合行文上报市委、市政府。同时，多次召开全市国有林场工作会议，安排部署林场改制转型前期工作，认真听取各县（区）反馈的意见、建议和存在的问题，毕节市委、市政府分别召开了办公会议对国有林场转型改制进行研究，明确了各相关单位的职责，使全市国有林场顺利进入全额拨款事业单位，充分体现了顶层设计的重要性。

（二）推进经济发展是国有林场改革成功的基础　林场改革只有坚持发展主线，以增资源、增效益为目标，以产业结构调整为着力点，不断改善职工生产生活条件，壮大林场的综合经济实力，体现改革成效，才能得到社会各界的支持和拥护。

（三）建立激励机制是国有林场改革成功的动力　2013 年，当全市国有林场改革进入攻坚期的时候，毕节市委、市政府《关于进一步加快国有林场改革发展的意见》中"同级财政按照收支两条线管理要求，将林场发展产业取得的收入全额返还给林场，60% 作为林场发展资金，40% 用于工作奖励"的激励机制，得到了林场广大干部职工的积极拥护，再次激发了改革发展的活力。

（四）完善管理制度是国有林场改革成功的保障　在用工方面，全面推行劳动合同制管理；在用人方面，实行定岗、定员、定责和竞聘上岗，建立干部能上能下、工人能进能出的用人机制；在分配方面，打破事业单位"吃大锅饭"的顽疾，建立绩效工资制度，多劳多得、少劳少得、不劳不得，全面推行"人管人"向"制度管人"的转变。

（五）上下合力共推是国有林场改革成功的抓手　2007 年，贵州省委、省政府决定出台支持毕节试验区改革发展的意见时，贵州省林业厅充分征求毕节市林业局的意见和建议，通过充分讨论，将国有林场改革的方向在省委文件中进行了明确，实现了顶层设计的目标。2013 年，国家林业局场圃总站到毕节调研，对毕节国有林场改革工作给予的充分肯定，进一步增强了毕节搞好国有林场改革工作的信心和决心。尤其是国家林业局在《林业要情》中向全国推广毕节的改革模式，引起了毕节市委、市政府领导的高度重视，及时研究出台了《关于进一步加快国有林场改革发展的意见》，使改革得以深化。

强化队伍建设　提升干部素质

——毕节试验区狠抓林业干部人才培养

汪　军　施金谷

毕节试验区建立 30 年来，林业系统干部职工不畏艰难、无私奉献，常年奋斗在毕节的山山水水之间，各项工作得到国家林业局、贵州省林业厅等部门的高度评价和认可，先后荣获国家林业局授予的"全国林业系统先进集体"称号，贵州省绿化委员会、贵州省人力和社会保障厅授予的"全省绿色贵州行动先进集体"称号。2005—2016 年，连续 12 年获毕节市工作综合目标考核一等奖；2012 年，国家林业局将毕节市命名为"全国石漠化防治示范区"；2013 年，国务院批复毕节建设"生态文明先行区"；2014 年，国家发展和改革委员会、国家林业局将毕节市列为"全国生态文明示范工程试点"。

一、主要成效

（一）**强化队伍建设，人才总量不断扩大**　牢固树立"人才资源是第一资源"的理念，坚持把队伍建设作为保障林业生态发展的根本性、战略性任务，切实摆在突出位置，多措并举抓总量，不断壮大人才队伍。近年来，面向社会公开招聘事业单位工作人员 23 名，公开招录公务员 7 名，调入党建、刑侦方面管理人才 3 名，引进急需紧缺人才 5 名。毕节市直林业系统现有编制 129 个，在册在编人数 124 人，总量不断增加，队伍不断扩大。

（二）**强化学习教育，干部素质持续提升**　认真坚持学习制度，干部职工抽时间学理论、学业务已成为自觉行动，自觉学习的良好习惯已经养成，全员学习、终身学习的理念得到树立，党员干部思想政治素质明显提高，业务能力和水平进一步提升。截至 2017 年，毕节市直林业系统在职党政机关管理人才中，正、副县级职务 12 人，正、副科级 30 人；在专业技术人员中，工程技术应用研究员 5 人，高级工程师 24 人，工程师 27 人，助理工程师 16 人；学历方面，在读博士 1 人，在读硕士 5 人，研究生学历 6 人，本科生学历 56 人。

（三）**强化领导带头，内生动力不断激发**　广大干部在林业生态建设中敢闯敢试，做好了"当家人"，当好了"主心骨"，在思想和行动上始终走在前列，在林业生产一线创先争优，在比学赶超中抓落实，在推动生态建设的道路上苦干、实干、加油干，撸起袖子、迈开步子、干出样子，涌现出了一批"老黄牛"式的党员干部。2014—2017年，全市实施"绿色毕节行动"，完成造林绿化 637.83 万亩，其中新一轮退耕还林 259.87 万亩，为全国任务最多的市州。党的十八大以来，毕节市林业局荣获国家级先进集体表彰 2 次，干部中荣获国家级表彰 4 人次，荣获省级表彰 12 人次；新提拔正、副科级干部 21 人，正、副县级干部 7 人；新聘市管专家 5 人，享受政府特殊津贴专家 5 人，市专业技术拔尖人才 5 人，市级人才团队 2 个。

（四）强化廉洁自律，作风建设持续转好　通过认真落实党风廉政建设责任制，强化党纪条规的经常化学习培训教育，读书促廉，认真落实廉政风险防控措施，加强预防职务犯罪教育管理，开展警示教育，进行廉政谈话提醒告诫，扎实有效地开展廉洁自律教育，促进党员干部养成为民、务实、清廉的良好作风，自觉遵守法律法规和廉洁自律有关规定，杜绝了滥用职权、行贿受贿、职务犯罪等违纪违规甚至犯罪行为的发生。30 年来，毕节市直林业系统无一人触犯党纪国法，无一起违法违纪案件，为林业生态健康有序发展提供了组织保障。

二、主要做法

毕节市林业局立足当前，着眼长远，创新举措，把加强干部队伍建设作为抓基层党建工作的一项重要任务来抓，通过强化干部思想政治教育、强化业务培训、拓展党员干部任用渠道、建立考核奖惩机制、培养健康向上的生活情趣、加强监督管理等措施切实加强党员干部队伍建设。

（一）抓思想政治教育，发挥示范引领作用　一是加强理想信念和职业道德教育。认真坚持周一集中学习制度，紧密结合工作实际，加强共产主义理想信念和社会主义荣辱观教育，开展以"履职担责、文明执法、高效服务、廉洁自律"为主要内容的职业道德教育活动，以科学的理论武装人，以正确的舆论引导人，以高尚的情操塑造人，进一步强化干部的党性观念、公仆意识、敬业精神和廉洁品质，形成积极向上的良好氛围。二是加强先进典型的宣传和引导。积极挖掘和树立先进典型，大力宣传和发挥典型的示范作用，认真开展警示教育、参观先进典型等活动，用身边人、身边事来教育、引导、激励党员干部，形成"比、学、赶、帮、超"的浓厚氛围。三是调动基层积极性。鼓励基层各单位进一步加强组织建设，开展"大调研、大讨论"等特色实践活动，凝心聚力，共谋发展，共创工作新局面。

（二）抓学习教育培训，全面提升干部素质　毕节市林业局将林业人才发展规划和教育培训纳入林业发展总体规划，与林业各工程建设同步规划、同步部署、同步实施，强化人才保障，加强本业务领域的人才使用、培养和管理。拓展教育培训方式，提升教育培训层次，进一步提升干部的素质能力。一是分层次开展专题专项培训。根据不同类别、不同层次、不同岗位干部的特点，因人而异、因岗而异，合理设计班次、内容和方法，依托内外部教学资源，构建长期稳定的培训机制。二是广泛开展业务技能培训。以科（室）、站（所）为单位组织开展与实际工作相联系的业务技能培训，通过新鲜的方式、积极的引导和亲身的实践，磨炼意志、陶冶情操、完善自我、熔炼团队，促进广大干部树立共同目标，增进彼此了解，实现协调统一，增强干部对组织的归属感和责任感。三是不断提升教育培训层次。积极组织开展各类培训活动，加大培训资源的整合使用力度，选派业务骨干和在岗位中做出突出贡献的各类人才积极参加上级业务主管部门举办的各种培训班，鼓励支持业务能手积极参与高级技术职称晋升培训活动。加强与林业先进市、州的交流，拓展外出学习和调研的层次和规模。2016—2017 年，毕节市林业局先后派遣 2 名干部到恒大集团跟班学习，派遣 2 名干部到国家林业局退耕办跟班学习，派遣 1 名干部到贵州省林业厅跟班学习，鼓励支持 5 名专业技术人员到贵州大学林学院学习深造。

（三）抓技术服务基层，实践锻炼培养人才　一是选派工程师以上职称人员 13 名到贫困村开展农业辅导，帮助发展特色经果林。培育特色主导产业 19 个，推广普及实用技术 30 个，共开展技术指导 97 次、2434 人次，建设"科技实验（场）"6 个、"万元田"4 个、"千元院"2 个，协调项目 26 个，协调资金共 2633.141 万元，帮助脱贫 515 人。二是支持 3 名专业技术人员领办创办山地高效生态农业发展项目，共投资 1250 余万元，分别种植蓝莓 110 亩、特色经果林 200 亩及早食核桃 220 亩，带动 100 余人共同发展。三是科技人员结合当地现有经果林情况进行科技改良、推广，通过打造集中连片示范基地，提升自身实践能力。

（四）抓绩效管理体系，强化考核结果应用　出台《毕节市林业局干部职工绩效考核管理办法》，调优绩效考核指标，进一步加强考核结果的应用和引导。一是积极争取用于考核的激励资源。向上级部门积极争取报酬体系中用于干部考核的部分，以能力和贡献为标准，建立基于绩效的收入分配体系，形成鲜明的工作导向。二是不断优化绩效考核办法与指标。强化重点工作、创新工作、基础业务工作的考核权重，实现职能行使类绩效、管理运作类绩效、外部评价类绩效、创新发展类绩效和年度个性类绩效在组织发展战略下的协调并进。三是加强绩效考核结果的应用和引导。坚持考核的客观、公正，加强考核结果与薪酬福利、职务晋升、职称评聘和评优评先的衔接，进一步反映价值导向。四是建立项目奖励机制，突出争先创优导向。围绕上级考核标准，积极探索项目奖励机制。在各级各类创建、评比表彰活动中，奖励取得优异成绩的集体和个人，进一步调动党员干部争先创优的积极性，提升队伍整体形象。

（五）抓干部选拔任用，探索干部管理新机制　认真落实上级要求，进一步完善干部选拔、培养、考核和使用机制，探索党员干部分类管理新思路。一是拓展选拔任用渠道。落实上级党委要求，进一步优化科（站、所）级后备干部的选拔、培养、考核和使用机制，进一步推动干部选拔的民主化、科学化进程。二是加强干部的轮岗交流。定期组织干部交流，加强岗位轮换，进一步消除干部的岗位疲劳感，增强工作的新鲜感。拓展干部培养的渠道和眼界，增强干部适应不同环境和氛围的能力。根据组织部门安排，先后选派 2 名县级干部挂任县（区）党政班子副职，20 名科级干部挂任乡镇党政班子副职。三是探索执法类干部的管理。按照事业单位改革的精神和要求，针对干部的工作特点，建立有效机制，合理设置职位，严格考核竞聘，加强调查研究，进一步拓展干部发展空间，调动和发挥广大干部投身工作和实现自我价值的积极性。

三、经验体会

（一）**注重思想政治建设，是培养干部队伍良好德行与操守的基石** 党的十八大以来，在毕节市直林业系统全体党员干部中先后开展了党的群众路线教育实践活动、"三严三实"专题教育、"两学一做"学习教育等活动，持续强化干部队伍思想政治建设。教育干部要做到"权为民所用，情为民所系，利为民所谋"。做到明镜常照、警钟长鸣，做到自重、自律，挡得住诱惑，熬得住艰苦，耐得住清贫，守得住寂寞，自觉维护林业部门、林业干部的良好形象。

（二）**注重作风纪律建设，是培养干部队伍求真务实与担当的关键** 始终坚持作风建设要与队伍建设并重，严格执行中央"八项规定"和省市十项规定，制定出台《毕节市林业局贯彻落实中央"八项规定"和省市十项规定实施细则》，全面加强反腐倡廉教育和廉政文化建设，切实改进和转变工作作风，不断完善群众办事流程和制度，建立办事高效、运转协调、行为规范、清正廉洁、服务热情的机关管理体系，防止工作中的"失位"或者"错位"行为的发生，从根本上杜绝执法人员"不作为"和"乱作为"行为，切实培养干部队伍求真务实的精神和敢担当、有作为的作风。

（三）**注重干部队伍建设，是推进林业生态建设发展与成效的保障** 人才是先进生产力和先进文化的创造者和传播者，也是林业生态发展的建设者和守护者。30 年来，始终把人才队伍建设作为林业生态发展的保证，把队伍建设与中心工作同部署、同落实、同考核，使生态修复步伐加快，林业改革深入推进，产业发展不断强化，林业助推脱贫作用不断凸显。30 年来，全市森林面积从 601.8 万亩增加到 2127 万亩，森林覆盖率从 14.9% 增长到 52.8%，林木蓄积量从 872 万立方米增加到 4798 万立方米，林业产值达 251 亿元。

强化护林队伍建设　夯实森林资源保护

——毕节试验区强化护林队伍建设成效明显

吴明艳

毕节市高度重视农村护林员队伍建设与管理工作，充分发挥护林员在宣传、贯彻执行《森林法》，及时监测林情、火情及有害生物疫情，有效保护森林、林木、湿地、野生动植物等生态资源安全方面的重要作用，大力推进专职护林员队伍改革，努力建立一支与现代林业发展相适应的专职化护林员队伍。2017年，全市有森林管护人员13424人，其中林管员240人、天保护林员和其他护林员5636人、生态护林员7548人，为确保全市森林资源安全提供了有效的组织保障。

一、主要成效

（一）助力脱贫攻坚　建立一支强有力的森林管护队伍，既可促进森林资源有效管护，又能帮助当地群众增加收入，按照国家生态建设脱贫一批的要求，使当地部分建档立卡的贫困人口增收脱贫。2017年，在国家林业局和贵州省林业厅的支持下，财政下拨资金7548万元，人均年护林补助资金1万元，使毕节市7548名建档立卡精准贫困户实现脱贫。另外，毕节市共聘用了林管员240人，按当地最低工资标准进行补助，人均年工资2.4万元以上。如威宁县开展生态护林员选聘工作以来，将1499户贫困人口转为生态护林员，参与护林劳动，不仅使生态公益林得到有效管护，而且带动了5000余人实现脱贫。

（二）加强资源管护　生态护林员从村组、农民群众中产生，对本村地情、民情、生态资源情况最为熟悉，对管护区域的灾害情况能够及时上报，对各类破坏森林、湿地及野生动植物资源的行为能够实时制止或预防，有力地充实了基层管护力量，提升了资源管护效果。在开展生态护林员工作之前，全市护林员管护总面积为2025万亩，人均管护面积为3570亩，管护任务艰巨。2017年，开展生态护林员工作后，由于护林队伍得到了壮大，人均管护面积降至1505亩，护林效果得到了提升，特别是深山远山地区的天然林、公益林等资源得到有效保护。2017年，赫章县新增聘用了1182名生态护林员，不仅强化了管护力量，而且促进了林区社会秩序稳定，缓解了社会矛盾，森林火灾人为隐患大大减少，森林火情、火险明显减少，生态建设成果得到有效巩固。

（三）促进社会和谐　将建档立卡贫困人口选聘为生态护林员，不仅可以帮助贫困地区具有劳动能力的贫困人口不用外出务工就能实现就业增收，而且更有利于解决外出打工带来的"空巢老人、留守儿童、夫妻分居"等现实问题，促进了社会和谐稳定。据了解，大方县小屯乡大田村生态护林员黎进曾出去打过工，由于文化水平较低，务工收入不理想，除去各种开支后，基本没有钱寄回家，有时甚至回家路费也要外借，成为当地贫困户。2014 年黎进返乡，2017 年被选聘成为大田村的生态护林员后，由于辛勤劳动，再加上护林的 1 万元收入，黎进家当年人均收入达到 4600 元，实现了脱贫。做到了在自家门口就能找到工作，还能和家人团聚，老人、小孩又能得到照顾，同时家庭收入得到提高，促进了家庭和谐。

二、主要做法

（一）加强领导，落实责任　各县（区）领导高度重视，结合毕节市脱贫攻坚计划，按照生态护林员脱贫一批的要求，迅速行动，及时安排部署，迅速成立由政府分管领导任组长，林业、财政、扶贫等部门领导为成员组成的领导小组，制定选聘方案，扎实推进生态护林员和林管员工作。织金县林业局在全县范围内对林管员进行考核选聘工作，组织相关部门开展生态护林员和林管员专项调研，并多次对护林员选聘工作专题汇报。最后确定在 32 个乡镇选聘林管员 40 人，确保每个乡镇至少有 1 名林管员。对村则安排生态护林员，做到每个贫困村至少有 1 名护林员。2017 年全县有生态护林员 1814 人，有效保护了森林资源。

（二）摸清底数，明确需求　根据贵州省林业厅《关于开展建档立卡贫困人口生态护林员选聘工作的通知》和国家林业局《建档立卡贫困人口生态护林员选聘办法》要求，按照每个护林员原则上一般管护森林面积 1000～2000 亩要求，每户贫困户至多安排 1 人参与护林。毕节市及时制定工作方案，落实工作措施，对全市 263 个乡镇进行摸底调查，结合建档立卡贫困人口状况，进一步测算森林资源管护需求。据调查，全市有森林管护面积 2025 万亩，建档立卡贫困户数 21.18 万户，贫困人口数 96.78 万人，按每个护林员管护 1000～2000 亩测算，所需护林员 1 万～2 万人。结合天然林资源保护、生态公益林补偿等项目资金，全市落实护林人员 13424 人。

（三）精心组织，周密部署　根据国家和省、市要求，规范选聘程序，组织各县（区）开展林管员和生态护林员选聘工作，充分发挥乡镇林业工作站的作用，狠抓生态护林员工作落实。如织金县由当地乡镇政府张贴广告，由贫困户提出申请，按 3：1 比例进行推荐，按"脱贫、择优、公开、公平"的原则，结合当地森林资源情况，确定选聘人员名单，报县人事局、扶贫办进行考察，确定人选后返回乡镇进行公示，公示期满后，县林业局组织各乡镇护林人员进行岗前培训，通过培训签订承包管护协议，由乡镇按季度对护林员进行考核，按考核结果由县级财政会同林业部门通过"一卡通"发放护林补助费。林管员月工资 2500 元（含各类保险），生态护林员月工资 850 元。

（四）**实地督导，严格考核** 为确保生态护林员的选聘和管理工作扎实稳步推进，毕节市林业局多次组织督查检查推进选聘工作，保证扶贫和护林效益最大化。2017 年 7 月，毕节市林业局组织 4 个督导调研组对各县（区）进行督导，了解实情、听取意见、查看生态护林员资金的发放情况，加大政策的宣传力度，提高生态护林员队伍建设成效。对到期的生态护林员，如果考核不合格，将实行解聘，符合续聘条件的继续续聘，保持管护工作的延续性，让生态护林员吃上了"定心丸"。在 2017 年考核和督查中 276 人没有认真履行岗位职责，有的外出务工或工作能力不强，被解聘。

（五）**加强培训，确保效果** 护林员在上岗前，由县（区）林业局组织各乡镇对护林员分期分批集中培训，学习林业法律法规、森林防火、森林病虫害、巡山技能、林业实用技术等基本知识，组织进行现场实习。此外，利用各乡镇护林员的例会，进行临时性培训。通过各种培训，使护林员掌握各种工作业务技能，能够真正胜任森林资源管护工作的同时还能通过种植和养殖增加收入。比如，大方县黄泥塘镇鸡场社区的林管员洪文宁，利用所学林业实用技术，不但加强了森林资源管理，还利用当地生态良好的优势发展林下养蜂业，成立甜蜜园土蜂种养殖专业合作社，带动周边 10 余户农户发展林下经济，自己成了当地蜜蜂养殖专家。

三、几点体会

（一）**护林人员是森林资源管护的基础** 只有抓好基层护林队伍建设，才能有效保护森林资源。乡镇林业工作站是林业工作的基石，是林业部门最基层的服务机构，是各项林业工作的落脚点。应充分发挥乡镇林业工作站的基石作用，压实工作责任，用好用活护林队伍，为森林资源保护服务。

（二）**认真履职是关键** 管好森林资源是护林员的职责，护林员必须认真履行森林资源保护职责，尤其是林管员在工作中应率先垂范，不断带动护林员及社会各界加强对森林资源的保护意识，不断克服在森林资源保护工作的种种困难，全面遏制破坏森林资源的违法犯罪行为。

（三）**落实经费是保障** 森林资源的管护是林业工程中的重中之重，要管好森林资源，最主要的要靠护林人员完成。护林人员长期在边远山区工作，条件艰苦，没有一定的经费保障，要管好全市 2000 多万亩的森林是难以实现的。因此，管护经费的落实是保护好森林资源的保障。

（四）**发动宣传是前提** 通过广播、报纸、新闻媒体，多样化、多形式、多渠道广泛宣传国家政策、工作开展情况、典型事例等，全力营造全社会关注、关心、支持林业生态建设的良好局面，是做好森林资源保护的前提。

借鉴"塘约经验" 发展林业产业

——金沙县化觉镇前顺村发展经果林建设的做法

阮友剑 余成银 虞应乾

贵州省安顺市平坝区东平镇塘约村，一个"榜上有名"的贫困村，在经历了百年不遇的山洪之后，人们在"穷则思变"的精神鞭策下，由村党支部牵头，深化体制机制创新，实施"村社一体、合股联营"的发展模式，把群众组织起来，把土地流转出来，激活发展的内生动力，走上了跨越发展的康庄大道。显然，与大多数农村社会发展现状相比，塘约村的发展是依据现实状况进行的大胆改革，虽地处西南一隅，却为广大农村社会尤其是在精准扶贫的大背景下提供了一个可借鉴、可复制的"塘约经验"。金沙县化觉镇前顺村党支部组织村组干部认真学习"塘约经验"，通过成立公司发展蜂糖李种植办试点的方式，进行大胆探索和示范，带动群众走上一条脱贫致富的好路子。

一、基本情况

金沙县化觉镇前顺村位于乌江中上游地段，东邻息烽、南抵修文，全村辖 11 个村民组，有党员 37 名，总人口 2461 人，未脱贫人口 49 户、113 人，少数民族 978 人，其中布依族占 60%，平均海拔在 850 余米，有耕地 3400 亩、林地 5200 亩。多年来，村"两委"干部尝试实施过椪柑种植、养鱼、养猪等多个产业，但最终都不了了之，村经济依然落后，贫困户依然贫困。2016 年底，随着决胜脱贫攻坚号角的吹响，村"两委"决定借鉴"塘约经验"，实施"能人带村"工程，引进社会能人、借助社会资本来一次深深的大变革、大冲刺。于是，在化觉镇党委政府的多方努力下，引进贵州天彩休闲农业综合开发有限责任公司，在前顺村及周边村规划发展蜂糖李 5000 余亩，带领群众开辟脱贫增收致富的新路子。

二、主要做法和成效

前顺村充分用好用活本土能人资源、国家政策资源、自然气候资源，借助技术、资金以及独特的气候条件，保证产业项目能立得起、稳得住。巩固提升现有核桃、桃、李、椪柑、软籽石榴等经果林产业，结合实际，利用退耕还林、石漠化综合治理项目，重点发展壮大乌江沿岸蜂糖李产业，在 2016 年完成 1600 亩的基础上，按"1123"谋划推进，每户贫困户种植 2 亩蜂糖李，实现贫困户产业全覆盖。3 年内全村及周边村连片种植蜂糖李达到 5000 亩以上，户均综合收入 10000 元以上，实现贫困人口全部脱贫。

（一）选准新路子，用活自然气候资源　一是充分利用自然气候资源的优势，实施经果林建设。坚持"用独特的气候资源打造独特的农业产品"的发展理念，村"两委"和贵州省天彩休闲农业综合开发有限责任公司多次到云南、江苏等多地考察、调研，最终选择发展蜂糖李作为本村主导产业，将本村自然资源作为村民资产进行入股。蜂糖李素有"天下第一李"之美称，肉质细、清脆爽口，汁液多，味浓甜，离核，品质优异，最适宜种植海拔高度为 1200 米以下，每年亩产可达 2500 千克，市场价可达 60 元 / 千克，经济效益好，市场需求量大。前顺村平均海拔 850 米，是蜂糖李生长的最佳海拔高度，具有发展蜂糖李产业的独特天然优势。同时，前顺村土壤经过权威部门检测，完全满足蜂糖李的生长条件要求。通过实施蜂糖李项目，以好资源孕育好项目，以好项目盘活好资源。二是充分利用天然的旅游资源优势，实施农旅一体。在化觉镇前顺村，乌江经此而过，是贵州一条美丽的风景线。水上交通的便捷，让周边的禹谟、高坪、化觉、长坝等乡镇及黔西县花溪乡等群众通过过江后坐车经修文到贵阳，让信息闭塞的山乡打开了致富的窗口。发展鲜果采摘、休闲垂钓、康养等产业，吸引贵阳市区和周边乡镇的游客来旅游消费，消化产出的蜂糖李。同时，配套种植脆红李、清脆李等品种，把基地鲜果的成熟期从 6 月延长到 9 月，增加旅游季节时长，吸引更多的游客。预计，在海马大桥建成通车的基础上，金古高速公路建成后，化觉镇游客每季度可达 10000 人次左右，为蜂糖李提供了广大的消费群体。

（二）探索新模式，实行股份经营　前顺村的成功，很重要的一点就是实行股份经营。鼓励发动群众以土地入股方式参与产业发展。一是在分红方式上，转变以往多数产业和群众的"细账"算法，和群众算"简单账"、"明白账"。经村"两委"和贵州天彩休闲农业综合开发有限责任公司多次协商，决定将每亩所获得毛利润的 20% 分给群众，提高群众的分红比例，保障群众所得利益最大化。同时，在村集体做好产业发展中的矛盾纠纷、基地管护的基础上，给予村集体每亩毛利润 2% 的股份，帮助村壮大集体经济。二是创新"三联"（农校联合、农超联合、农企联合）模式，加强与金沙县昌利农产品销售有限公司的合作，借助其销售网络和销售平台，主动抢占超市、企业、经销商供货市场，打通蜂糖李对外销售渠道，为蜂糖李实现完全消化插上"双保险"。同时着力完善冷库建设，实行错峰销售。实行品牌战略，加大深加工力度，开发蜂糖李系列产品，提高蜂糖李附加值，在满足更多消费群体需要的同时，做大做强化觉镇蜂糖李品牌，以品牌带动扩大再生产，以扩大再生产带动群众脱贫致富奔向小康。

（三）寻求新方法，推进村社一体　村社一体是壮大村集体经济和规避市场风险的有效途径，前顺村立足自身优势、产业基础和现实发展的特点，建立"以村带社、村社一体、利益联动、共建共享"的村社合一机制，大胆推进组织创新，用活本土能人资源。在全村范围内，寻找对村工作熟悉，同时又有多年从商经验的能人投资建设。贵州天彩休闲农业

■ 金沙县化觉镇经果林基地

综合开发有限责任公司负责人周仕洪就是化觉镇前顺村的本土人士，担任村主任多年，在群众中颇有威望，有很强的号召力，并且多年从事煤炭经营、海上运输、企业管理等行业，积累了丰富的经济发展经验和充足的发展资本。在化觉镇党委政府的鼓励支持下，他义无反顾地接下了这副重担，成为前顺村发展产业带领群众致富的"领头羊"。在经营过程中，周仕洪不负众望，切实履行企业反哺农村的社会责任，用心、用情、用力带动群众发展。对全村的土地、人力等资源要素进行整合，对全村蜂糖李种植统一与村民签订协议，采取保底经营的模式，保证村民每年每亩土地收入不低于240元的基础上，与农户进行利益分红，基地由公司实行统一管理，利益实行统一分红，从而实现村集体、群众、公司等都是公司股东，实现多方利益共赢。

（四）构建新机制，用活国家政策资源 一是镇、村两级积极向上争取项目资金，加大对经果林产业发展建设的投入，将国家投入折算为农户股金，优化国家退耕还林项目补贴资金的使用方式，把1600元/亩的退耕还林补贴资金分成两部分：一部分是把其中的1200元补贴给群众，另一部分是把400元作为种植代建费（2017年种植费提高到400元）。第一年启动，造林验收合格后付30%的启动资金，第二年、第三年、第四年验收合格分别再支付20%、20%、30%的资金，保证蜂糖李保存率必须在85%以上。同时，镇党委、镇政府通过整合交通、水利、电力等政府投资资金，修建4.5米宽的产业路3000米，贯穿产业基地，修建提灌工程1个、水窖10个，为蜂糖李产业发展提供了良好的基础设施

■ 金沙县化觉镇前顺村化觉码头

环境。二是组织发动群众到产业基地务工，负责基地蜂糖李的种植、锄草、施肥、管护等，企业按照 80～120 元／天的标准支付给群众劳务费，让群众在自家门口就能就业赚钱。截至 2017 年，已支付群众劳务费 500 万元，大大地提高了群众收入。同时，在蜂糖李林下套种热带作物四棱豆和养蜂，准备养蜂 300 箱以上，实现以短养长，填补产业发展前期的收入空白。

三、主要启示

前顺村把贫困户能否致富作为本村发展的基本目标，在产业和群众之间建立利益联结，产业发展带来的经济利润最大化地让群众分享，实现了资源变资产、农民变股民、资金变股金的"三变"模式。

（一）因地制宜是产业发展的前提 发展农村特色经济要对当地的自然地理条件和社会条件有清醒的认识，充分尊重自然规律，科学定位主导产业，选择适宜当地发展的优势树种。前顺村紧扣"产业兴旺、生态宜居、乡风文明、治理有效、生活富裕"要求，积极考察引进适合当地发展的蜂糖李作为栽植品种，并对接相关政策，大力实施乡村振兴战略，在特色产业培育、村容村貌治理、村风民风建设、拓宽致富门路等方面下功夫，这是农村特色经果林产业发展的前提。

（二）注重特色是产业发展的基础 特色就是市场，市场就是效益。农村经济发展以市场和消费者的需求为基础。蜂糖李是安顺市镇宁县培育出来的一个新品种，近几年的栽培实践证明这一品种具有独特的优良品质。前顺村发展蜂糖李，结合当地的自然、地理条件优势，前景是可观的。为进一步做大做强"特色"文章，发挥特色产业的示范和带动作用，全力抓好建设 5000 亩蜂糖李产业园区，积极围绕规划，抓好配套设施建设，推动现代农业示范园建设。

（三）可持续发展是产业发展的目标　可持续发展就是既满足当代人的需求，而又不损害后代人满足需求的能力的发展。正确处理好人口、资源、环境之间的关系，使可持续发展能力不断增强，生态环境得到改善，资源利用效率显著提高，促进人与自然的协调，推动整个社会走上生产发展、生活富裕、生态良好的文明和谐发展道路。前顺村大力发展经果林既是生态环境可持续发展的需要，又是经济发展的需要，不但能提高森林覆盖率，还能促进经济、社会、生态的同步发展，是实现"生态美、百姓富"的典范。

培育新型经营主体　促进规模化经营

——黔西县金碧杨勇种植农民专业合作社发展纪实

付开萍

黔西县金碧杨勇种植农民专业合作社由返乡农民工杨勇于 2010 年 9 月发起，按照"入社自愿、退社自由、互惠互利"和"民办、民管、民受益"的原则组建成立，有社员 173 户、200 余人，入股土地 2731 亩。为扩大规模，合作社采取了"基层社 + 联合社 + 信用合作 + 农村电商"的模式，以金碧杨勇种植农民专业合作社为母社，联合黔西县农民专业合作社协会，经黔西县工商局登记注册成立"黔西县农民专业合作社联合社"，注册资金人民币 200 万元，成立分社 8 个，目前有员工 23 人，社员 1006 户、2000 余人，种植的药用皂角树覆盖全县 8 个乡镇，种植面积达 30000 余亩，年均促农增收 150 万元，人均增收 4600 元，带动精准扶贫户脱贫摘帽 214 人，年均消灭空壳村 8 个，村集体年均增收 19 万元。由于成效显著，先后被评为"全国农民专业合作社示范社"、"省级林业龙头企业"、"省级扶贫龙头企业"、"第十三批农业产业化经营市级重点龙头企业"，合作社生产的"黔舒佳"牌药用皂角刺被授予"毕节市名优农产品"、"毕节市'乌蒙山宝·毕节珍好'名优农产品"等称号。

一、主要成效

（一）创新合作模式，让农民"富"起来　金碧杨勇种植农民专业合作社采取三方联管的帮扶模式，由合作社免费提供皂角苗、技术指导，产品保价回收，种植区村委会负责后续监督管理，农户提供土地和劳动力，皂角投产后，所得收益农户占 70%，合作社占 20%，村委会占 10%。实现了三方联管、三家受益、共同致富的目标。

（二）创新服务方式，让民心"紧"起来　合作社充分尊重农民意愿，实行民主管理、互助互利的原则，按照"统一购进、统一价格、统一配送、统一服务、统一销售"的服务网络要求，变松散型为紧密型，切实维护农民的利益，保证产品质量，降低了农户的生产生活成本。为更好地发挥合作社为"三农"服务的作用，合作社每年组织采购尿素 350 吨、复合肥 120 吨、普钙 500 吨、农膜 20 吨、农药 5 吨，按成本价供应帮扶村，直接为 3 个村减轻负担 20 余万元。

（三）优化管理模式，让腰包"鼓"起来 信用合作让农民变为"股民"。合作社为了提高农民种植的积极性，增加农民的收入，调节农民在生产中的资金余缺，按照社员制、封闭制原则，实行独立的财务核算，在不对外揽储放贷、不支付固定回报的前提下，在社员内部开展资金互助。为社员调剂资金186余万元，帮助500余户社员解决了融资难问题。

（四）连接农村电商，让农民"靓"起来 合作社在黔西县供销社的大力支持下，开设农村电子商务服务实体店。通过网络平台嫁接各种服务于农村的资源，拓展农村信息服务业务和服务领域，使农民成为平台的最大受益者，为社员销售农特产品，代购生产生活中需要的物资，并以实体店为平台，开设青年创业培训工作室，为当地的大学生、有志青年提供了创业的平台。在开展农村电商以来，为社员代购生产生活物资700余件，节约资金2.8万余元，销售合作社和地方农特产品1000余件，增加收入4万余元。

二、主要做法

（一）社团联盟，生产经营有合力 合作社秉承"协同合作、互利共赢"的宗旨，紧紧围绕发展药用皂角产业及林下经济，充分尊重各成员社及广大社员的意愿，在药用皂角产业的发展过程中实行统一管理，即统一购进、统一价格、统一物资、统一服务、统一销售的"五统一"，逐步实现了皂角产业的标准化生产、产业化经营和市场化运作。同时，合作社通过整合市场信息、推广良种良法、提供技术服务、联系销售渠道等，统筹和引导各成员社根据市场导向结合实际发展特色中药材、应季蔬菜等林下经济，并帮助联系落实订单或保价收购。"联合社掌舵、成员社使力"，推动各成员社逐步由松散型向紧密型转变，进一步形成优势互补、信息共享、资金互助、抱团发展、共闯市场的良好局面。

（二）资金联手，融资互助有实力 为解决各成员社、社员在参与产业发展和日常生产生活中的资金短缺、周转困难问题，合作社还成立了社员资金互助中心，在社员内部开展资金互助。资金互助中心在不对外揽储放贷、不支付固定回报的前提下，实行独立的财务核算，并聘请专业的财会人员对资金进行管理。同时，定期公布财务报告，接受各成员社和广大社员监督。资金互助坚持社员制和封闭制原则，采取揽储2倍于央行基准利率、贷出3倍于央行基准利率的方式开展，互助资金40%用于发展苗木，60%用于内部资金互助。资金互助中心成立以来，共带动235户农户入股资金319万元，累计用于产业发展和互助资金达560万元，互助资金使用率达176%，在较好解决各成员社产业发展资金瓶颈问题的同时，帮助500余户农户解决了"燃眉之急"。

（三）发展联动，产业延伸有张力 合作社成立以来，各成员社在生产上进一步明确导向，在管理上进一步科学规范，在发展上进一步形成合力。2016年，合作社种植药用皂角1.018万亩，带动农户种植3万余亩，育苗180亩，销售苗木212万株，实现产值477万元。为了不浪费土地资源，提高土地利用率，合作社采取"以短养长"的方式，林下套种中药材和矮秆作物，每年可解决10000余人次的农村剩余劳动力的就业问题，带动农户2000余户，其中精准扶贫户214户、五保户11户，人均增收4600元。在实现药用皂角主导产业发展向好的同时，发展联动效应不断彰显：一是结合"一事一议"、"两硬化"等建立苗圃基地，实现了种植基地、水泥路互通的目标，集种植、加工、销售、旅游观光为一体的现代山地特色农业示范园已见雏形；二是通过深挖产品价值并进一步延长产业链，如研制"皂刺追风油"、"皂荚洗涤粉"等，解决了农村剩余劳动力就业 13000 余人次，支付务工费用 80 万余元，人均年增收 2300 元，同时带动周边运输业等相关行业的发展；三是发展农村电商，为社员提供便利，合作社通过网络平台嫁接各种服务于农村的资源，拓展农村信息服务业务和服务领域，搭建贵农网服务平台，开设农村电子商务服务实体店，为社员销售农特产品，代购生产生活中需要的物资，并以实体店为平台，开设青年创业培训工作室，为当地的大学生、有志青年提供创业的舞台。

（四）**市场联通，收入增长有潜力** 合作社坚持以产业发展为统揽，以适应市场需求为导向，以自身发展为基础，以广大社员增收为目的。一方面，充分发挥农民专业合作组织在农户与市场之间的"桥梁纽带"作用，纵向上与中药材公司签订订单合同、保价回收，横向上与农户签订药用皂角种植合作协议，发动群众根据订单进行生产，解决了农民专业合作组织生产经营"盲人骑瞎马"的问题；另一方面，通过打造农村电商平台，为农户代销产品、代购物资，帮助农民增收节支。2016 年，合作社电商平台销售范围涉及浙江、四川等 7 个省份和省内 10 余个市、县、区，销售金额达 100 万元，帮助社员销售地方农特产品 1000 余件，增加农民收入 4 万余元，为社员代购生产生活物资 700 余件，节约资金 2.8 万元。

■ 黔西县金碧杨勇种植农民专业合作社皂角林下套种黄豆

（五）利益联结，同步小康有动力　合作社将村级基层组织纳入农民专业合作生产经营链条，在生产经营管理和利益分配过程中创新了"农户＋合作社＋村委会"的合作模式和"7+2+1"的利益联结方式，即由农户入股土地和投入劳动力，合作社免费提供皂角苗、技术指导，产品保价回收，村委会负责组织宣传发动和后续监督管理，产生收益按照农户占70%、合作社占20%、村委占10%来进行分配。这种模式使农户、合作社与村级基层组织关系变得更加紧密，三方联管带动三方受益，增强了发展动力，为同步小康奠定了坚实基础。同时，合作社勇于开拓，在毕节市辖区的七星关、纳雍等县（区）以"农户＋合作社＋村委会"的模式开展跨区域的产业发展，得到了当地群众及村委会的好评。

三、主要经验

黔西县金碧杨勇种植农民专业合作社通过抓带动、转方式、选产业、强管理等实践，进一步充实了林业专业合作组织的发展后劲，发挥了资源使用效益。

（一）能人带动　实施"能人"带动，选好发展的"领头羊"，决定了农业专业合作组织的成败。黔西县金碧杨勇种植农民专业合作社的成功很大程度在于合作社理事长杨勇属于返乡农民工，且之前从事过律师、经商等多种行业，属于有知识、有经验、有资金的能人，其市场敏锐度高、产业知识面广、生产经营和管理理念先进，可带动思想观念较为落后、生产方式较为粗放、缺乏必要的市场经济意识的农户进行专业合作。

（二）转变方式　合作社通过转变生产方式，提高农业生产效率，促进农民稳定增收；转变营销方式，以市场为导向，变"产＋供＋销"为"销＋供＋产"；转变服务方式，推动农民专业合作社技术服务向精准化、市场化转变；转变筹资方式，鼓励农民专业合作组织开展资金互助，推动农业产业化，发展融资多元化；转变分配方式，进一步凸显群众的主体地位，强调广泛参与、合作共建、利益共享。

（三）选准产业　因地制宜地选择好产业，是所有农民专业合作组织能够良性发展的基础。黔西县金碧杨勇种植农民专业合作社正是响应了县委、县政府提出的"农产富县"号召，在通过大量调研和聘请专家分析的基础上，充分考虑物种、生态、气候、区位、人力资源和政策环境等实际情况，以市场为导向，选择比较优势明显、产业链长、带动力强、辐射面广且经济效益、社会效益和生态效益均比较明显的皂角产业。

（四）强化管理　农民专业合作组织要实现市场经济条件下的良好发展，完善的组织形式和健全的内部运行机制应是重点。黔西县金碧杨勇种植农民专业合作社善于把握现代农业产业化的发展趋势，以促进区域农业产业化发展为目标，以保障社员合法权益并促其稳定增收为核心，结合实际创新"产、供、销"三大核心环节管理方式，完善了产业发展技术服务体系，使合作社发展走上规范化、企业化、市场化道路。

培育家庭林场　引领经济发展

——七星关区探索绿水青山变"金山银山"发展之路

潘定华

1988 年国务院批准建设毕节"开发扶贫、生态建设"试验区以来，七星关区森林资源不断得到保护，造林绿化面积不断扩大，2017 年森林覆盖率 56.42%。如今，绿水青山不再是奢望，但如何变成"金山银山"却成了新问题。全区牢固树立"创新、协调、绿色、开放、共享"和"绿水青山就是金山银山"的发展理念，坚持以生态文明理念引领社会经济发展，先行先试，推进"谁造林、谁所有、谁受益"，让农民手中的林地、林木等资产活起来；按照"依法、自愿、有偿、规范"的原则，探索承包经营、股份合作经营、租赁经营、转包互换经营、托管经营等林地流转模式，引导培育专业大户、龙头企业、股份制林场、家庭林场、林地林木股份合作社等新型林业经营主体。

股份制林场、家庭林场作为新型林业经营主体，以股民和农民家庭成员为主要劳动力，以林业经营收入为主要收入来源，利用承包林地或流转林地，从事规模化、集约化、商品化林业生产，已成为引领适度规模经营、发展现代林业的有生力量。成立股份制林场、家庭林场，是壮大村级集体经济组织，实现森林资源保值增效，增加林农收入，助推全区决战贫困、同步小康的新举措。提出"创百家林场、带动千户万人"脱贫的发展思路，以"四符合四一律"工作法，率先探索开展集体林地所有权、承包权、经营权"三权"分置有效途径，通过集体林地和分山到户林地承包、股份合作、租赁、转包互换、托管经营等林业流转模式，合理流转林业资源，共引导培育股份制林场、家庭林场 14 家，利用林地 19620.9 亩，种植特色经果林 3780 亩，林下种植中药材 2540 亩，林下养鸡 5.5 万羽、养蜂 2100 箱、养猪 600 头、养鱼 5 万尾。共投入资金 6290.726 万元，涉及农户 7790 户、34598 人，其中贫困户 212 户、1013 人。实现了闲置林地资源重组利用，形成了村集体、林农利用林地资源抱团发展的格局，全区生态文明建设持续健康发展，林业产业不断发展壮大，农民收入稳步增长，脱贫攻坚效果明显。

一、主要做法

（一）领导高度重视，培育家庭林场有人抓有人管 七星关区林业局党组高度重视，成立了由局长任组长，分管产业发展副局长任副组长，林业产业发展服务中心工作人员为成员的引导培育家庭林场工作领导小组，负责家庭林场培育工作的统筹协调和疑难问题的解决；领导小组下设办公室在区林业局产业发展服务中心，产业发展服务中心主任兼任办公室主任，产业发展服务中心 7 名工作人员作为专班工作人员，具体主抓家庭林场引导培育工作。

（二）探索制定新政策，培育家庭林场有规定有依据 七星关区林业局针对培育股份制林场、家庭林场没有可借鉴、可复制、可照搬照抄的模式这一实际问题，率先进行大胆探索和尝试，制定了《毕节市七星关区关于鼓励成立股份制林场及家庭林场的实施方案》，报区政府审批同意。对培育股份制林场、家庭林场工作中范围如何确定，应具备的条件，怎么申请登记，如何进行公示和认定，怎么申请工商注册取得市经营主体资格等流程和管理服务、扶持政策等进行了明确，解决了培育股份制林场、家庭林场政策支撑的问题。

（三）拓宽渠道抓宣传，培育家庭林场政策家喻户晓 为让全区林农清楚了解培育家庭林场的重要意义、政策扶持措施、家庭林场成立办理流程和管理服务等相关内容，七星关区林业局认真撰写稿件，邀请新闻媒体进行宣传报道。中国林业、绿动贵州、毕节市林业、毕节传媒、七星关阳光党务政务等网站，以及《乌蒙新报》、《毕节日报》、《毕节晚报》、毕节市电视台、七星关区电视台分别进行了宣传报道；各乡镇（街道）召开村"两委"会议传达学习《毕节市七星关区关于鼓励成立股份制林场及家庭林场的实施方案》；区林业局制作广告牌和组织部分林农代表实地参观学习进行宣传。通过宣传，使广大林农对家庭林场这个新型林业经营主体有了全面的了解和认识，为培育股份制林场、家庭林场奠定了群众基础。

（四）加强沟通与协调，家庭林场有市场经营主体资格 家庭林场作为新型林业经营主体诞生，要取得市场经营主体资格，必须进行工商注册，办理营业执照（含组织机构代码证、税务登记证）。但在申请办理过程中，市场监管局业务人员说没有注册办理过这种类型的营业执照，后经与市场监管局领导认真进行研究，参考相关法律，首次注册登记了七星关区朱昌镇发启兄弟家庭林场，使家庭林场取得了市场经营主体资格，让林农放心进行林产品生产与经营。但股份制林场要以公司或林业专业合作社形式进行注册登记，至今还没有真正注册登记过一家股份制林场。

（五）先行先试先作为，率先推进家庭林场培育工作 在培育家庭林场的起步阶段，由于广大林农对成立家庭林场的重要性和国家扶持政策不了解，没有人申请登记成立家庭林场。领导小组经过认真调研和仔细研究，决定选择林地林木资源丰富、产权明晰、有发展带动能人、有承包集体林地林木经营理念、有办公场所、林农盼发展想发展的朱昌镇发启村作为试点，开展家庭林场的培育创建工作。从帮助指导做好林地承包、租赁、流转、入股以及完善相关协议合同的签订入手，按照林地使用面积达到 300 亩以上的条件，充分利用林地资源发展林下经济，引导示范带动效果好、帮扶贫困农户达到一定比例的林业产业私营业主到区林业局申请成立家庭林场备案登记。区林业局受理备案登记后，7个工作日内进行审核，符合规定的，对家庭林场提供的林场主基本信息、劳动力构成情况、林地经营面积、承包流转入股协议合同、林权证、办公场地等相关资料进行为期7天公示，公示无异议后，颁发认定证书。家庭林场凭办公场所证明、法人身份证复印件、家庭林场组成人员身份证复印件到市场监管局办理营业执照，最后挂牌管理。七星关区朱昌镇发启兄弟家庭林场于2016年8月正式成立，标志着贵州新型林业经营主体——首个家庭林场诞生。

■ 七星关区朱昌镇发启兄弟家庭林场

■ 七星关区朱昌镇伍坪村森林人家

（六）落实扶持政策，生态文明与林业经济同步发展 一是强化基础设施建设，创造条件培育家庭林场。交通闭塞，成了发展林业产业的绊脚石。交通不畅阻碍林业产业发展的问题，摆在了七星关区林业局面前。为解决这一问题，区林业局对林地资源丰富、群众想发展、盼发展的愿望高，又有领头羊但交通不便的地方，积极协调当地乡镇政府，将通村路、通组路指标优先安排到这些地方，打通了交通瓶颈，致富路、连心路修到了家庭林场。如野角乡邓家湾村泓丰家庭林场就是建在一个土地贫瘠、开门见山、交通闭塞、林地资源丰富、人民群众守着青山绿水叫穷的地方。二是坚持"四符合四一律"原则，促进林业产业发展。在培育家庭林场工作中，七星关区林业局根据中央、省、市、区出台的农业产业扶持政策，认真归纳梳理，总结出支持家庭林场发展壮大的"四符合四一律"工作法，即：符合七星关区特色产业发展建设标准的股份制林场、家庭林场，一律按区委、区政府的规定给予补助；符合中央、省、市级经济林及林下经济产业专项资金申报条件的，优先给予申报；符合股份制林场、家庭林场经营的林木、林下种植养殖、特色经果林，一律纳入农业保险范畴；符合技术条件成熟、效益明显、示范带动能力强的股份制林场、家庭林场，一律提供科技支撑。

（七）因地制宜谋发展，一场一个特色示范带动全区 七星关区林业局根据每个家庭林场所处区域、海拔、林地资源状况，因地制宜谋划林下经济产业发展之路。对离城区较近、交通便利的家庭林场，主导发展农旅结合、乡村旅游、森林康养、采摘体验、垂钓等产业；对沿高速公路一线的家庭林场，主导发展特色经果林、乡村旅游、采摘体验等产业；对交通不便、离城较远的家庭林场，主导发展林下种植、林下养殖、特色经果林等产业。

（八）集体林权制度改革，将林地承包经营权落实到户 2015年5月，七星关区林业局选择了问题较多、矛盾突出、林地资源有代表性的八寨镇茅栗坪村团结组作为"三权分离"试点，组建了试验示范工作组，按照宣传发动、调查摸底、制定方案、勘界确权、审核输机、颁证建档工作步骤，结合"四签两不准"、"两个三分之二"的要求扎实开展了试点示范工作，探索出了"塔式"分林到户、"抓阄"明确权属的"三权分离"方式（即打破原有林地权属界线，对经济价值不高的集体荒山、灌木林地，根据群众意愿，将林地重新进行分块，按照大组分小组、小组分户的方式，分层由农户小组代表、农户层层抓阄明确地块，确权到户；对经过层层抓阄以明确地块的林地，农户可以自由调换，各取所需，方便管理；对于林地面积较大、地势平缓、林地经济价值较高的商品林地，地形无明显标志，按照户均人口数核算面积，抓阄按序号分块切割，栽桩定界，联户勾图，分户确权），将集体林地确权到户，确立了集体林地承包权的法定主体地位。林农依法享有了对承包林地经营、管理、流转、抵押、担保等权利；在依法、自愿、有偿的前提下，林农通过流转林地，分置林地经营权归新的经营主体。林地"三权"分置，推动了林业"三变"进程，产生了新型林业经营主体，如家庭林场就是新型林业经营主体的其中之一。

二、主要成效

经过试点示范、辐射带动、强力推进，全区探索创建了14个家庭林场（野角乡邓家湾村泓丰家庭林场实际是股份制林场），生产经营中涵盖了生态林业、民生林业、产业林业等内容，再用1~2年时间强力推进，股份制林场、家庭林场将覆盖全区，成为生态建设、扶贫攻坚、经济发展的主阵地。家庭林场在生态建设、扶贫攻坚等10个层面体现出新活力。

（一）家庭林场的成立，为扶贫攻坚探索出新路径 扶贫攻坚是毕节试验区建设主题之一，长期以来，全区林地资源没有得到充分利用，作用仅仅体现在生态效益方面，经济建设价值没有真正体现出来。根据统计数据，家庭林业收入基本为零，林业资源在扶贫攻坚、经济发展、脱贫致富方面没有得到充分利用。如何做好"既要绿水青山，又要金山银山"这篇文章，是试验区"林家铺子"全体员工一直以来的梦想。七星关区林业局通过不断探索、创新，找到了一条将村集体、组集体、林农个人闲置林地流转入股、租赁承包给有经济实力的造林大户或公司（企业）创建股份制林场或家庭林场之路，整合了分散的林地资源，形成林业资源抱团发展的林业经济新格局，为扶贫攻坚开辟了一条新路。简单地说，就是村级组织、组集体、林农将集体林业资源经过流转或入股后产生了经济效益。七星关区贫困人口多、涉及面广，只要有股份制林场或家庭林场以及林业经营主体的存在，就少不了要用劳动力，而贫困人口中的劳动力就能就近到林场务工增加收入。如七星关区朱昌镇发启兄弟家庭林场、七星关区放珠镇惠泽生态家庭林场、七星关区野角乡邓家湾村泓丰家庭林场，共投入资金 4300 万元，解决 287 人劳动就业，涉及贫困农户 193 户、946人，除去农户在林场入股分红的红利外，每个劳动力按每月务工 20 天、每天 100 元计算，年务工费就达 2 万余元。

（二）家庭林场的成立，为巩固生态文明建成果创新机制　家庭林场未创立前，许多集体林地、分山到户林地基本上没有经费和劳动力投入，都是让其自由发展，导致放火烧山、乱砍滥伐、偷盗林木等情况时有发生，森林资源受到不同程度破坏。家庭林场建立后，林场聘用专人巡山管护，杜绝了放火烧山、乱砍滥伐、偷盗林木现象的发生，同时有计划地进行补植复绿，使林地面积得到进一步扩大，生态建设得到进一步巩固和发展。如七星关区野角乡邓家湾村泓丰家庭林场未成立前，当地群众因交通不便，烧煤取暖需要付出人背马驮的代价，村民认为不划算，就选择上山砍柴烧火做饭以及取暖度过冬季。家庭林场成立后，路修通了，林地有人巡山管护，村民又有了经济收入，就不再上山砍柴烧火做饭和取暖，有效地保护了林地资源。又如七星关区撒拉溪镇利民家庭林场利用原土法炼锌使得寸草不生的废弃地，经过土地整理，种植 520 亩特色经果林，既治理了环境，绿化了荒山，修复了生态，又带领群众发展经济，增加收入。

（三）家庭林场的成立，为农村社会稳定创造新条件　家庭林场的生产经营，需要大量的劳动力，就近使用劳动力是林场用工的基本保证，当地群众白天在林场务工，晚上回家，既有了固定收入，又照顾了妻子、儿女和老人，有效地化解了因大量劳动力外出务工造成留守儿童、留守妇女、空巢老人家庭给社会带来的不稳定因素。如昔日七星关区野角乡泓丰家庭林场周边群众说："村里除了山就是山，一样发展都没有。"因为如此，村民的生活都很贫困，年轻力壮的都外出务工了，家里就剩下老人和孩子，而现在成立了家庭林场，大多数年轻人都回来在林场务工，自然消除了留守儿童、空巢老人这种社会现象。

（四）家庭林场的成立，为增加村级组织集体经济积累拓宽新渠道　长期以来，村集体、组集体自留了大面积的林地资源，但都被闲置未得到利用，相当一部分村级组织没有经济实体，村级办公经费靠政府划拨，为民办实事、好事拿不出钱，村级组织号召力、凝聚力在一定程度上受到削弱。创建股份制林场和家庭林场后，村级组织将集体林地进行流转入股，每年能收到一定的流转费或分到一定的红利，有了收入，解决了村级组织无钱办事的问题，消除了"空壳村"。如七星关区野角乡邓家湾村通过召开村民代表会议表决通过，将 3600 亩村集体林地入股泓丰股份制林场，年收入 3.6 万元，村集体经济收入实现了零的突破。

（五）家庭林场的成立，使林地资源的充分利用实现新突破　家庭林场的创建，使全区林地资源的利用实现了升级转型，促进林地资源由传统生态保护、水土保持、防风固沙、绿化美化环境的功能向利用林下空间发展种植养殖业转变，增加了林业产业在经济发展总量中所占比重，林地资源利用实现了新突破。如七星关区放珠镇小天桥家庭林场、七星关区野角乡泓丰家庭林场利用林下空间种植仿野生天麻 2440 亩；七星关区朱昌镇大山家庭林场利用林下空间种植重楼 100 亩，养殖乌鸡 0.5 万羽等。

（六）家庭林场的成立，为经济发展开辟新空间　随着家庭林场的建立，林下空间得到充分利用，一改先前"要发展就要有耕地，没有耕地就没有发展空间"的状态。家庭林场建立后，充分利用林下空间，认真统筹规划，根据区域合理布局特色经果林种植区、林下养殖区、休闲娱乐区、旅游观光区、森林健康疗养区，把林业空间作为经济发展的能源地，把林业资源作为经济发展的新能源。如七星关区朱昌镇兄弟家庭林场在林地空间种植樱桃、红心猕猴桃等特色水果 300 亩，修建鱼塘 4 亩，养鱼 5 万余尾，修建猪舍 800 平方米，养种猪、商品猪共 450 头，产值达 2000 万元。利用林地 500 亩发展林下生态养殖土鸡 3 万余羽，2016 年出栏土鸡 3 万羽，获益 100 多万元。林场还计划流转周边农户的林地和耕地，扩大林下种植业和养殖业规模，同时充分利用森林景观建设真人 CS 射击场地，发展森林旅游观光、休闲度假、康复疗养等产业。预计到 2018 年底，实现林场总产值 6000 万元以上。

（七）家庭林场的成立，为劳动力转移就业提供新场所　家庭林场的发展，需要大量的劳动力，而林农将林地流转入股后，首先就成为林场生产经营的主要劳动力，从外出务工转变为就近务工。如七星关区朱昌镇发启兄弟家庭林场在当地外出务工人员中聘请管理人员、护林人员 36 人，月支付工资 2800 元 / 人，通过向农户支付林地流转费和劳务用工费，带动贫困农户 18 户、92 人脱贫。

（八）家庭林场的成立，为培养新型林农提出新要求　大部分人民群众长期从事着日复一日、年复一年、周而复始的洋芋、玉米（水稻）种植等简单的生产生活，家庭林场的建立，引导农民入场务工，林场根据自己的生产经营项目，对他们进行了新技术培训，教会他们林下养鸡、养蜂、种菌、天麻等中药材种植、特色经果林修枝整形等饲养管理和种植管理技术，使他们成为适应经济发展的、掌握新技术的新型林农，为他们脱贫致富奔小康提供了技术支撑。如七星关区放珠镇小天桥家庭林场为彻底熟练掌握林下仿野生天麻种麻人工授粉培育技术，由林场出资派出 2 名管理人员到广州暨南大学药学院培训 15 天，并邀请了广州暨南大学药学院聂红教授亲临指导，现场传授技术。

（九）家庭林场的成立，为回乡创业能人提供发展新天地　外出务工经商、工程承包、办医院的能人，当积累了一定资本、掌握了一套管理经验后，都想回乡创业，带领家乡人民发展经济，自愿为改变家乡贫困面貌、带动贫困户脱贫贡献自己的力量。七星关区探索发展创建股份制林场、家庭林场以来，通过宣传发动，正确引导这些能人纷纷回乡与当地村"两委"、家乡人民协商创办家庭林场，得到了村级组织、广大林农的大力支持，使他们的创业有了新天地。如毕节市燕氏骨科医院副院长燕金华，在七星关区撒拉镇龙凤村流转承包林地 530 亩种植经果林，在经果林下种植中药材，目前经果林已进入盛产期，无公害水果进入市场成为抢手货，收入 20 余万元，带动王德会、郑绍宜、刘松 3 户精准贫困户共 14 人脱贫。

（十）**家庭林场的成立，为增加贫困农户收入奠定新基础** 家庭林场建立后，七星关区积极引导，在使用劳动力方面，优先照顾贫困家庭，解决贫困家庭劳动力就业，按每天每人 100 元劳务费、每月工作 20 天计算，1 个月就能收入 2000 元，1 年收入 24000 元，完全可以保证一个家庭的日常生活开支。目前，在全区成立的 14 个家庭林场长年务工的贫困劳动力近 200 人，季节性务工贫困劳动力 800 余人，为近 300 户贫困户、1000 余贫困人口增加收入奠定了基础。同时，乡镇（街道）将中央财政给予贫困农户的扶贫资金入股新型林业经营主体，按照 15% 的利润进行保底分红，增加贫困农户收入。如野角乡政府将 20 万元中央扶贫资金入股泓丰家庭林场，每年按本金的 15% 进行分红，3 年后退还本金。

三、取得的经验

"三权分置"工作进度缓慢，林地权属不明确，影响了林地流转、入股和林权抵押贷款工作；各级财政投入不足，影响了"三变"改革工作进程；金融部门支持力度不够，部分林下产品没有明确的保额、保率和保费，纳入政策性农业保险有一定难度，申报各级财政补助资金困难。在引导培育家庭林场工作中，针对以上情况，通过探索，取得了以下成功经验。

（一）**争取政策，落实资金** 将符合发改项目、贵州扶贫基金子项目申报条件的林下经济项目纳入发改项目、贵州扶贫基金子基金项目实施，有效解决了资金不足的困难。争取林业发展专项资金向林业综合改革试点示范区倾斜，将七星关区列为重点扶持对象。对各级财政产业扶持资金积极协调争取，融入到家庭林场，促进林下经济产业发展。

（二）**利用资源，抵押贷款** 争取金融部门放宽林权抵押贷款条件，对林地权属明确、发展林下经济前景好的新型林业经营主体在林权抵押贷款方面降低金融扶持、贷款准入门槛。

（三）**购买保险，抵御风险** 对林下经济产品没有纳入政策性农业保险的，与金融部门、承保单位深入调研，明确保额、保率、保费，列入政策性农业保险范畴。

（四）**理顺关系，推进改革** 启动集体林权制度改革回头看工作，将集体林地确权到户，确立集体林地承包权的法定主体地位。

（五）**明确目标，广泛宣传** 将"绿水青山变成金山银山"的战略目标广泛开展宣传，主动出击，通过招商引资渠道，引进企业，号召林农将闲置林地流转、入股，发展生态林业，向闲置林地要经济效益，把闲置土地作为改变贫穷落后面貌的主要资源，大力发展林下经济，实现绿水青山向"金山银山"的转变。

（六）**做好服务，健康发展** 林业局作为生态建设和森林资源的主要管理部门，在充分利用林地资源发展产业的过程中，全程做好招商引资、项目包装、林地流转入股、家庭林场培育审核认定、工商注册登记、经营管理、保险理赔、利益连接机制建立等服务工作，让家庭林场主放心投资、大胆经营，让林农放心将林地流转、入股，获得最大利益，促进家庭林场健康发展。

盘活林地资源　成就金山银山

——七星关区引导新型林业经营主体发展林下经济

石在长

毕节市七星关区林地总面积 238.05 万亩，2017 年森林覆盖率 56.42%，现有公益林 177.07 万亩，利用率低，但有丰富的林下空间，发展潜力大。近年来，七星关区高度重视林业改革工作，树立"创新、协调、绿色、开放、共享"发展理念，围绕创建林业专业合作社、家庭林场等新型林业经营主体，出台相关扶持政策，引导新型林业经营主体充分利用丰富的林地资源，因地制宜地发展林下种植、林下养殖、森林景观综合利用、林产品采集加工等林下经济，利用林地 64.6 万亩，产值达 69200 万元，覆盖农户 3.5057 万户，惠及农民 16.9076 万人。带动群众走上生态脱贫之路，把林地资源转变为生态建设、扶贫攻坚、精准扶贫的有效资源，把"绿水青山变成金山银山"，实现了林业改革从生态优势向经济优势的跨越。

一、取得的成效

（一）**林权配套改革深入推进**　七星关区指导成立林业专业合作组织 145 个、家庭林场 14 个，入社农户 8980 户，经营面积 25.12 万亩，入社社林农年人均增收突破 5000 元。自 2013 年来，有 1 个合作社获"国家级示范社"称号，有 10 个合作社获"市级林下经济示范基地"称号。组织林业经营主体申报各级林业产业扶持资金项目 66 个，其中国家农业综合开发项目 4 个，省级林业产业化发展专项资金项目 16 个，贵州脱贫攻坚投资基金扶贫产业子基金项目 20 个，市级林下经济示范基地建设项目 10 个，区发改局备案项目 16 个。截至 2017 年，成功申报各级财政项目资金 465 万元，用于投向符合条件、运行良好的 19 个林业专业合作社，促进了林下经济基地化、规模化。其中：国家农业综合开发项目 1 个，财政项目资金 210 万元；省级林业产业化发展专项资金项目 6 个，财政项目资金 100 万元；市级林下经济示范基地建设项目 9 个，财政项目资金 125 万元；区财政局中央财政资金农业技术与服务补助资金项目 5 个，财政项目资金 50 万元。完成林业专业合作社项目库数据采集整理 53 个，完成政策性森林保险投保 229 万亩。

（二）**国有林场改革全面完成** 2008 年，七星关区拱拢坪国有林场率先在贵州省启动国有林场改革工作。2008 年 12 月 21 日，中共毕节市委常委会召开专题会议，研究决定同意拱拢坪国有林场从 2009 年 1 月起纳入县级财政全额拨款事业单位管理，解决了长期以来困扰林场发展的体制难题，管理制度不断健全，考核机制不断完善，基础设施加快推进，各项建设有条不紊，生态、经济、社会效益逐年大幅提升。拱拢坪国有林场 2015 年荣获全国"十佳林场"、2016 年获得"中国森林氧吧"等荣誉称号，实现了由商品性林场向公益性林场的转变。

（三）**管理方式不断创新** 一是进一步简化林业行政审批流程，林木采伐实行集中审批，加大林业科技扶持力度，切实变"管理"为"服务"，维护林农权益，激发广大林农投身林业的积极性。2017 年，办理各种服务事项 1495 件，其中木材运输证 435 件，木材经营加工许可证 55 件，植物检疫证 75 件，林木种苗生产经营许可证 6 件，林木采伐许可证 23 件，木材调运检疫证 381 件，种苗调运检疫证 129 件，年审木材加工许可证 391 件。二是每年出台林下种植、林下养殖等发展产业奖补政策，对林下经济基础设施建设进行奖补，激发林业经营主体和林农发展林下经济的积极性。三是协调金融部门对林业经营主体提供金融支持，在毕节市率先开展森林资源资产评估和林权押抵贷款工作。自 2012 年来，共协调村镇银行向农民专业合作社提供林权抵押贷款 350 万元，有效帮助其解决了在林下经济发展过程中遇到的资金问题。

（四）**林业产业不断壮大** 充分利用林下空间来发展林下经济，盘活了沉睡的林地资源，实现了闲置林地资源重组利用。林下经济也因以短养长的突出优势而将肩负起建设生态林业、民生林业的重担。结合林下经济以短养长、持续发展的特点，实现了资源优势向经济优势的转变，达到了农户增收致富、精准脱贫的目的。2017 年，全区发展林下经济利用林地面积 64.6 万亩，林下经济收入 26170 万元，户均增收 1200 元以上。涉及农户 7.224 万户、38.28 万人，其中涉及精准扶贫建档立卡贫困户共 800 余户，到 2017 年底，有 500 余户贫困户脱贫。一是林下种植蓬勃发展。探索出"不砍树能致富，保生态也得益"的绿色发展路子，实现林业增效、林农增收。2017 年林下种植 8.5 万亩，其中：林下种植中药材 8 万亩，包括林下仿野生种植天麻、续断、苦参等；林粮间作 0.5 万亩，包括林下种植魔芋、百合等。产值达 28100 万元，

■ 七星关区森茂合作社加工的林下天麻

■ 七星关区鸭池镇林下养殖乌骨鸡

涉及 21 个镇街道，覆盖农户 1.244 万户，惠及农民 6.42 万人。二是林下养殖不断扩大。林下养殖业利用林地 22.5 万亩，主要有林下养殖土鸡、乌鸡、藏香猪、蜜蜂等，在朱昌镇、鸭池镇等 12 个镇乡街道发展，产值达 35600 万元，覆盖农户 1.54 万户，惠及农民 8.37 万人。三是林产品加工不断涌现。主要采集野生刺梨、野生猕猴桃、野生茅栗、野生竹笋、野生菌、野生中药材以及野生蕨菜等，通过农民上山采集、个体经营者（小商贩）上门收购的方式进行销售。每年采集林产品 1500 吨以上，产值达 1500 万元，涉及农户 0.707 万户，惠及农民 2.06 万人。

（五）森林景观得到综合利用 森林景观利用涉及林地 10.5 万亩，主要依托拱拢坪国家森林公园及小河风景区、天河公园等森林景观资源，合理利用森林景观、自然环境和林果产品资源发展农家乐等旅游观光、休闲度假、康复疗养等产业。在朱昌镇、鸭池镇、长春堡镇、大新桥街道、碧海街道等镇乡街道发展以森林农家等形式经营的农家乐 40 家，产值达 4000 万元，涉及农户 147 户，惠及农民 576 人。

二、主要做法

（一）统筹安排，突出特色，科学规划 按照因地制宜、合理布局、突出特色、讲求实效的原则，七星关区根据全区特色农业产业发展规划的总体布局，深入开展调查研究，摸清适宜林下经济发展的林地类型、范围和数量，根据区内自然条件、林地资源状况、市场需求等实际情况，结合农业产业结构调整和重点扶贫工程、生态工程等项目，合理确定发展方向和模式，科学规划布局林下经济发展类型，指导林业专业合作社和林农发展林下经济。

（二）出台政策，鼓励发展，项目支持 自 2013 年来，七星关区出台《关于建立林业专业合作社发展支持机制的实施方案》、《关于鼓励成立股份制林场、家庭林场的实施方案》、《关于农业产业发展奖补的意见》和《森林资源资产抵押贷款管理办法》等培育新型林业经营主体、支持林业产业发展的文件，利用各级财政项目资金，大力支持林下经济的发展。一是按照"建一批组织、兴一项产业、活一地经济、富一方群众"的思路，培育了一批发展产业化、经营特色化、管理规范化、产品品牌化、服务标准化的新型林业经营组织。大力推广"合作社（公司）＋基地＋农户"的形式，帮助和指导农民专业合作社（公司）通过流转、租用、农户入股等方式集中农户所有的林地，规模化、产业化带动当地农户发展林下种植、林下养殖等林下经济；积极创造条件，培植重点龙头企业，并在技术改良、规模扩建等方面给予政策、资金的支持；林业、科技、农业、畜牧、扶贫等部门协调配合，进行重点培育，促其上档次、成规模，催生扶强一批专业化林下经济实体，带动更多的群众投身于林下经济发展。

（三）纳入保险，降低风险，激发活力 2013 年，七星关区出台了《毕节市七星关区政策性森林保险实施方案》，全面铺开政策性森林保险工作。到 2017 年，实现了公益林、商品林全部投保，并新增了特色经果林、林下天麻种植、林下养鸡、林下养蜂等林下经济险种，有效降低林农投资发展林下经济的风险，提高社会各界投资林业、发展林下经济的积极性。部分有经济实力、懂经营管理的农户通过流转、归并林地，组建了林业专业合作社或家庭林场，专门从事林业生产和林下种植养殖业，为林下经济发展带来了生机和活力。同时，开展政策性森林保险，有效降低金融机构对林业发展的信贷风险，为林权抵押贷款工作顺利展开奠定了基础。

（四）健全机构建，提供服务，全力支持 2011 年，七星关区率先成立了林权管理服务中心，2015 年林权管理服务中心划归不动产登记事务中心后，及时成立了林业产业发展服务中心，负责为林农发展林下经济提供指导、技术服务和信息咨询等，指导林业专业合作社建设，解决在发展林下经济中的林权流转手续办理、承包合同签订、制定发展规划、拟订各类制度和章程等方面的问题，协调工商、税务等有关部门帮助林农办理林业专业合作社相关手续，协调金融部门对林农用林权抵押融资发展林下经济提供金融支持，有效促进了全区林下经济的发展。

三、成功经验

（一）政策导向是关键 七星关区能够顺利盘活林地资源发展林下经济，得益于 2012 年 7 月《国务院办公厅关于加快林下经济发展的意见》（国办发〔2012〕42 号）中"努力建成一批规模大、效益好、带动力强的林下经济示范基地，重点扶持一批龙头企业和农民林业专业合作社，逐步形成'一县一业，一村一品'的发展格局，增强农民持续增收能力，林下经济产值和农民林业综合收入实现稳定增长，林下经济产值占林业总产值的比重显著提高"的方针政策。为进一步做好林下经济发展工作，省、市、区各级政府根据中央精神，相继出台了加快林下经济发展的文件。七星关区政府牵头，区林业局编写了林下经济发展的实施方案，有目标、有计划地稳步推进了林下经济的发展。

（二）项目支持是基础 林下经济是一项目新兴的产业，需要不停地探索和实践，周期长、风险大，由林农自发发展容易失败，只有将其纳入项目建设管理，给予财政资金补助，才能真正见到效益。首先，将林下经济纳入项目建设管理，请专家考察现有资源是否适合发展林下经济、适合发展什么林下经济，对市场进行风险评估，编制项目可行性研究报告，制订切实可行的实施方案，按照实施方案去建设，做到因地制宜。其次，只有对林下经济项目进行财政资金补助，才能解决林农发展林下经济的资金瓶颈，激发林农发展林下经济的热情和信心。如：七星关区放珠镇返乡创业人员闵琦晖于 2010 年开始在林下种植乌天麻，2012 年成立了七星关区放珠镇森茂林业专业合作社，带领当地群众发展林下乌天麻种植。闵琦晖先后到云南昭通地区、毕节市大方县等地参观学习林下天麻种植技术、天麻有性繁殖技术，全面掌握了天麻育种、栽培技术，但合作社种植规模一直不大。2014 年，经七星关区林业推荐，毕节市林业局将该合作社纳入市级林下经济发展示范社，给予了 20 万元的政策补助，合作社才扩大了种植规模。2015 年，合作社成功申报了国家农业综合开发项目，将林下乌天麻种植进行规范化管理，获得 210 万元的项目资金支持。2016 年，合作社林下种植乌天麻 2000 亩，产值达 600 万元。2017 年，合作社林下种植乌天麻产值突破 1000 万元，带动周边农户 200 余户发展林下乌天麻种植，将林下乌天麻种植做成一个特色产业。

（三）能人带动是保障　发展林下经济，要坚持能人带动的路子。通过能人组建成立新型林业经营主体发展林下经济，带动更多的林农群众参与发展，才能真正盘活林地资源，把"绿水青山变为金山银山"。如：七星关区朱昌镇发启兄弟家庭林场利用林地共1050 亩，该林地原承包给当地村民彭延贵经营，彭延贵因缺乏资金投入，经营不善，导致该片森林资源遭到破坏，没有发挥应有的生态效益和经济效益。2013 年，本村外出行医、经商的陈龙、陈虎两兄弟决定返乡经营该片林地，发展林业产业，为家乡父老谋利益，经与林场承包人彭延贵和涉及该片林地的林农协商，按照"依法、自愿、有偿、规范"的原则，承包该片林地经营，遂成立七星关区朱昌镇发启兄弟家庭林场。林场成立之初，陈龙、陈虎两兄弟筹集资金 1800 万元，种植特色水果 300 亩，林下生态养殖土鸡 3 万余羽，养鱼 5 万余尾。通过支付林地流转费用和劳务用工，带动贫困农户 18 户、92 人，实现人均年收入 0.5 万元以上。

（四）增收致富是动力　发展林下经济，核心是经济，目的是要有经济效益。只有林农获得了经济效益，才有发展林下经济的动力。如：七星关区撒拉溪镇水浸沟村世德蜂业养殖专业合作社，原入社人员 5 人，养蜂 100 余箱。由于蜂蜜是美容、养生、入药的优质产品，市场价格高居不下，1 千克本地蜂蜜市场价在 300 元左右，最高可卖到 400 元。养殖 100 箱蜜蜂成本只需 10 万元，可产蜂蜜 1000 千克，产值达 30 万元，经济效益非常可观。到 2017 年，周边群众积极加入合作社，社员增加到 83 人(17 户贫困户)，现养蜂 2000 箱，年产蜂蜜 20 吨，年产值 400 万元，年纯收入 300 万元。在该合作社的带动下，七星关区撒拉溪镇发展林下养蜂的合作社发展到了 11 个，还带动了周边杨家湾镇、阴底乡等镇乡发展林下养蜂产业。

搭乘改革东风　谱写绿色发展新篇

——七星关区拱拢坪国有林场改革探索

单绍朋

七星关区拱拢坪国有林场成立于 1962 年，位于贵州省毕节市西南部，距毕节城区 45 千米，横跨放珠、杨家湾、撒拉溪、野角等乡镇，经营总面积 5.33 万亩，森林覆盖率 97%，在职职工 58 人。林场内设办公室、森林防火办公室、财务室、拱拢坪景区管理所办公室、乌箐自然保护区管理办公室、拱拢坪管护站、朱昌管护站等 11 个股室。2009 年以来，在上级主管部门的大力支持下，林场改革成绩突出，管理制度不断健全，考核机制不断完善，基础设施加快推进，各项建设有条不紊，生态、经济、社会效益逐年大幅提升。2010 年荣立"全省抗旱救灾集体一等功"，2015 年荣获全国"十佳林场"、2016 年获得"中国森林氧吧"等荣誉称号。

一、主要做法

（一）**善用改革政策，破解体制难题**　拱拢坪国有林场建场初期为基建型林场。"在管理体制上一直实行事业单位企业管理，差额拨款、自负盈亏。"林场既没有事业单位工作经费，又无企业的自主经营权，运转举步维艰。"穷则变，变则通，通则久"，根据《中共贵州省委贵州省人民政府关于进一步推进毕节试验区改革发展的若干意见》中"按照分类经营的原则，把试验区国有林场全部划定为生态公益型林场，纳入全额拨款事业单位管理"的意见，拱拢坪国有林场积极申请体制改革，在上级林业主管部门的关怀和重视下，拱拢坪国有林场率先在全省启动国有林场改革工作。2008 年 12 月 21 日，中共毕节市委常委会召开专题会议，研究决定同意拱拢坪国有林场自 2009 年 1 月起纳入县级财政全额拨款事业单位管理，解决了长期以来困扰林场发展的体制难题。

（二）**保障职工利益，解除后顾之忧**　纳入全额拨款事业单位以后，林场不断完善落实职工代表大会制度，加强民主管理，切实保障职工的民主权利和经济利益。积极协调财政、社保等有关部门为在编职工缴纳"五险一金"，按月足额发放职工工资，保障应有的福利待遇，确保职工都有参加学习培训的机会。建立健全职工互帮互助制度，一人有难，全场支援。2010—2017年，林场积极争取中央财政、省级财政、区级配套资金397万元，自筹资金446.166万元，用于全场139户、6750平方米职工危旧房改造，林场职工彻底告别了居住"外面下大雨，里面下小雨"的土坯房的历史。

（三）借助科技手段，提高管理水平　森林资源的管护需要大量的人力、物力，但长期依靠人力去巡山护林效率相对低下，而且对管护人员监管困难，工作效果也不理想。随着时代的发展、科技水平的不断提高，原有的工作模式已经不适应森林资源管理需要。2017年，拱拢坪国有林场投资48.7万元引进森林资源智能管理系统、森林防火烟感智能识别系统，可同步对护林人员、林区实况实施监管，及时发现森林病虫害、森林火灾，同时节约60%以上人力资源，实现了对森林资源的科学、高效管理。

（四）加强队伍建设，发挥人才优势　拱拢坪国有林场坚持"科技护林、人才兴林"的理念，尊重知识，尊重人才，始终把人才资源作为第一资源优先培养发展。立足专业化、知识化做好人才队伍培养、壮大工作，使之成为林场改革发展、生态建设的坚强柱石。2012—2017年共面向社会公开招聘大学本科生24名，其中管理人员5名、专业技术人员19名，其中6人已成为相关股室业务骨干。5年来共组织新进大学生参加省、市、区相关专业技能培训、学习50余人次。

（五）加大基建力度，增强发展后劲　自2010年以来，拱拢坪国有林场积极争取中央国有贫困林场扶贫、国有林场改革补助等资金，不断加快基础设施建设步伐。新建、维修重点林区管护用房1500平方米，在人手极度短缺的情况下，抽调10人配合国家森林公园管理处对10千米景区油路、5个景区公厕、1800亩林相景观进行提质改造。修建林区防火通道、护林巡防便道、瞭望台，完成危旧房改造项目水、电等配套基础设施。基础设施的完善有效改善了林场职工工作生活环境，极大提升了毕节国家森林公园整体形象，为森林公园成功申报国家4A级旅游景区提供了有力的保障，推动了森林旅游的蓬勃发展，增强了林场发展后劲。

（六）发展林业产业，推进持续发展　生活得到保障了，后顾之忧解除了，绿水青山守住了，如何更大程度地发挥森林的生态效益、经济效益和社会效益是拱拢坪林业人首要解决的问题。在七星关区委、区政府的正确领导下，拱拢坪林业人一是抽派精兵强将积极协助、配合毕节国家森林公园管理处和旅游公司招商、开发、建设拱拢坪景区。二是把发展林业产业与林业扶贫相结合，通过实施农业综合开发、保障性苗圃建设、林相改造、森林抚育等项目，把林区周边贫困群众组织起来参与林业生态建设，使林区周边贫困群众获得一定劳动收入，解决基本生计问题，避免毁林开垦、滥砍滥伐，有效推进林业产业持续发展。

二、取得的成效

（一）职工收入有保障，工作热情提高了　2008年，拱拢坪国有林场职工工资人均仅500余元，工作积极性低，工作起来没信心、没底气。纳入财政全额拨款事业单位后，2017年人均工资增长到5000余元，增长了9倍。这不仅解除了职工养家糊口的后顾之忧，还让他们切身感受到了党和政府的深切关怀。新进人员带编入职和老职工一样享受相应待遇，职工工作积极性空前高涨，工作推诿扯皮的不见了，主动担当的涌现了，敢作敢为的更多了。

（二）**周边群众有就业，林区安全保障了**　天保工程、林相改造、森林抚育等工程项目的实施，直接带动林区周边 65 名群众固定就业、500 人次流动就业；森林公园一期建设运营直接吸纳林区周边 1000 名群众流动就业；农家乐、林家乐的兴起为景区增添了新的活力。林区群众就业了，生活得到保障了，个人素质提高了，盗伐现象消失了，干群关系融洽了，林区和谐稳定了，安全问题扭转了。

（三）**森林资源有监管，生态效益提升了**　在全体林场人的共同努力下，2016 年拱拢坪国有林场率先在七星关区建立第一个 115 亩的生态修复补植复绿基地，培育保障性苗木 10 万株。林场人工林面积由 2008 年的 3.5 万余亩增长到 2017 年的 3.77 万余亩，覆盖率增长到 97%，活立木蓄积量达 33 万立方米。林区负氧离子平均含量达到每立方厘米 5200 个，整个林区每天吸收二氧化碳约 8.5 万吨，释放约 7.3 万吨氧气，涵养水源 4500 万吨，生态效益、社会效益无法估量。

（四）**基础设施有改善，发展后劲更足了**　以招商引资方式引进北京光合文旅控股股份有限公司投资开发拱拢坪景区，一期工程投资 1.4 亿余元进行景区建设，16 幢森林木屋酒店、7 千米山地自行车道、1 万平方米儿童乐园、5 千米观光步道等已经投入使用。新建、维修林区主道路 10 千米，新建森林防火瞭望塔 2 座。2017 年端午节日游客量达 1.5 万余

■ 绿荫下的七星关区拱拢坪林场场部

人次，直接带动 50 余家商户、200 人就业。2017 年，拱拢坪景区成功申报国家 4A 级旅游景区。

三、几点体会

回顾近年来的工作，拱拢坪国有林场大胆探索、勇于攻坚，基本实现了改革发展、基建攻坚、产业发展三同步，确立了以生态建设为统筹，国有林场改革同步持续推进，各项事业踏上了绿色健康发展的新路子。

（一）坚持实事求是是改革成功的基础　场情不同，问题不同。林场改革前期必须立足实际、实事求是，认真深入开展调研，为上级部门决策参考提供真实、可靠的数据资料，便于相关部门做好改革的顶层设计。

（二）坚持责任落实是改革成功的保障　始终与上级林业主管部门保持高度一致，始终以高度的工作责任感、使命感全面推进涉林工作，不打折扣，坚决贯彻落实上级交付的工作任务，才能确保林场改革工作沿着正确既定的目标发展。

（三）坚持制度创新是改革成功的关键　"无论是一个国家还是世界，都需要与时俱进，这样才能保持活力。"改革发展必须充分发挥人才优势，坚持制度创新，打破固有的职称评聘、岗位晋升机制，以才选人，因才用人，制度管人，实行竞聘上岗，建立一套干部能上能下、工资能升能降的管理机制。

（四）坚持奖先惩后是改革成功的动力　在绩效工资、考核奖励、产业发展返还资金分配上坚持按劳分配的原则，避免了因好人主义平均分配引起的"干多干少一个样、干与不干一个样"现象发生，得到了广大职工的支持、拥护，从而激发职工内在动力。

（五）坚持培育精神是改革成功的支撑　护林 30 载，寂寞守繁华。拱拢坪林业人秉承"绿水青山就是金山银山"的生态理念，始终以山为邻、树为宝、林为家，把经营好、维护好、发展好森林资源作为工作的第一要务，在工作中培育出埋头苦干、团结一致、坚韧不拔的"拱拢坪精神"，为林场改革发展提供了强有力的精神支撑。

第五章
科 技 支 撑

　　毕节试验区强化职能作用，用好、用足政策，认真开展林业科技服务体系建设，建立健全林业科技服务体系，加强林业技术推广站、林业科技研究所、林业种苗站、林业检疫站等科技服务站所建设，稳定各级科技服务机构，改善办公环境，提升科技服务能力。注重人才培养，提高科技服务人员的整体素质和工作效率，培养和造就了一批批甘为林业吃苦、具有精湛的操作技能和丰富的实践经验的科技服务队伍。加速科技成果的转化进程，优化了树种结构，增加了林业建设的科技含量，提高了营造林质量，全市林业科技成果转化率达38%，科技进步对林业生产的贡献率达42%，实用技术覆盖率达85%以上，为加快林业发展做出了重要贡献，增加了当地农民收入，带动了地方经济发展，实现了"兴林"与"富民"的有机结合，为产业发展培育了新的经济增长点。

励精图治谋发展 林业科技结硕果

——毕节试验区不断加强林业科技的推广应用

李永荷 杨先义

弹指一挥间，毕节试验区已走过 30 年的历程。这 30 年，是林业人励精图治谋发展、春风化雨勤耕耘的 30 年，是毕节试验区林业科研推广成效丰硕的 30 年，也是终将荒地变青山、喜看三江流碧水的 30 年。

一、主要成效

（一）**科技服务体系逐步健全** 近年来，毕节市各县（区）抢抓试验区建设有利时机，积极主动跟进，强化职能作用，用好、用足政策，认真开展林业科技服务体系建设工作，建立健全毕节市林业科技服务体系。一是通过加强林业科技推广站、科研所、种苗站、检疫站等科技服务站所建设，稳定了各级科技服务机构；二是积极争取资金，改善了办公环境和设备落后的状况，提升了科技服务能力；三是注重人才培养，提高了科技服务人员的整体素质和工作效率；四是多措并举，通过农民讲师、科技人员服务基层等活动的开展，丰富了科技服务手段。在国家林业局、省、市、县、乡各级领导的关心、重视和支持下，在各级林业部门和广大林农的积极配合下，毕节市林业科技服务体系逐步健全，完善了以市级科研站所为龙头，县（区）站为中心，乡镇林业站为基础，各级专业协会、合作社、农民讲师、林业发展大户等为补充的四级林业科技服务体系。培养和造就了一批批甘为林业吃苦、具有精湛的操作技能和丰富的实践经验的科技服务队伍，加大了全市先进科技成果的转化和实用技术的推广力度，充分发挥了林业科技服务的作用，为各项林业工作的开展奠定了坚实的科技基础。据统计，全市科技服务体系建设中，在市级建有林业科学研究所、林业推广站、森林病虫害检疫站、林木种苗站等专门的科技服务机构，10 县（区）均设有相应的科技服务机构，全市 263 个乡镇全部建立乡级林业站，科技服务从业人员达到了 1000 余人。

（二）**科技成果转化再创佳绩** 一是转化现有科技成果；二是学习、引进和消化适宜毕节市使用的最新成果，进行组装配套，运用于全市的林业生产实践中。加速了科技成果的转化进程，优化了树种结构，增加了林业建设的科技含量，提高了营造林质量，取得了良好的成效。目前，全市林业科技成果转化率达38%，科技进步对林业生产的贡献率达42%，实用技术覆盖率达85%以上。多年来，毕节市广大林业科技工作者在实践中总结出和推广了一系列林业实用技术，为加快林业发展做出了重要贡献。"核桃栽植九个一技术"、"方块芽接技术专利"、"绿枝嫁接技术专利"、"核桃育苗技术标准"等的提出和总结，为全市核桃产业的健康、良性发展起到了积极的推动作用；"苹果标准化建设示范"通过积极推广应用苹果套袋、苹果树根套袋防治病虫害，提高了果品质量，打造出了威宁高海拔地区独一无二的苹果品牌，增加了当地农民收入，带动了地方经济发展，实现了"兴林"与"富民"的有机结合，为产业发展培育了新的经济增长点。

（三）示范项目建设效益拔高　近年来，全市承担建设的示范项目包括核桃先进育苗技术在黔西北的推广应用与示范、织金县核桃早实丰产栽培技术示范、金沙县核桃标准化示范区建设、威宁县核桃标准化示范区建设等30余个，争取国家投入资金3000万元以上。中央财政推广示范项目、贵州省林业科技推广项目等各类示范项目的实施，使示范内容进一步创新，示范范围进一步拓展，实现了技术重点突出、区域特色明显、试验示范超前的重大突破。通过加强管理，促进了林业示范工程的健康、持续、快速发展，示范项目取得了良好的示范效果，获得了国家林业局、贵州省林业厅等有关领导和专家的一致好评。2014—2016年，毕节市承担建设的中央财政林业科技推广示范资金跨区域重点推广示范项目在国家级验收中，连续3年排名全省第一。

（四）林业技术培训开创局面　为适应林业新时代的快速发展，本着实际、实用、实效的原则，加大了林业实用技术培训力度。一是采取集中办班、印发资料的形式，围绕石漠化综合治理、天然林资源保护、退耕还林、"绿化毕节行动"等林业重点工程的实施，进行常规的营造林技术培训，及时将最新林业科技动态、科技成果及先进的实用技术等林业科技信息传授给基层的林业科技工作者。二是通过现场培训、送技术下乡、农民讲师以及科技人员服务基层等活动的开展，派遣专业技术人员深入田间地块进行科技咨询指导，进一步扩大了科技服务范围，真正做到把科技触角延伸到农户，使农民能够在最短的时间内吸收大量的林业技术知识，培育和造就了一大批乡土科技人才，实现了送一批实用技术、培训一批技术人员、带动一批科技示范户、致富一方百姓的目的。三是开展专项培训，针对全市林业发展现状和存在的问题，有针对性地进行专项培训。如针对苗木质量参差不齐的现状，进行了育苗技术专项培训，针对核桃产业发展现状，进行核桃高枝换种和栽培管理技术培训等，为全市林业健康发展奠定坚实基础。四是深入贯彻毕节市委、市政府有关指示精神，开展林下仿野生天麻栽培技术、'玛瑙红'樱桃栽培技术、布朗李栽培技术、软籽石榴高效栽培技术、核桃修枝整形技术、油用牡丹栽培技术等技术培训。通过各项林业实用技术培训的开展，逐步普及了林业科技知识，提高了广大群众的林业科技意识，增强了广大林业工作者和农民将科技成果转化为现实生产力的能力和应用林业实用技术的本领。据统计，全市每年开展技术培训班20余期，培训3000余人；派遣科技服务人员200余人，服务林农10000余人；组织编写了《毕节市特色经果林主要品种栽培技术》、

《毕节市生态文明先行区建设读本》、《毕节市经济林栽培管理技术》等林业实用技术手册供全市林业从业工作者、林业工作爱好者免费参阅；发放修枝剪、台剪、手锯等工具5000余套。

（五）**科技成果总结取得突破** 多年来，全市组织相关技术人员对毕节市华山松害虫种类调查及主要害虫防治技术研究、石漠化山地核桃经济生态林栽培技术示范、核桃无公害生产技术、百里杜鹃花期预报研究等项目实施工作进行了认真总结，分别通过了贵州省科技厅、贵州省林业厅和毕节市科技局等组织的成果认定，各项成果均达到了省内或市内先进水平。全市共获得贵州省级科技进步奖3项，毕节市级科技进步奖15项，科技成果转化奖1项。各级科技服务机构多次荣获国家、省、市先进集体，10余人荣获全国先进个人、市管优秀专家等荣誉称号。

二、主要做法

（一）**加强科技服务工作考核** 林业是生态环境建设的主体，而科技服务工作则是林

■ 赫章县实施的核桃种植示范基地

业生态建设的有力支柱。一是把林业科技服务工作列入年度目标考核内容，毕节市林业局对各县（区）林业局（农委）进行考核，切实把林业科技服务工作纳入重要议事日程，精心组织、认真实施，使技术科技服务成为推动全市林业发展的动力；二是各级林业主管部门及领导始终坚持学习和贯彻林业科技服务法律法规及有关文件，把加强科技服务工作作为建设比较完备的林业生态体系和比较发达的林业产业体系实现科技兴林的战略措施来抓，使林业科技服务工作上了一个新台阶。

（二）**加强林业实用技术应用**　一方面，在重点工程项目作业设计中，把技术措施作为一项重要内容同步进行设计，市级审批作业设计文本时，要求在工程总投资中安排一定比例资金，用于技术培训。另一方面，全市工程造林实行按规划设计、按设计施工、按标准验收的一整套规范化技术管理，不仅使常规技术得到落实，而且使新技术成果得到普及推广。不同立地条件、不同整地模式、合格苗木造林、应用 ABT 生根粉、容器育苗等新技术的应用，加大了科技含量，使造林成活率由 70% 提高到 85% 以上。

（三）**加强示范项目带动效益**　为了保证项目质量和示范带动效益，在示范项目建设中，认真落实示范项目技术推广计划，合理调配专业技术力量，将工程建设与科技服务工作统筹安排、同步实施，确保示范项目按合同任务按期完成，真正发挥林业科技在林业生产中的支撑作用。一方面，每年要求各县（区）上报下一年度推广项目计划，由毕节市林业局审核后，上报贵州省林业厅及国家林业局，争取推广示范项目。项目计划下达后，项目委托单位、保证单位和实施单位签订合同。通过合同的签订，明确了各方的责任和利益，调动了各方的积极性，尤其是打消了林农心里存在的种种顾虑，使示范项目得到大面积推广，取得好的效益。另一方面，各项目实施单位内部又相应完善项目实施岗位责任制。要求各项目人员真正参与到各示范项目中去，承担具体工作，力求各示范项目均得到较好的实施和完成，起到良好的示范带动效益。

（四）**加强林业科技发展**　通过建立科技示范县、示范点和示范基地，以点带面，促进全市林业科技发展。目前，全市建有省级林业科技示范县 1 个（黔西县），七星关区放珠镇邵家村 800 亩经果林复合经营示范点等省级林业科技示范点 6 个，威宁县牛棚镇 15000 亩苹果产业科技示范园等省级林业科技示范园区 6 个。

（五）**加强林业技术培训**　为提高林业从业人员和林农的林业科技水平和林业生产技能，毕节市始终把实用技术培训作为实施科技兴林战略中的一项重大任务来抓，实行目标管理，统一规划，分层、分步实施，重点抓四个层次培训。第一层次是市级师资培训，市级林业科技服务机构围绕全市林业重点工程、经果林建设等，通过举办培训班集中培训、观摩学习和现场实训，邀请业内首席专家授课，主要培训对象是各县（区）林业部门技术骨干、林业科技推广人员、乡镇林业站负责人和社会化林业科技推广人员等，为全市林业科技服务培训师资。第二层次是县级培训，由各县（区）林业主管部门负责组织，制订培训方案，统筹安排培训，主要培训对象是各乡镇林业实用技术骨干。第三层次是乡级培训，由各乡镇街道负责组织，针对本地实际情况，以现场培训为主，对农户及经营管理者进行培训，主要培训对象是林业技术辅导员和林农。第四层次是田间地头技术服务，通过

■ 赫章县优质核桃采穗圃

送科技下乡、农民讲师、科技人员服务基层等活动的开展，无偿为林农开展林业科技、信息、政策、法规咨询等服务，帮助解决技术问题。

三、几点体会

（一）**生态建设必须以科技为支撑**　生态建设作为试验区三大主题之一，林业是必不可少的组成部分，若没有科技作支撑，不加强林业科学技术的推广应用，那么，林业生产要素的组合、资源配置、信息传递、技术手段、劳动者素质等方面就不可能有质的飞跃，生态建设的速度和步伐就不可能加快，质量和效益就得不到保证。

（二）**林业科技是生态建设的先导**　科技本身的先进性，决定了科技是生产的先导。生态建设是农、林、牧等多业交叉经营，整体协调，循环再生的生产经营模式，具有综合性、立体性、高效性、技术性、社会性等特点。这些特点决定了建设真正意义上的生态，就必须加强科技服务工作，以科技为先导，并将其放在重要战略地位。

（三）**林业科技服务是桥梁和纽带**　科技服务是沟通科研与生态建设的"桥梁"和"纽带"，是促进成果转化的媒介和中坚。科研成果在很大程度上只是一种潜在的生产力，只有把这种潜在的生产力转化为现实生产力，才能产生新的生产力，从而发挥巨大的作用。实践证明，科技转化最有效的途径就是：科技服务机构和科技服务人员把科研和生产单位通过科技服务这座"桥梁"联系起来，把科技成果"请出"实验室重新组装配置，通过宣传教育、试验示范、推广辐射，应用于生产，从而产生巨大的物质财富。

（四）科技服务是建设高效生态林业的重要保障之一　科技服务可大幅度提高林业劳动者的素质，是建设高效生态林业的重要保障之一。采用多种形式，有计划、有组织地向基层生产单位和广大林农进行林业科技和生态知识的宣传教育，以提高其学科技、用科技、建设生态、保护生态的意识和自觉性，本身就属于林业科技服务工作的重要内容。

（五）科技服务使实用技术不断完善　任何一项先进成果和技术，都有其一定的产生条件和局限性，都是在生产实践中不断发展和完善的。通过林业科技推广，可使生态林业建设中的一些实用技术不断完善，生产经验日趋定型化、技术化。

强化技术服务　促进林业发展

——毕节试验区切实抓好森林抚育项目工作

阮友剑　陈红燕

毕节市以科学发展观为统领，紧紧围绕试验区"生态建设"主题，大力实施"生态立市"战略，强化森林抚育经营，切实抓好森林抚育项目工作，进一步提升林分质量，有力促进森林资源培育和林业生态建设，取得了明显成效。

一、实施情况

2010年，中央财政森林抚育项目在毕节市七星关区、大方县和赫章县3个国有林场进行试点，2011年项目建设任务逐渐加大，参与项目建设的对象也由原来的国有林场扩展到集体和个人。截至2017年，共实施中央财政森林抚育项目77.9万亩，涉及12个国有林场、1个森工林场，农户64.5万户；项目总投资8129.6万元。

二、建设成效

通过采取科学合理的抚育措施，改善了森林生态环境，促进了森林资源提质增量，实现了"三增两减一提高"。

（一）增加了森林资源总量　通过项目实施，对不同的林分采取生长伐、透光伐、定株抚育、割灌除草等抚育措施，相比没有开展抚育间伐的林分，每亩年生长量均有所增加，有效促进了林木蓄积量增长。金沙县在2014年森林抚育中，在五龙街道五关村经过采取对比样地进行测算，实施森林抚育的林分平均胸径比没有实施的林分每年要多增长1～3厘米。

（二）增加了森林景观效果　通过实施森林抚育项目，对国有林场和森林公园景区采取景观疏伐、割灌除草等综合抚育措施，进一步改善了园内林分结构，增加了森林生态系统的稳定性、多样性，提高了森林景观效果。如：百里杜鹃国家森林公园通过实施森林抚育项目，采取综合抚育措施，对森林公园景观改造取得较好效果，得到国家林业局项目验收组的充分肯定。七星关区拱拢坪国有林场在拱拢坪工区森林抚育项目有目的地保护了天然阔叶林,使林相更加科学合理。

（三）增加了群众收入 抚育工作的开展,增加了大量的工作岗位,解决了一部分农村劳动力就业问题,增加了林农群众的收入。据不完全统计,项目实施8年来,受益林农和林场职工达20多万人,劳务总收入达6900万元。同时,通过项目实施,间伐林木蓄积量47.7587万立方米,生产规格材23.5865万立方米,木材销售总收入达11434.6万元,切实增加了林场和林农收入。林场充分利用采伐剩余物,解决了部分群众的烧柴问题。如2011年威宁县木材公司通过实施5276亩森林抚育,销售小径材2300吨(每吨售价200元),销售总收入46万元,可获得国家森林抚育补贴50余万元。除去小工费、劳保费、油锯等工具购置费、油料等各种生产成本,企业获利润24万余元,该公司职工人均发放福利费6000元,参加抚育施工的村民人均增加经济收入4600余元。

（四）减少了森林火灾 通过项目实施,采取除草割灌、修枝等抚育措施,有效改善了林下卫生条件,消除了火灾隐患,减少了森林火灾发生概率。2012年全市发生森林火灾21起,受害率仅为0.019‰。2010—2017年实施森林抚育项目的林地均未发生森林火灾。

（五）减少了病虫害 通过实施森林抚育,对林地内的病腐木、病死木、枯立木、受灾木等进行清除,有效减少森林病虫害发生。据统计,2017年全市发生林业有害生物面积107.52万亩,成灾面积0.05万亩,成灾率0.023‰,而实施森林抚育项目的林地均未发生病虫害。

（六）提高了森林生态效能 通过项目实施,清除了与目的树种争夺营养空间的杂草、灌木,有目的地保留林下阔叶树,改善了林木生长环境,培肥了地力,促进林木生长,有利于形成复层林、针阔混交林、异龄林,同时增强了森林生态系统抵御自然灾害的能力,森林生物多样性更加丰富,生态效益明显提高。如大方县小屯乡滑石村经过森林抚育后,针阔混交林比例由实施前的9∶1调整到7∶3,有效改善了林分质量,实现了森林可持续发展。

三、主要做法

（一）强化组织领导,落实工作责任 任务下达后,毕节市林业局及时成立森林抚育项目领导小组,由主要领导任组长,分管领导任副组长,负责森林抚育项目相关工作。各县（区）林业局也相应成立了由主要领导任组长,分管领导任副组长,营林、林政资源管理、计财、纪检监察等相关部门人员为成员的领导小组,负责森林抚育项目的组织、协调、规划、指导、任务落实和检查验收等工作。县（区）林业局与林权所有者或使用者签订责任状,实行森林抚育补贴工作由乡镇林业站站长、村委会主任、国有林场场长负责制,林业局、林业站、村委会指定专人进行施工管理,责任到人,跟班作业。形成了主要领导亲自抓,分管领导具体抓,一线护林队伍具体落实,各司其职、各负其责、密切配合的工作机制。

（二）强化宣传发动,提高思想认识 森林抚育补贴是我国继建立森林生态效益补偿基金制度后林业政策的又一重大突破,也是国家公共财政支持生态建设、满足人民群众对林业多功能需求的重大惠农政策，是国家对林业生产经营者开展生产经营活动的支持与鼓励，对于转变林业发展方式、增加森林蓄积量、提高林地生产率、增强生态功能、促进林业职工和当地农民增收致富具有重要意义。为了统一思想认识，形成合力，顺利推进森林抚育补贴试点工作，县（区）林业局和项目实施乡（镇）通过广播、宣传标语、发放宣传单等多种形式，大力宣传开展森林抚育的重要性，取得了试点乡、村、群众的理解和支持，积极参与项目实施。

（三）强化技术服务，落实科技支撑　一是认真开展作业设计。各实施单位的作业设计均委托具有林业调查设计资质的单位承担。接受委托后，设计单位严格按照国家林业局《森林抚育作业设计规程》及相关技术规定，在符合条件的中幼龄林中，按照相对集中的原则，进行全面踏查，合理选择作业区，确定抚育方式和抚育强度。作业设计经县林业局审核后，报毕节市林业局审批，并报贵州省林业厅备案。二是广泛开展技术培训。为提高森林抚育工作业务管理以及施工人员技术水平，市、县（区）采取会议、专题培训班等形式，及时开展各级、各类森林抚育业务培训。三是加强技术指导。市、县（区）林业局组成技术指导组，定期或不定期到各项目实施点进行检查指导。四是科学组织施工。在施工前，制订工作实施方案，组织技术人员深入山头地块，认真抓好作业设计各项措施落实，按照技术规程组织施工，加强对各个环节的质量监督管理，对工作中出现的问题或可能发生的问题及时采取必要的措施，从源头上预防破坏森林资源等行为的发生。

（四）强化过程监管，落实制度管理　一是实行公开公示制。在实施单位所在地、主要路口及森林抚育地点，设置宣传公示标牌，将森林抚育项目的抚育措施、采伐方式、作业面积、施工单位等予以公开，接受群众监督。二是实行施工合同制。实施主体与施工单位根据作业设计签订施工作业合同，明确作业地点、面积、方式、时间、质量要求、验收程序、合同金额、付款方式、违约责任等事项，使项目施工规范有序，确保项目建设质量。三是实行技术负责制。技术指导人员分片组成督查组，跟班作业，指导施工单位标树、伐木、造材，及时发现和解决实施中存在的问题。四是实行结算报账制。按照项目实施进度，实行项目资金预付和验收报账制，强化资金监督管理，确保资金专款专用、专账管理。五是建立档案管理制。县（区）林业局明确专人负责收集项目申报、组织管理、作业设计及审批、技术培训、施工合同、施工作业质量跟踪、检查验收、资金使用管理、成效监测等方面的文件、图片、影像资料，按照档案管理规定进行规范整理，分别建立纸质和磁介质档案。六是实行项目检查验收制。项目实施结束后，由县（区）林业局及时进行县级自查验收、完善工程档案、资金审计等相关工作。

（五）强化林权管理，落实主体权益　在施工组织方式上，根据不同林权主体类型，由林权所有者或使用者自行组织施工，以充分调动林权权益主体的积极性。一是专业队承包施工模式。对职工人数较多、劳动力较强的国有林场，由林场专业技术人员和工人组成森林抚育施工专业队，由专业队承包施工。如织金县桂花林场成立了20人组成的森林抚育专业队，负责完成标树、伐木、集材等施工任务，补助资金划拨给林场，与销售收入一起由林场建立专账，林场按承包合同兑现给抚育人员补助。施工过程中，林场成立监督小组，每天到实施地块进行监督，并做好记录。工程实施结束后，林场根据出勤情况，对职工进行补助和奖励。二是能人承包施工模式。威宁县新华林场在林场职工内部进行选择，挑选出责任心强、积极性高的职工及护林人员进行培训，培训合格后将实施地块按小班承包给内部职工或护林人员，林场按每抚育 1 亩给予 20 元补助，所有抚育间伐林木归承包者所有，同时成立技术指导队，负责上山打点、标树等，每人每天补助 60 元，由承包者进行支付。2011 年该林场共抚育采伐 2800 多亩，除去所有开支，林场净收入 20 多万元，承包抚育的林场职工或护林人员收入超过 1 万元，林场和职工积极性特别高，实现了国家、个人利益的双赢。三是集体承包施工模式。即针对农村外出较多、缺少劳动力的情况，由当地村委会组织抚育专业队伍，每个专业队明确 1 名带工员，由村委会统一培训、统一实施、统一管理，实施补助由村委会进行安排，村委会提取 5% 的管理费，95%分配给施工人员。这样不仅提高了村委会参与森林抚育的积极性，还解决了部分闲散人员的劳动就业，进一步融合了林区与周边群众的关系。金沙县 2011 年 8000 亩森林抚育，共分 85 个小班，全部由实施区域所在的村委会组织施工，共增加农民收入 112.29 万元，其中：务工收入 76 万元，剩余物利用折资 36.29 万元。四是造林专业户承包模式。对于造林大户实施的地块，原则上由造林大户承包抚育，所有补贴归造林大户。如赫章县恩培回民农业综合开发公司承担 3182 亩林木抚育任务，由该公司牵头，有股份的造林户参与实施，补贴归有股份的造林户所有，共获得补贴 30.23 万元。五是农户自行抚育模式。权属为个人的，充分尊重农民意愿，由林农推荐出项目实施牵头人，组织农户自行施工，所有补贴归农户所有，农户既获得国家补贴，同时通过出售抚育剩余物增加了收入。赫章县采取这种模式，林农获得收入 77.9 万元。

四、取得的经验

（一）组织领导是项目实施的关键　项目在实施前，市、县林业部门成立了相应组织机构，负责森林抚育的组织、协调、指挥等各项工作，各相关人员各负其责、相互配合，确保了森林抚育补贴试点各项工作的顺利开展。

（二）做好作业设计是项目实施的基础　一是对符合抚育条件的地块进行摸底调查，落实实施单位，确定规划面积。二是制订实施方案，建立工作保障机制。三是完成作业设计，将建设任务落实到林班、小班和山头地块，做到文件、任务和图表相一致。

（三）过程监管是项目实施的重要环节　毕节市森林抚育项目始终重视各环节工作监管：一是实行公开公示制；二是实行施工合同制；三是实行项目跟踪制；四是实行结算报账制；五是实行建档备案制；六是认真搞好项目检查验收工作，确保抚育间伐工作成效。

以科技为先导 促进生态环境改善

——林业科技助力"生态毕节"健康发展

周 聿 周应书

毕节林业科技工作者开展森林资源培育、保护、林木遗传育种、野生动植物保护与利用、水土保持与荒漠化防治的科学技术研究和推广，通过实施国家科技攻关计划"西部开发科技行动"重大项目"贵州毕节试验区生态建设关键技术研究与应用"及"喀斯特石漠化生态区植被调查及优势植物评价与利用研究"课题，国家"十一五"科技支撑计划项目"喀斯特山区生态环境综合治理关键技术集成与示范"以及"喀斯特山区水土保持与综合防治技术集成研究与示范"、"营养袋两段育苗及基质配方优化技术研究"、"毕节市华山松害虫种类调查及主要害虫防治技术研究"、"岩溶贫困山区人与自然和谐发展的实践与促进途径"、"岩溶山区石漠化综合治理研究及应用"、"核桃优良性选择与繁殖利用"等数十个课题，解决了诸多林业生态建设和资源保护的技术瓶颈问题，共取得各类科研成果 52 项，得到社会各界的认可。

一、主要成效

林业科研极大地推进毕节试验区的生态发展，在改善生态环境的同时，显著提高了试验区的经济效益和社会效益。

（一）促进了生态环境的持续改善　划分出毕节喀斯特山区的主要植被类型，筛选出适宜毕节喀斯特石漠化生态修复的优势植物，建立桑树示范基地、杨树示范基地、水土保持与社区发展的新农村建设综合示范区等 12 万余亩，辐射面积达 15 万亩。先后培育出柳杉、喜树、重阳木、华山松、栾树等 14 个树种容器苗近 4 亿株，苗木合格率达 90% 以上，造林成活率达 91% 以上，解决了全区四季造林用苗问题和实现了四季造林零的突破；使用生石灰处理伐桩防治松褐天牛，防治效果达 97.75%，并以无公害防治、生物防治、物理防治等组装配套措施，成功防治松尺蛾、叶蜂等 6 种主要害虫，成功推广应用 235.1 万亩，避免了 16 万多立方米木材损失。土壤平均侵蚀模数由每平方千米 3197 吨下降到每平方千米 2652 吨以下，减少 17.0%；土壤年均侵蚀总量由 72.45 万吨下降到 52.78 万吨，年均减少侵蚀量 19.67 万吨；粮食平均单产由每亩 137 千克增加到 161.5 千克，平均增产 17.88%。总结出了生态环境综合治理与促进产业结构调整相结合，小型水利水保、坡改梯、农村能源、草食畜牧业等多种措施相结合的生态修复技术与措施，在生态推动经济开发、经济开发促进生态恢复、人与自然和谐发展的生态环境综合治理上探索出一条新路子，培养了一大批科技人才，为实现试验区从资源大区向经济强区转变、从石漠化严重地区向生态环境优美地区转变、从人口大区向人力资源大区转变、从欠开放地区向全方位开放地区转变，为毕节建设成为经济快速发展、生态不断改善、社会和谐稳定、人民安居乐业的试验区提供了强有力的科技支撑。国家于 2007 年在全国启动了 100 个石漠化综合治理试点县（区），毕节市 8 个县（区）全部纳入试点范围。国家已投入试验区 67700 万元的试点资金，综合治理石漠化面积 1362.17 平方千米。其中 2008 年实施完成的综合治理资金为 3400 万元，综合治理石漠化面积 76.55 平方千米，各项治理措施发挥效益后，每年产生直接经济效益 1253.61 万元，年蓄水效益为 7655.00 立方米，年减少氮、磷、钾流失量 0.27 万吨。经验在全市推广应用后，水土流失面积从 16830 平方千米减少到 10342.54 平方千米，取得显著的生态、经济和社会效益。

（二）**优化产业结构，实现林业产业质的飞跃** 毕节试验区建立以来，紧紧围绕"三大主题"，牢固树立"创新、协调、绿色、开放、共享"的发展理念，坚守生态和发展"两条底线"，高度重视林业科技对林业产业发展的重要作用，大力发展林业科技，将林业科技作为林业产业发展第一推手，放在了试验区建设工作的前沿。林业科研单位及林业科研工作者通过不懈的努力取得成果，如"营养袋两段育苗及基质配方优化技术研究"（获 2005 年度贵州省科技进步奖三等奖）、"毕节地区华山松害虫种类调查及主要害虫防治技术研究"（获贵州省 2008 年科技进步三等奖）、"岩溶贫困山区人与自然和谐发展的实践与促进途径"（获贵州省第八届社科成果奖）、"岩溶山区石漠化综合治理研究及应用"（获 2009 年度毕节地区科技进步一等奖）、"核桃优良性选择与繁殖利用"（获 2009 毕节地区科技成果二等奖）等，并加以推广应用，成功地推动并实现了林业产业的结构优化，试验区以特色经果林、林下经济、森林旅游为支撑的林业产业发展格局已基本形成。全市经果林总面积达到了 448.31 万亩，核桃、樱桃、刺梨、苹果等逐步成为地方特色优势产业，赫章县朱明乡、赫章县财神乡、金沙县马路乡入选了国家核桃示范基地。在发展传统产业的基础上，为拓宽林业产业脱贫增收的新渠道，引进了油用牡丹，建立高标准种植示范基地 6.1 万亩。发展林下经济面积达到 150 万亩，实现产值 32.73 亿元，带动农户 20 余万户。大力发展森林生态旅游，森林旅游收入达到 65.9 亿元。

二、主要做法

生态建设科技先行，为解决试验区生态建设中所遇到的问题和困难，科研单位主要通过课题研究将所取得的研究成果和成功经验在全市推广应用。

（一）**深抓课题质量与创新** 林业科研主要是根据森林培育、林业可持续发展、林业经济等方面选择不同类型的课题项目，真正达到为林业发展、为生态建设服务的目的。毕节市林业科学研究所紧紧围绕"质量"与"创新"两大主题开展工作。首先是严把质量关。从课题申报到课题实施与验收，要求申报课题具有实用性，并紧扣发展的主题，制订实施方案，并严格按方案执行，课题分工合理、责任明确，主持人负主要责任，课题组成员团结协作，实行自查，力争做到早发现、早处理，将问题消灭在萌芽状态。其次是创新。制定了创新机制，鼓励科研人员大胆创新、大胆尝试，这就大大激发了大家的创新热情，申请实施了"七星关区核桃标准化项目"、"油用牡丹引种区域性栽培试验及栽培技术研究"等 20 多个课题。其中已完成的多个课题，均取得了良好的成效。如"岩溶贫困山区人与自然和谐发展的实践与促进途径"提出毕节试验区人与自然的和谐发展新思路——构建技术、文化、智力和资源相结合且具有后工业社会特征的新型生态经济，即不断深化"开发

■ 大方县林业生态综合治理成效

扶贫、生态建设、人口控制"三大主题,将传统的"三农"思维转变为多角度、全方位、高层次的系统思维,用工业化理念、城市化策略、产业化手段,技术、文化、智力和资源相结合,绿色产业化与开发扶贫、生态建设相互促进,建立绿色龙头企业为带动的产业结构体系,加快城市化进程,强化生态畜牧、农村生态循环经济体系与和谐生态工程建设,加大生态旅游景区开发建设和推介力度,优化人与自然的和谐发展。课题成果为各级党委和政府提供了可借鉴的理论和决策依据,在促进毕节试验区社会经济和生态文明的跨越式发展的同时,也将为破解岩溶贫困地区经济社会可持续发展的难题提供可借鉴的经验。

(二)加大推广应用的力度 通过实施课题,在取得成果的同时,总结相关的经验在全市林业生态建设中加以应用,从而促进生态建设的稳步推进。筛选出构树、亮叶桦、雷

公藤 3 种乡土化植物按封育治理的类型、年限、方式、组织管理措施和抚育方式，在大方县桶井村建立综合示范区，实现封育管理面积 3.69 万亩，辐射推广面积 7.68 万亩。所优选出的树种在全市的喀斯特石漠化生态修复工程加以应用后，效果良好。

（三）领导重视，制度保障，经费支持　试验区的建立，为林业科技的发展提供了平台，各级领导对林业科研工作高度重视，多次到毕节市林业科学研究所进行调研和指导，及时解决科研过程中所遇到的问题。毕节市林业科学研究所制定了课题管理、人才激励、经费使用、岗位责任等一系列制度，围绕毕节生态建设，积极申报相关的研究课题，并针对不同课题项目组建由所里的科研人员为主，并由省内外科研院所、高等院校、企业和农村科技中介服务组织参与的课题实施团队，通过协调地方政府、农户积极配合参与，进行喀斯特山区生态环境的修复和治理，开展喀斯特地区生态、社会、经济协调发展的研究和应用示范。如：实施核桃优良品种的挖掘保护、标准化示范区项目、林下经济发展、油用牡丹引种与栽培、困难地带造林树种的选择等，通过严格的财务制度管理保障课题经费的使用，取得了良好的成效。为保障科研工作的顺利开展，毕节市林业科学研究所组建了种子检验室、组培室、林产品检验室、土壤检验室等，为林业产业的进一步发展提供切实的支持。为提高科技人员的业务能力和素质，每年聘请相关专业的专家开办培训或组织参加与业务相关的各类培训与学术交流，逐渐形成一支专业素养高的科技人才队伍，截止 2017 年，毕节市林业科学研究所拥有副高及以上专业职称人员 4 名，其余全部为中级职称。

三、主要经验

林业科技的不断发展，林业科研成果的进一步推广应用，将继续为毕节试验区的生态建设保驾护航。

（一）人才队伍建设是关键，激励机制是动力　人才是科研工作的基础，人才队伍建设是科研工作的基础工作。林业科研的艰苦是众所周知的，而林业科研耗时长、出成果难，科研人员的收入低，也是制约人才发展的一个重要因素。创造一个平台让科研人员有用武之地，鼓励科研人员领办、创办企业或到企业提供有偿的技术服务、技术成果转让，从职称评定、工资资金发放等多方面入手，提高科研人员的收入，逐步建立有利于林业科研工作和林业科技成果推广应用的制度和机制，调动广大林业科技工作者的积极性和创造力。

（二）创新是科技的灵魂　创新是科研的灵魂，没有了创新，科研就失去了发展动力，就不能发挥其作用。鼓励创新、大胆尝试，让科研人员卸掉包袱，勇于创新，为试验区的生态建设提供最强的科技支撑。

（三）质量是成果的保障　课题研究的质量如何，直接影响到能否实现课题最初的目标。林业科研的每一个课题，都需要花费 3 年甚至更长的时间才能获得成果，而且由于课题更多是在野外的艰苦环境中实施，受自然条件等的限制，这对科研的质量是一个严格的考验。从课题的源头抓起，通过自查、核查及督查等制度，严把整个课题实施的质量关，保障课题研究高质量、高标准完成。

（四）科研成果的转化与推广应用是重点　科研成果如何能在实际工作中发挥其成效，这是科技能否持续为生态建设服务的一个重点。加快科研成果的转化与应用，提高科技成果转化率，是未来科研与科技工作者的一项重点工作。一是在项目的立项上，科研单位要加强与林业基层和实施部门的对接，根据实际需要进行立项。二是加强跨单位、跨学科领域的协同与合作。科技要创新，就不能局限于一个科研单位、一个学科，需要与其他科研单位、高校、林业基层单位、企业等以及农业、工程、环境等其他学科相互合作，将林业科技工作推向一个新的高度。

加强有害生物防治　保障森林资源安全

——毕节试验区林业有害生物防控成效显著

王　方　万　艳

　　毕节市林业有害生物防治紧紧围绕林业建设大局，认真贯彻落实"预防为主，科学治理，依法监管，强化责任"的防治方针，以促进森林健康、遏制林业有害生物高发势头为目标，通过"加快体系建设，突出防治重点，落实预防措施，依靠科技进步，大力推进绿色防控，完善林业有害生物预防监控措施，健全林业有害生物突发事件应急机制"等系列举措，林业有害生物监测预警、检疫御灾、防治减灾三大体系初步建成，检疫队伍建设得到进一步加强，外来生物入侵防范能力和防控水平得到全面提升，防治率从1988年的30.57%提升到2017年的85.6%。1994年实行目标管理以来，监测覆盖率从55%上升到2017年的93%，成灾率从9.49‰降低到0.0229‰，无公害防治率从64.3%提升到98.75%，种苗产地检疫率从88.1%上升到100%，有效遏制了林业有害生物的扩散和蔓延，切实保护了森林资源安全，促进林业经济和森林生态的可持续发展。

一、取得的成效

　　（一）林木灾害损失逐年下降　一是科学编制有害生物防治实施方案，严防突发性病虫害发生。根据每年病虫害发生危害实际，组织各县（区）林业工程技术人员在每年初编制病虫害防治实施方案，经专家评审后，报上级林业部门批复实施。经过多年治理，云南木蠹象发生面积由2000年的70.5万亩下降到2017年的10.05万亩，下降85.7%，虫害得到有效控制。松材线虫病发生面积由2000年的0.869万亩下降到2017年的0.046万亩，枯死松树数量逐年下降。会泽新松叶蜂发生面积由2000年的39.45万亩下降到13.8万亩，经过除治，林木受害程度明显降低。根据持续的监测，对舞毒蛾、华山松针蚧、竹节虫、华山松落针病等突发性病虫害进行及时全面的防治，大幅度降低了扩散概率和成灾率。二是根据发病规律，采取分区施治。毕节境内林业有害生物分布呈现"西重、东轻"的格局，针对这一发生现状，将赫章、威宁、七星关等地和金沙县等区划为松材线虫病重点防治区，将新华林场、化作林场、水塘林场和赫章财神、纳雍库东关等区划为经济林重点防治区。对重点防治区采取"全面防治、综合治理"的防治措施，对一般防治区采取"严密监控、提前预防"的防治措施，逐渐降低林业有害生物的危害性和高发趋势，实现林业产业的提质增效。

（二）资源保护实现全覆盖 毕节市林业有害生物监测点经历了"从无到有"、"从小变大"、"从弱到强"的发展历程，各测报点基础设施逐渐趋于完善，监测覆盖率逐渐扩大，监测准确率逐渐提高，为森林资源保护打下坚实基础。一是监测网络体系逐步健全。2005年来，先后在金沙、赫章、纳雍、黔西、威宁建立了5个国家级中心测报点，在七星关、大方、织金建立了3个省级中心测报点，各测报点根据实际情况均能及时发布趋势预报，形成稳定的市、县、乡三级网络测报制度。二是监测力量逐年扩大。1988年前，各测报点虽有1~2名专职或兼职测报员，但人员较不稳定，测报工作时有间断。在国家林业局、贵州省林业厅等上级林业部门高度重视下，毕节市狠抓业务培训和人才引进，到2017年全市有专职测报员11人，兼职测报员265人，监测力量逐渐扩大。三是监测方法趋于先进。2000年以前，监测工作主要通过专项调查、样地调查、随机踏查等方式开展，为提高监测效率、节约劳动成本，毕节市加大资金投入力度，在测报点先后引入了诱捕器、虫情测报灯、平板电脑、林业有害生物普查等监测调查设备及软件，逐步实现由人工监测到智能监测的转变，克服了"监测难、面不全"的技术难题，实现了"全监测、无遗漏"的目标任务，推动有害生物防控由被动救灾向主动防灾的转变。

（三）源头治理力度不断增强 为配合退耕还林、石漠化综合治理工程等林业项目的实施，确保造林苗木质量，市、县林业部门严格按要求开展种苗产地检疫，加大执法力度，增强源头治理，有效遏制了林业有害生物的蔓延。一是严格种苗产地检疫。2000年以来，累计实施检疫面积14.75万亩，检疫苗木38.92亿株，调查种子树木园68.13万亩，年种苗产地检疫率达100%，均未发现检疫性或危险性病虫害，确保了造林苗木安全。二是开展植物检疫执法行动。严把种苗调运检疫关，建立和完善检疫监管长效机制，先后组织开展了"利剑2008"、"绿盾2012"、"黔北片区松材线虫病联合检疫执法"等执法专项行动，累计出动执法人员815人次，检查涉林企业1676家，查处违法调运案件287起，罚款19.58万元。

（四）综合防控能力得到提升 一是基础设施日渐完备。20世纪80年代毕节境内无林业有害生物防治的专业机构和人员，1988年起，在国家、省林业部门的支持下，市、县有害生物防治基础设施得到了明显改善，逐步建设了办公室、标本室、实验室、药剂药械仓库等基础设施，先后配备了电脑、传真机、显微镜、解剖镜、离心机、干燥箱、培养箱、喷雾机、喷粉机等仪器设备和检疫执法车辆。毕节市森林病虫害检疫站获批林业有害生物综合防控体系建设项目，基础设施在建面积达1500平方米，建成后将大大改善办公和实验条件，为提高综合防控能力打下坚实的基础。二是人员队伍建设逐步充实。建立初期，毕节市各级森林病虫害检疫机构人员编制只有19人，专业技术人员7人，呈现"人员数量少、专业水平低"的格局。为克服人员短缺、专业技术力量薄弱的问题，1988年以来，通过"引进来、送出去"的方式，积极扩充人员和提高人员素质，到2017年全市有森林病虫害检疫机构在岗在编人员 37 人，其中应用研究员 1 人，副高职称 4 人，中级职称 13 人。经过相关专业培训，全市测报员人数达 276 人，检疫员人数达 115 人，强有力地充实了专业技术力量。

（五）产研结合程度得到提高 1988—2017 年，毕节市先后对华山松煤污病、杉木叶枯病、云南松毛虫、云南木蠹象及华山松主要害虫等进行调查及防治技术研究。其中，云南松毛虫工程治理项目是由毕节市森林病虫害检疫站、金沙县森林病虫害检疫站组织实施的国家级治理项目，该项目通过连续 3 年的研究，总结出一套实用性强、防治效果好的综合治理方法，累计推广防治面积 71.55 万亩。云南木蠹象工程治理项目是由贵州省林业科学研究院、毕节市森林病虫害检疫站、威宁县森林病虫害检疫站共同实施的重点项目，该项目探索总结出一套以无公害措施为主的防治措施，发明的一种云南木蠹象成虫的诱捕方法获国家知识产权发明专利，成功治理了威宁县 40.95 万亩受灾华山松林，挽回经济损失上亿元；近年来，对鹰翅桦尺蛾、黄缘阿扁叶蜂、会泽新松叶蜂、松褐天牛、舞毒蛾、华山松球果螟、竹节虫等主要害虫开展调查研究，摸清这 7 种主要害虫的生物学特性和发生发展规律、分布与危害情况等，通过开展防治试验，对现有防治技术进行有效整合，总结出操作性强、实用度高、安全有效的综合防治技术，实现了防治措施由单一的化学防治向综合防治和无公害防治转变，防治药剂由高毒、高残留的化学农药向绿色、生物型药剂转变。毕节市森林病虫害检疫站获省级科技进步奖多次，有 3 项获贵州省人民政府科技进步三等奖，1 项获部级成果，2 项获国家专利，4 项获地厅级科技二等奖，3 项获地厅级科技三等奖。

二、主要做法

（一）**超前安排，合理布控** 毕节气候多样、物种丰富、物流贸易来往频繁，为林业有害生物的传播和扩散埋下隐患。为有效遏制林业生物的突发和爆发，市、县各级林业部门根据病虫害发生发展规律预测来年发生种类及面积，根据预测情况做好物资储备和人员安排等，合理布控，为林业有害生物的有效防控做好前期工作。大方县 2017 年制定《大方县重大林业有害生物灾害应急预案》，成立大方县重大林业有害生物灾害应急指挥部，对突发性和灾害性的林业有害生物，根据灾害等级，及时上报政府及上级业务部门；层层签订林业有害生物防治目标责任书，形成了政府统一领导、部门分工负责、全社会参与的群防群治新格局。

（二）**科学预防，降低危害** 为做好林业有害生物的预防工作，降低病虫发生危害，推行"科学预防，群防群控"的防控措施。一是分类施策。针对不同的病虫害种类、发生程度和地势、寄主情况，采取不同的防治方法。二是积极引导社会化防治。积极推行县（区）林业部门、森林病虫害检疫机构为主体组织的森林病虫防治专业队等服务模式，在防治最佳时间集中人力和物力，采取各种防治措施，及时有效地进行防治，降低危害和扩散概率。三是落实防治经费。如大方县 2017 年争取中央财政林业补助（有害生物防治）经费 10 万元，省级林业有害生物应急防控经费 3 万元，县级拨付林业有害生物防治

■ 大方县林业有害生物防治

经费 20 万元，共投入经费 33 万元，确保了全县林业有害生物防治工作的顺利开展。

（三）综合管理，全面推进　毕节市森林病虫害检疫部门认真贯彻国家和贵州省《关于进一步加强林业有害生物防治工作的通知》精神，通过"精心谋划、认真落实、全面预防、狠抓防治"，紧抓国家级及省级中心测报点建设、技术人员学习培训、宣传科研、绿色示范点建设等相关工作，全面完成林业有害生物目标管理，确保林业有害生物防控工作的全面推进。如七星关区政府规定，凡在七星关辖区内发现以下破坏森林资源或森林资源受损的情况后进行报告，并提供影像、照片或其他证明材料，经调查核实，情况属实且有关部门尚未知情立案的，给予奖励：发现树木枯死、生长异常、萎蔫、非正常落叶或被林业有害生物严重危害的，奖励 100 元；发现从省外运来松木包装材料或从省内疫区运来松木及制品的，奖励 100 元；采集林业有害生物实体标本（成虫、幼虫、蛹、卵），或提供被林业有害生物严重危害的症状实物（树叶、树枝、树干）的，奖励 100 元；发现无林木种苗质量检验合格证、植物检疫证书及标签调运或使用林木种苗的，奖励 100 元。

（四）加大宣传，提高认识　积极利用电视、报纸、微信、QQ 等信息传播媒介，加大对《森林病虫害防治条例》、《植物检疫条例》、本土重大有害生物和危险性外来有害生物防控知识及相关法律和政策的宣传，提高社会与公众对森防工作的认知度和知晓率。2017年，大方县依托 10 万名农民工技能培训之机，举办林业有害生物防治和经果林病虫害调查及防治培训，参与人数 1500 余人，在宣传形式、宣传内容上力求创新，发放病虫害防治宣传资料 1500 余份。培训内容主要为对林业有害生物种类、防治技术、防治现状等相关业务知识进行多媒体讲解，图文并茂、直观易懂，使基层参训人员便于把握。

三、主要经验

（一）责任落实是关键 毕节市政府、毕节市林业局分别与各县（区）政府、县（区）林业局签订森林病虫害检疫责任书，将任务层层分解，并将防治目标管理指标纳入政府考核体系，做到责任落实、防控落实、预防落实。

（二）加大投入是前提 加大人、财、物的投入是做好林业有害生物防治工作的前提。在资金投入方面，除积极向上级部门申请防治资金外，通过争取森林保险等渠道争取经费的投入；在人员投入方面，通过开展专业培训，充分提高在岗人员的专业技能，通过宣传、制定鼓励政策，充分调动群众的参与度和积极性；在物资投入方面，在做好对现有仪器设备的使用和维护的同时，购置必要的药剂、药械和仪器设备，确保防治正常进行。

（三）严格管控是保障 一是严格监测管控。监测调查直接关系到今后防治工作的开展，尤其是越冬代调查、松材线虫病春（秋）季普查等，认真分析研究，编写调查报告、发布季度预报，并及时制订实施方案，依据方案（预案）列出重点治理对象，做好预防工作。二是加强防控检查。为保障防治工作能保质保量顺利完成，森林病虫害检疫部门组织技术人员对工作开展情况进行督促检查，严格按照方案对实施情况进行验收。

（四）机制创新是助力 创新工作机制，推行联防联治工作和社会化防治服务制度，弥补现有技术力量薄弱的现状，增强防治工作的协同性和有效性。尤其是通过政府购买服务，利用社会力量参与森林病虫害检疫工作，对业务不熟的采取培训等方式提高技术技能，参加社会化防治，从而提高防治作业市场化，提高防治工作效率。

立足工程治理 建设美丽生态
——毕节试验区云南松毛虫治理纪实

王 方 万 艳

　　云南松毛虫于 20 世纪 90 年代在毕节市七星关、大方、黔西、金沙、织金、纳雍和赫章等地危害频繁，1994—2000 年有 4 万多亩林区成灾，发生面积达 30 万亩，分布林区面积 120 万亩，重灾区有虫株率 100%，虫口密度高达 706 头 / 株，受灾严重区域大片柏树、马尾松、云南松、华山松死亡，给原本生态环境就很脆弱的山区带来了极大的破坏和经济损失。为遏制云南松毛虫对森林资源和生态环境造成破坏，2000 年国家林业局将毕节市云南松毛虫治理批准为国家级重点治理工程，治理区域包括赤水河、乌江水库沿岸等地的 46 个柏木分布区乡镇。通过连续治理，云南松毛虫发生面积和危害程度得到显著下降，发生面积由 2000 年的 29.34 万亩降低到 2017 年的 2.17 万亩，挽回直接经济损失上亿元。该项目治理完成后得到贵州省林业厅的充分肯定，其成果荣获毕节市科技进步二等奖。

一、治理成效

　　（一）**防灾减灾成效显著**　2000 年以来，云南松毛虫累计发生 170.08 万亩，治理 112.81 万亩，经过持续、有效、科学的综合治理，有虫株率和虫口密度大大降低，成灾率由 2.75‰ 下降到 0，防治率由 76% 提高到 90% 以上，监测覆盖率由 90% 提高到 100%，监测准确率达 90% 以上，无公害防治率达 90% 以上。目前，云南松毛虫在金沙、黔西等地虽有分布，但均未爆发成灾。

　　（二）**生态环境有效改善**　通过治理，工程技术人员初步掌握了云南松毛虫的生物学特性，积累了丰富的云南松毛虫测报经验，为准确监控虫情、及时防治打下坚实的基础。采取营林、生物、化学、人工、物理等综合防治措施，使重灾区虫口密度下降到 0 ~ 10 头 / 株，有虫株率降至 0 ~ 0.5%，实现了发生面积和危害程度的"双下降"，有效保护了国家长江防护林工程、"中国 3356"工程的建设成果。结合营造混交林、封山育林、补植补造等营林措施，林区的森林资源得到有效保护，当地脆弱的生态环境有了明显改善。

　　（三）**基础建设日趋完备**　依托云南松毛虫的工程治理，全市的森林病虫害防治检疫机构基础设施逐渐得以完善。一是逐步完善基础设施建设。2000 年之前，各级森林病虫害防治检疫机构建设仍不完备，云南松毛虫工程治理开始建设后，上级林业部门加大了对林业有害生物防控体系的投入，基础设施建设和设施配备逐渐完善，毕节境内共建成 8 个国家级及省级中心测报点，林业有害生物防控能力得到不断提升。二是人员队伍建设得到加强。随着治理工程的日益推进和机构的日趋完善，人员的匮乏与繁重的工作需要之间的矛盾日渐突出，为解决技术力量无法满足当前工作需要的矛盾，各级林业部门采取积极争取编制、加强培训、激励林农参与等一系列措施，吸纳和培养了一批专业技术人员。

二、主要做法

（一）**积极组织，防治措施得力**　对云南松毛虫实行"合理区划、分步治理"的治理方式，根据各发生区的受灾程度、发生面积的不同，将受灾区区划为偶灾区、常灾区、安全区，在加强对各灾区虫情监测的基础上，积极组织人员及时开展防治。根据近 5 年来的连续监测，之前的常灾区和偶灾区现均转为安全区。在防治方法上，采取以"生防为主、化防为辅、营林根除"的综合措施和"中长短期"的治理手段，突出重点，"点面结合、治点带面"，重抓常灾区，紧盯偶灾区，以短期治理迅速压低重灾区虫口数量，以中期治理限制偶灾区虫情，以长期治理逐渐对灾区林地进行生态修复。其中，采用化学措施累计治理 1.63 万亩，采用生物、物理措施累计治理 50.17 万亩，采取营林措施累计治理 61.01 万亩。在防治队伍组建上，以乡镇为单位组建防治专业队，在充分发挥专业力量优势的同时，积极发动群众投工、投劳，并对林农进行防治技术培训，从根本上解决了技术人员和防治力量不足的问题，大大提高了防治效率。

（二）**全面监控，巩固治理成效**　一是全面开展监测。2000—2017 年，对云南松毛虫寄主区实行监测全覆盖，累计监测 1845.6 万亩。在踏查的基础上合理布控监测点，根据云南松毛虫发生特点及分布情况在常发区和监测区布控样地点进行系统观察，共设置样地点 352 个，派专人定期调查虫口密度、有虫株率、雌雄性比等，全面掌握云南松毛虫的发生动态。二是全面落实监测责任。严格依照《森林病虫害预测预报办法》、《贵州省松毛虫预测预报办法》等技术规程开展测报工作，建立以项目县森防站为中心的县、乡、村三级调查监测网点，制定调查监测报告责任制度，将任务落实到单位，责任落实到个人。三是持续监测稳成效。为防治云南松毛虫再次突发，治理结束后至 2017 年底，云南松毛虫虽未有危害，但依然对云南松毛虫进行全监测调查，尤其是金沙、黔西治理区仍把云南松毛虫列为国家级中心测报点的主测对象，通过随机踏查和样地调查对其寄主林区实施全面监测，有效巩固了的治理成效。

（三）**集中治理，有效整合资源**　林业有害生物防治采取工程化治理是对传统防治模式的重大突破。工程化治理是一种"集中管控、科学筹划"的治理方式，不仅从根本上扭转了传统防治模式"无计划抗灾、灾后救灾"的被动局面，而且通过工程治理对人、财、物等防控资源进行有效整合，弥补了人员、资金不足的缺陷，保障了治理效果，切实提高了林业有害生物灾害的防灾御灾、抗灾减灾能力。

（四）领导重视，全程严格监管 云南松毛虫治理工程是毕节试验区境内开展的首次林业有害生物治理工程，因此受到了省、市各级领导的高度重视和大力支持。为切实保障工程治理的全面开展，治理区各级政府成立了云南松毛虫防治工程领导小组，将相关负责人纳入小组成员并明确职责，对项目的治理进展、资金使用、防治成效等进行全程监控。市、县、乡各级政府及林业部门签订防治目标责任书，将林业有害生物防治纳入年度考核，实行定期检查考核。防治过程中，贵州省林业厅派专人赴治理区进行实地技术指导，对存在的问题进行现场解答，从而全面保障了工程治理成效。

（五）经费充足，保障顺利开展 充足的经费保障是云南松毛虫治理得以顺利开展的重要基础。年初结合各地监测调查情况和发生防治实际，制定了《毕节市云南松毛虫工程治理项目实施方案》，将所需经费纳入预算，方案经评审批复后，各级财政按方案划拨治理资金，为防治工作的顺利开展提供了有力保障。如金沙县2016年度县级财政投入防治经费32万元，开展第三次

■ 威宁县云南松毛虫防治

林业有害生物外业普查，涉及 25 个乡镇、1 个林场、26 个苗圃地、11 个木材加工厂，普查 51 种有害生物，防治林业有害生物面积 4.02 万亩。

三、主要经验

（一）**加强领导，精心组织**　为了确保云南松毛虫工程治理项目的全面推进，涉及县（区）分别成立了领导小组，做到有人办事。如金沙县 2016 年成立了以县林业局局长为组长，分管局长为副组长，县检疫站相关技术人员为成员的工程治理小组，下设指挥组、技术组等，细化工作任务、落实防治责任，高位推动云南松毛虫治理项目。

（二）**全面调查，分类施策**　在云南松毛虫发生区进行全面监测调查的基础上，根据其发生危害和寄主分布范围，查清云南松毛虫的发生面积、危害程度，结合发生区寄主情况和地理条件，编制切实可行的防治方案。根据发生区地形的不同，采取不同的防治措施；根据寄主的树龄和郁闭度的不同，喷施不同剂型的防治药剂，以切实保障云南松毛虫防治工作的有效开展。

（三）**以点带面，创新机制**　云南松毛虫工程治理按照"预防为主、综合防控"的治理原则，有计划、有步骤、有重点地预防和治理，形成"上下联动、全民参与"的良好局面，有效控制松毛虫的发生危害，并通过治理点的治理成效，带动整个面上的森林病虫害综合治理工作。一是加大宣传力度，争取各级政府及广大林农的支持。二是加大监测覆盖面，为有效防治提供基础。三是通过群众积极参与，实现了由传统的林业有害生物防治机制逐渐向社会化防治机制转变，充分发挥了工程治理的优势。

（四）**狠抓落实，适时调度**　建立"周调度、月通报、年总结"的动态跟踪机制，形成层层抓落实的推进机制。在防治工作开展前期，市、县政府分管领导对防治工作进行全面部署；工作开展过程中，市、县林业部门分别安排技术人员深入发生区进行实地指导；工作结束后，市、县级组织考核验收组进行检查核实。通过层层把关、有序推进、统筹部署，使防治措施得到有效落实，全面实现防灾减灾目标。

维护生态安全　收获绿色效益
——威宁彝族回族苗族自治县林业有害生物防治纪实

吕　梅

　　威宁彝族回族苗族自治县地处云贵高原至黔中山原过渡地带，位于贵州省西部的乌蒙山区，地形起伏较大，切割深，地势陡峭。威宁地形复杂，地貌零星破碎，全县丘陵占42%，山地占58%。平均海拔2200米，最高海拔2879米（岔河乡平箐梁子），最低海拔1234米（石门乡洛泽河出境处）。30年以来，威宁通过完成各类营造林工程，森林面积达到418.39万亩，2017年森林覆盖率达44.3%，但全县森林资源分布严重不均，且林相相对单一，主要为华山松和云南松。随着生态建设的不断深入，威宁人流、物流日益频繁，林业有害生物的危害也日趋严重。近年来，云南松切梢小蠹、松叶蜂以及云南木蠹象等危险性病虫害的发生，不仅给本土森林资源带来了极大危害，同时也对"两江"生态屏障构成了极大威胁。威宁各级地方党委、政府不断克服诸多因素，结合毕节"开发扶贫，生态建设"试验区建设，依托防治林业有害生物保护和培育森林资源，持之以恒、常抓不懈，有效推进了全县生态保护建设的步伐，生态效益、社会效益、经济效益取得了明显成效。

一、主要做法

　　（一）在困难重重面前从不退缩　2002年首次发现云南木蠹象危害时有虫株率已经比较高，虫口密度也很大，而且分布面积相当广，当时的发生区是20世纪80年代的飞播林，树高林密，清理难度相当大，清理的过程中克服了种种困难，通过搭梯子、高枝剪、攀爬等方式，想方设法地将带虫枝取下，并在密林中穿梭运出林外集中烧毁。由于虫害枝脆性大，运出林外时要非常小心，否则一旦碰折掉于林内就会前功尽弃。集中烧毁时要派专人看守，谨防引起森林火灾。清理的投工、投劳大，战线长。

　　（二）在突如其来面前果断决策　海拉乡飞播区大面积的零星枯死木经省、市检疫站鉴定为蛀干害虫危害之后，人工清理工作马上启动。省、市、县业务部门的领导齐聚海拉乡，为清理工作出谋划策。在海拉乡政府的大力支持下，每天上山清理的人数达300余人，清理出来的带虫枝、干、株数以吨计，持续鏖战月余，终于将斑驳不堪的森林重新变成绿色，剔除枯枝后的森林，重新焕发出绿色的光泽。

（三）在巡查清理面前不留死角　继 2003 年后，其他乡镇的飞播区都陆续发现了云南木蠹象的危害，县林业局党组的成员实行包片制，分片进行技术指导，把发生面积大、危害重的乡镇片区纳入工作组的第一位，抓住大的，不放小的，各个组开展技术指导和全面的巡查督查，各个区域全面清理，不留死面、死角，严格验收制度。

（四）在抢抓时机面前精确控制　对于病虫害的防治，抢抓时间非常重要，注重"防早、防好、防了"。在云南木蠹象和云南松切梢小蠹的清理工作中，清理的最佳时间就是在虫害完全表现症状和未羽化外出前这一段时间，时间上控制得好，就能起到事半功倍的作用，时间上控制不好，只能取得事倍功半甚至劳而无功的效果。由于蛀干害虫大部分时间都是生活在树干内，所以肉眼观察不到，仅能凭其表现症状来确定清理对象，而各种害虫的生物学时间不完全统一，症状的表现也是参差不齐，在这种情况下，对每个发生区至少开展 3 次清理工作，以保证清理工作做到位、虫害不遗漏，达到有效降低虫口密度的目的。

（五）在实际情况面前多措并举　在防治过程中，防治方法多种多样，防治措施层出不穷。单是云南木蠹象，最开始采用的是人工清理，中间尝试过多种方法和措施，采用过引诱剂引诱，试验过护林神 1 号和 2 号粉剂，还采用过其他的生物防治手段，结果最有效的防治手段还是人工清理。截至 2017 年，云南木蠹象在威宁已经发现了 16 年，也防治了 16 年，平均每年防治的面积基本不低于 20 万亩，取得了非常好的防治效果。在云南松切梢小蠹的防治中，也基本以人工清理为主，鉴于云南木蠹象多年的防治方法和效果，万变归一，人工防治仍然是最理想的选择。在松叶蜂的防治上，采用的方法和措施多种多样，有物理的、生物的、化学的，结合发生区的发生特点和防治难度，有时采用一种防治措施，有时几种措施并用，都取得了很好的效果。目前，威宁的松叶蜂分布范围很宽，但有的仅仅是分布而已，中度以上危害的很少，危害导致树死的情况现在已经不再发生了。

二、取得的成效

威宁的林业有害生物防治工作取得了非常可喜的效果。无论是云南木蠹象、云南松切梢小蠹的防治，还是松叶蜂的防治，各级业务部门和行政领导都付出了很多心血，在防治工作中也发生了许许多多的感人故事，正是这许许多多的人的奉献，才让威宁的森林资源正常发挥各种效益。2015 年，贵州省森防站丁治国副站长及兰星平高级工程师一行，在市、县森防站的陪同下，走遍了云南木蠹象、松叶蜂和云南松切梢小蠹的主要发生区，经过多年的持续防治，虫害发生区看不到因虫害产生的残败、没落景象，反而呈现出一片葱绿，生机勃发，多年的防治工作得到了省森防站、市森防站领导和专家的高度评价：防治工作取得这样的成效，相当不容易，保住了威宁的绿水青山，发挥了应有的效益。

（一）实施病虫害防治，生态效益显著　威宁是一个国家级的贫困县，森林资源也显得很贫乏，立地条件差、林相单一、树木生长极其缓慢，所以在森林资源的几大效益中，首推生态效益。通过这些年的治理和管护，威宁的森林生态提升了一个较大的高度，其中最典型的就是海拉乡，昔日一吹风就漫天黄沙的"黄灰山"，如今是一片绿色的海洋，病虫害发生区都得到了及时的防治和保护，充分发挥了森林应有的防风固沙、涵养水源、保持水土、调节气候等作用。

（二）发挥示范带动效应，社会效益显著 昔日的虫害发生区，通过治理后呈现出了一片勃勃生机，为威宁的广袤大地披上了绿色外衣。如沙子坡国有林场，曾经由于没有防治经费被松叶蜂啃食得千疮百孔，致死的树以十万株为单位计，如今到处一片安宁祥和，林区周边还发展起了旅游业，节假日人们去林子里面休憩，呼吸林内的清新空气，陶冶情操，提升生活质量。山青了，水绿了，人们的居住条件改善了，也为其他林业工作的开展打下了基础。

（三）依靠健康森林，经济效益显著 有害生物防治取得的经济效益是非常直接的，通过防治，挽救了许多濒临死亡的树木，增加了森林的蓄积量和林副产品的产量。仅一个沙子坡国有林场，每年创下的林副产品的产值就为几百万元甚至上千万元。除了木材，还有松果、林下产品，还有林内养殖。据当地老百姓介绍，仅仅一个林下野生蘑菇产业，好多人家每年的收入都在二三万元以上，间接带动了当地经济的发展。

三、几点体会

威宁的林业有害生物发生面积近15年以来一直是贵州省全省之冠，一个100多万人口的大县，有害生物发生面积占全省的1/7，占整个毕节市的1/3，数字非常惊人。但通过方方面面的努力，取得了很好的成绩，总结这么多年来的工作，有如下几点体会。

（一）经费落实是保障 森林病虫害被称为"不冒烟的森林火灾"，严格来说，它所造成的损失要比相同面积的森林火灾大得多。森林火灾有偶发性，有时效性，扑灭后就没有后续效应了，但森林病虫害不一样，一旦发生，很难彻底清除，而且具有周期性，会反复发生，还会扩散转移为害，所以在病虫害的管理方面，一定要配套相应的物资，防患于未然。

（二）领导重视是关键 威宁林业有害生物的发生和防治工作，引起了各级各部门的高度重视和关心，国内外的专家和学者都"慕名"来考察和调研。2007年，美国农业部林务局太平洋西南研究中心、中国林业科学研究院、贵州省退耕办、贵州省林业科学研究院、贵州大学农学院等领导分别到威宁考察了云南木蠹象的防治情况。国家森防总站也关注过云南木蠹象的情况，贵州省林业科学研究院一直致力于云南木蠹象的研究工作，并列入国家"948"项目作为研究课题，许多从事研究工作的专家、学者也因此多次往返威宁进行调研和采集标本，云南省专门从事象甲研究的专家段兆尧也专程赶来调研。

（三）狠抓落实是基础 在云南木蠹象高发的前几年，县林业局党组成员每人带一个工作组，划片区指导防治工作，并进行督促和检查，技术人员深入虫灾区，与虫灾区人民一道并肩作战。每年的常规工作开展时，市检疫站都要派人进行指导和督查，确保各项工作落到实处。县林业局领导也高度重视，大会、小会都在讲林业有害生物的监测防治工作，各乡镇林业站对森防这块的工作高度重视，大家心往一起想，劲往一处使，万众一心，其利断金。

（四）**多措并举是重点** 在有害生物的防治中，为了确保防治效果，用最少的资金做最多的事，就必须要突出防治的效果和成本，因地制宜、因林制宜，对于山高坡陡林密的发生区或者幼林区、平原区，采用不一样的防治措施。结合发生区林地的实际，有选择、有针对性地采用投资较少、效果较好的防治方法。近两年以来，国家把生物防治提到了首位，威宁县林业局也在积极探索，寻找一条节约资源、效果好、可持续发展的防治路子。

（五）**不忘初心是根本** 威宁林业有害生物防治工作任重道远，目前虽然取得了较好的成绩，但有害生物的发生发展是变化着的，也不可能从根本上消灭有害生物。林业有害生物防治工作者随时都准备着，不忘初心，坚持与"不冒烟的森林火灾"奋战，维护一方森林生态的安全，让青山常在、绿水长流，收获更多的绿色效益。

第六章
对外合作

　　30 年来，毕节试验区的生态建设备受关注，在国家各级部门及国际合作组织的大力支持下，先后实施了"中国 3356"工程和中德财政合作贵州省森林可持续经营项目。国际项目的实施助推了试验区林业生态建设的快速发展，在国际绿色合作领域探索出有效经验。"中国 3356"工程是联合国世界粮食计划署以粮食无偿援助的方式帮助织金县和纳雍县通过林业和其他途径防止水土流失的一项生态建设工程，是毕节试验区林业历史上第一个外援项目工程。中德财政合作贵州省森林可持续经营项目是在财政部、国家林业局、德国政府、德国复兴银行的大力支持下，我国和德国政府合作的最后一个林业赠款项目。该项目由德国向我国无偿提供 450 万欧元援助，实施森林可持续经营。通过引进国外近自然的森林经营理念和技术，提高森林质量。通过农户参与式森林经营方式，赋予农户决策权，增强农户主人翁意识，维护农户经营，提高农户经营森林的积极性。

借鉴国外经验　绿染毕节生态

——中德财政合作森林可持续经营的成功实践

罗惠宁　阮友剑　高艳平　罗　姗

一、项目背景和意义

中德财政合作贵州省森林可持续经营项目是在财政部、国家林业局、德国政府、德国复兴银行的大力支持下，中德财政合作的最后一个林业赠款项目。该项目于 2005 年 6 月我国政府与德国联邦签署《财政合作协议》，由德国向我国无偿提供 450 万欧元援助，实施森林可持续经营。2009 年正式启动实施，2017 年结束。这个项目的实施有着特殊的政治意义和全局意义。一是通过引进国外先进的林业理念和技术，积极提高森林质量，推动林业又好又快发展的建设模式符合毕节试验区林业的发展需要，特别是本项目通过农户参与式森林经营方式，赋予农户决策权，增强农户主人翁意识，维护农户经营，提高农户经营森林的积极性。二是通过对森林经营、林区基础设施建设和农户能力提高，为加快项目区的农村建设、林业发展和促进农民增收做出应有的贡献，为林业解放思想、探索多种建设模式带来了难得的契机。三是本项目的森林经营模式与我国现行的森林经营模式有所不同，特别是经营主体和经营分类上有明显区别。在本项目中农户是森林经营的主体，参与项目规划设计和对森林进行自主经营。而在我国开展森林经营，一般是以政府或公司为主体，农户一般是以劳务人员的形式参与。在森林经营分类上，本项目不对森林进行商品林和公益林的分类，通常对所有的森林都采用近自然林的经营措施，要求所有的森林都要发挥多功能效益。这与我国实行的将森林划分为商品林、公益林进行分类经营的模式有明显的区别。以上不同，必然会导致森林经营决策权和利益导向的转变，也难免会与一些传统的林业经营理念、管理制度和习惯做法产生碰撞。这种碰撞肯定会为林业解放思想带来火花，为林业改革带来机遇。通过这个项目的实施，实施县（区）一定能够探索出一种适合县（区）情、林情的森林经营模式。四是为集体林权制度改革后续工作提供宝贵的经验。集体林权制度改革将集体林木产权和林地经营权分解落实到农户，由农户对森林进行自主经营。但是，集体林权制度改革后农户如何对森林进行科学经营仍是一个需要研究、探索的重大课题。本项目农户参与式森林经营方式和近自然林的森林经营措施在许多方面比较符合毕节市集体林权制度改革后的森林经营特点和要求，通过这个项目的实施，能为毕节市集体林权制度改革的后续工作提供成功的经验。五是国际意义和全局意义重大。本项目是一个国际合作项目，项目实施的好与坏、成功与否，直接关系到国家的荣誉，对加强中德关系和毕节市对外引资也会产生一定的影响。因此，实施好这个项目具有重要的国际意义。六是本项目是中德合作实施的第一个近自然林森林经营项目，其主要目标之一就是要为我国南方地区森林可持续经营提供试验示范，国家林业局对这个项目的实施非常重视，也给予了很高的期望。

二、主要成效

项目实施 8 年以来，大方、金沙、黔西、百里杜鹃 4 个项目县（区）通过引进德国近自然林业经营方法，改变了项目区林农长期以来对森林粗放式经营的做法，项目区生态环境得到明显改善，生态效益初显。据统计，项目区在取得生态效益的同时，通过合理经营森林，促进了林农增收。

（一）**项目的实施引进了德方资金**　德方资金占项目总投资 51.8%。截至 2017 年，毕节市和各县（区）应匹配资金 2083.83 万元，实际到位资金 2083.83 万元，匹配资金到位率为 100%。贵州省项目办已拨付德方赠款 1564.23 万元，其中德方以实物下拨物质折款 138.25 万元，项目实施提款报账 1425.98 万元。获取德方资金最多的是金沙县，获 617 万元，其次是大方县，获 395.41 万元。工程实施进度较好，得到德方专家充分肯定和高度认可。

（二）**项目的实施引进了先进的实施理念**　项目引进德国近自然的森林经营理念，采用参与式森林经营方法，项目在信息传播、编制森林经营方案、采伐与培育、检查验收等方面一系列与国内不同的技术和措施值得借鉴。金沙县项目办负责人由于技术过硬，还被德方首席专家胡伯特·福斯特先生聘请到湖北进行森林可持续经营指导。

（三）**项目的实施引进了先进的管理措施**　项目资金设专用账户，实行专款专用，实行报账制和审计制，项目资金通过专户汇到森林经营单位的账户，森林经营单位进行内部分配并公示后发放给内部成员（劳务人员）。项目实施后采用省级项目监测中心监测和国外监测专家开展外部复查相结合的方式，促进了项目经营水平的提高。

（四）**项目的实施引进了先进的经营技术**　项目引进近自然的森林可持续经营技术，使近自然森林的发育朝着天然植物群落的方向发展，使其向多树种、多层次的方向演变。如在造林方面排除外来树种，鼓励促进天然更新，推行营造混交林。实行针阔混交、阔阔混交、原有更新树种和新造树种混交，形成多样性的异林混交林。又如，在抚育间伐方面，项目主要是设置目标树采伐干扰树，严禁皆伐和修枝，偏重于密度控制，促进多树种、多层次的林分结构的形成。对林分的密度进行总体控制，根据林分的平均胸径选择最优的林分密度，不受到采伐蓄积量、采伐限额影响，而国内抚育间伐主要是偏重于蓄积量控制。再如，对因各种原因受到灾害但立地条件较好的林分实行自然恢复，充分发挥林分的自然修复能力，促进天然更新。还有对因长期依赖烧柴而产生的萌生林进行

■ 大方县羊场镇穿岩村森林可持续经营宣传碑

■ 德国复兴银行高级项目经理卡斯腾·吉利安（左二）、林业专家华德林（右一）、首席技术专家胡伯特·福斯特（左一）在大方调研中德财政合作森林可持续经营项目

■ 德国复兴银行高级项目经理吉利安、高级林业专家华德林、咨询专家福斯特一行赴百里杜鹃管理区考察中德财政合作森林经营可持续发展项目

改造，以提高林分质量。

（五）项目的实施助推了群众脱贫 项目的实施不仅解决了当地群众的务工问题，同时乡村道路的修筑接通了县内主要公路干线，不同程度地缓解了山区交通闭塞的状况，促进了农副产品的交流和山区经济的发展。一些原居住在穷乡僻壤的村民正沿新修的道路两旁建房或开店，有的购置了汽车、拖拉机搞运输，增加了经济收入。据统计，4个项目县（区）涉及农户32228户，其中贫困户3867户，通过项目的实施有1038户、4671人实现脱贫。

三、主要做法

根据中德财政合作森林可持续经营项目要求，为了保质保量完成建设任务，让项目效益在毕节市4个项目区得到充分发挥，保证人民群众得到真正的实惠，主要采取了"五抓五确保"措施。

（一）抓机构，确保有人办事 根据项目建设需要，组成管理机构并配备管理人员455人，为近自然森林可持续经营提供了人员保障。市级设立了中德财政合作森林可持续经营毕节市项目办公室和中德财政合作森林可持续经营毕节市项目监测中心，并抽调专人办公。涉及县（区）分别成立了中德财政合作森林可持续经营项目办公室，设置专职副主任，配备工作人员5~7人。村级成立森林经营委员会86个，每个经营委员会设主任1名、副主任1名、委员3名。

（二）抓经费，确保有钱办事 根据《贵州省可持续森林经营项目分立协议》，市、县政府高度重视，财政大力支持，每年及时足额划拨项目配套经费，8 年内市、县财政共划拨资金 2083.83 万元用于项目建设，为顺利完成各阶段工作提供了保证。项目还提供了一定的交通工具、办公设备、采伐工具、培训设备，改进了项目管理人员和技术人员的工作条件。

（三）抓宣传，确保氛围浓郁　在项目实施过程中，毕节市、县技术干部到村级森林经营委员会召开群众会，通过广播、宣传栏、宣传车、发放宣传资料等多形式、多渠道、全方位加强对可持续森林经营项目的宣传。配合参与式工作，8 年来向林农发放《项目情况介绍》和《农户手册》49442 份。如金沙县从 2009 年以来共组织群众参与各类会议 196 次，参加人数 6473 人次，以会议形式将项目理念、拟采取技术措施、项目工作程序等向项目区村"两委"和林农进行深入细致的宣传，实现项目区群众知晓率达到 96%。

（四）抓培训，确保经营质量　毕节市始终把技术培训作为中德财政合作森林可持续经营项目实施的着眼点，让参与项目实施的各级技术人员熟练掌握近自然森林可持续经营技术，使现有森林资源特别是退耕还林工程实施的柳杉等人工纯林向混交林和复层林演变，朝自然植物群落方向发展，不断提高林分质量。如林木间伐工作，施工前就对技术人员开展培训，让其熟练掌握技术要领和选树、标树等技能；施工中，又对技术员和施工单位负责人、带工员、油锯手等开展理论和现场操作培训，使其掌握采伐技术、安全注意事项等，还组建监督小组对施工过程严格监督，确保施工按设计和标树要求实施。8 年来，共培训各类技术人员 8000 余人。

（五）抓效益，确保持续发展　通过实施各类森林经营活动，实现经济、社会、生态三大效益的良性发展。项目区群众从项目实施中获得各类收入达 5800 余万元。其中，间伐务工收入 287.49 万元，造林收入 149 万元，抚育收入 653 万元，人工促进封山育林收入 35 万元，修建林道务工收入 246 万元，间伐木材出售收入 2176.5 万元，林分改造收入 31 万元，发展林下经济收入 890.5 万元，发展农家乐收入 1000 余万元，其他零星收入 332.5 万元。如金沙县石仓国有林场实施的 519 亩森林间伐，批准采伐蓄积量 437 立方米，出材量 269.5 立方米。2013 年底，12 名工人经过 28 天的施工，完成间伐任务和伐木的制材、集材、路边堆放等工序，平均每人每天可完成 0.81 立方米木材的采伐量（含制材、集材、堆放），采伐工人日均收入为 110 元。示范基地在间伐后，林分密度从原来的 172 株/亩降到了 140 株/亩，林分密度趋于合理，针阔混交情况得到改善，林木长势和森林的多功能作用明显提高。

四、取得的经验

（一）群众参与是项目实施的基础　8 年来，市、县项目办及项目村利用开展参与式工作的机会召开村、组会议，充分让群众参与项目的经营与管理，让群众知道要做什么、为什么要这样做、怎样做、做的目的是什么，做到项目区群众知晓率达到 80% 以上。如金沙县 2009—2017 年共组织群众参与各类会议 196 次，参加人数 6473 人次，以会议的形式将项目的理念、拟采取的技术措施、项目工作程序等向项目区村"两委"和林农进行深入细致的宣传，召开了 14 次项目实施专题培训会，参加人数 407 人次，做到项目区群众知晓率达 96%。

（二）技术培训是项目实施的前提　项目实施过程中，始终把培训作为项目实施的着眼点，每个环节都采取现场教学与实际操作的方式，对经营单位技术人员进行培训。比如，林木间伐是森林经营中的一个难点和关键点，技术要求高、责任重大，稍不注意就可能出现乱砍滥伐的违法行为和人身安全事故。为了建好示范基地，毕节市各县项目办一方面加强内部培训和管理，另一方面加强外部监督。各县项目办在建设之初，就对相关技术人员进行了技术培训，让技术员掌握相关技术要求和选树、标树的技能。在施工之前，又对技术员和施工单位的负责人、带工员、油锯手等进行了理论和现场操作培训，培训内容除采伐技术、采伐工具使用、安全注意事项外，还重点对相关的法律、法规进行了培训，使受训人员在观念、技术和法律意识上得到全面提高，避免施工过程中违法违规行为的产生。与此同时，县项目办还组成专门的监督小组，对施工过程进行严格监督和检查，及时发现和解决问题，确保施工按设计和标树的要求进行。

（三）经费管理是项目成功的关键　项目实施以来，毕节市、县项目办所有开支每年都要经过贵州省审计厅的审计和德国复兴银行的核查，每笔开支都要有相关设计和监测作为开支依据。没有依据的坚决不允许随意开支或使用，支出数额也要严格按照中德项目的投资标准执行，没有因为是示范基地或领导安排而"开小灶"的现象。如金沙县 2015 年示范基地建设总投入 8.28 万元，其中设计、标树等投入 0.9 万元、伐木劳务投入 3.9 万元、管理监督等费用 0.11 万元，林区道路投入 3.2 万元。除去林区道路投入，示范基地平均投入为 94.56 元/亩，完全符合中德项目的投入标准，低于国家实施的中幼林抚育项目的 100～120 元/亩的投资标准。如百里杜鹃管委会因没有按要求使用项目车辆，先后被贵州省审计厅和德国复兴银行进行通报，并限期进行整改，对开支不合理的油费等由管委会进行开支，从而减少项目费用支出，为项目经费的管理提供保障。

（四）转观念变是项目实施的最终目的　项目实施 8 年来，项目区群众森林经营的可持续经营理念得到提高，思想观念得到较好的转变。群众参与经营的理念慢慢形成。通过示范基地建设，干部职工和群众对森林经营有了信心，有了方向。在项目建设之初，有的领导、干部和群众对中德项目不了解，对项目建设没有信心，认为大面积的抚育、间伐和森林经营价值不大，有的甚至会造成森林的破坏，同时害怕承担相关责任，一直将施工现场作为禁地，不愿踏足一步。后来，通过对示范基地建设过程的观察和参观示范基地的建设成效，这些同志的观念在逐步变化，从反对到默认，再到赞同，为森林可持续性经营提供有益的借鉴。如金沙县、大方县、百里杜鹃管理区等由于在实施项目中思想转变，现在还有许多农户申请实施森林可持续经营项目。

借鉴德国经验　发展金沙林业

——中德财政合作森林可持续经营在金沙县的实践

敖光鑫

金沙县大力推进中德财政合作贵州省森林可持续经营项目建设。2009—2017 年，全县实施面积 10.45 万亩，其中有活动的实施面积 7.91 万亩，建设运输小道（补给线）135716 米、集材道 780 米。项目完成总投资 1098.89 万元，占项目费用与投资计划（924.4 万元）的 118.9%。

一、主要做法

（一）**以规划为引领，推进项目可持续发展**　8 年来，金沙县始终坚持群众支持认可的原则，根据《森林方案编制指南》，对森林经营进行科学、长远规划，保证项目能可持续发展。在各个森林经营委员会积极参与、对各个森林经营单位的林分进行规划调查的基础上，编制了 21 个《森林经营方案》，规划面积 14.18 万亩，编制质量达到了《森林方案编制指南》的要求。纳入森林经营方案编制的有安洛、清池、桂花、五龙、茶园、岚头、岩孔等乡镇（街道）的 12 个村和 1 个国有林场及 3 个乡镇林场，建立了 17 个森林经营单位。同时，在规划编制中，专门邀请了项目首席专家胡伯特·福斯特先生到县项目办开展研讨咨询，为金沙县提供了有力指导。

（二）**落实好年度计划，推进项目按时完成**　把编好年度计划作为落实长远规划的关键步骤。一是落实工作计划。在编制工作计划的过程中，根据《费用与投资计划》和年度工作任务分项目管理和森林可持续经营两部分，分别制订各项费用的使用范围、支出预算和要达到的工作效果。二是落实好群众宣传。在 11 个乡的 30 个村开展了参与式宣传工作，向林农发放《项目情况介绍》1600 多份，发放《农户手册》19000 多份，为落实好项目发展规划、推进项目实施打下了坚实基础。

（三）**以技术为支撑，推进项目提高质量**　开辟多种渠道，抓好各种机遇，高效、精准地把各种先进技术运用到项目上。一是抓好项目调研。2009 年上半年，项目技术专家组相继到金沙县调研，针对金沙县树种种类丰富、林分类型多样、存在相当数量的天然次生林分进行了重点研讨，为项目实施提供了有力指导。金沙县项目区开展的林分改造、栽植、除草、抚育、间伐、自然恢复等技术措施，获得德方专家团队的高度赞赏，为中德财政项目合作树立了典范。二是抓好外出培训。积极选派人员参加贵州省项目办组织的各类项目技术培训和研讨。在贵州省项目办组织的 18 次培训和研讨活动中，金沙县林业局组织项目管理人员参加 112 人次，其中研讨活动 72 人次、培训活动 40 人次，大大地提升了专业人员素质。三是抓好县内培训。县项目办及项目村利用开展参与式工作的机会，召开村、组会议，以会议的形式将项目的理念、拟采取的技术措施、项目工作程序等向项目区村"两委"和林农进行深入细致的宣传。同时，以会议结合实地操作的方式，举办专题培训会，就森林经营单位财务与档案管理、目标树及采伐木的标注、林木采伐与安全及抚育、栽植、林分改造等技术措施的施工标准进行培训。8 年来，共计组织各类培训 210 次、6880 人。

（四）以机制为保障，推进项目高效运转 从管理、税费、财务、档案等方面，建立健全相应机制，推进项目能够长效化地运作。一是搭建好经营主体。在项目实施中，金沙县在 17 个森林经营单位中，并根据有关法律法规登记注册桂花兴隆林业专业合作社、岚头三欣林业专业合作社等 7 个林业专业合作社。在项目实施初期，还没有为一般性保护单列保护费用的情况下，金沙县林业局利用天保工程为项目区聘请护林人员 8 名，保证了项目在有组织、有监督、有法律保障的情况下实施。二是兑现好各类费用。针对中德项目间伐措施涉及千家万户、户均面积和间伐蓄积量不大的情况，金沙县林业局从 2011 年起免收了育林基金和采伐设计费。三是建立好工作机制。建立项目简报制度，不定期将项目实施过程中发生的大事和经验编制简报，呈送有关领导阅示，到 2017 年 5 月，已制

■ 金沙县中德财政合作森林可持续经营项目采伐培训

作简报 57 期；开设项目专户，配备好财务人员；注重档案管理，对项目资料的整理建档基本做到准确无误、不漏记、不间断。特别针对森林经营单位召开了专题的财务与档案管理培训会议，促进了对森林经营单位的规范管理。

二、取得的成效

通过项目的实施，实现了经济、社会、生态三大效益的良性发展。

（一）**经济效益明显提升**　8 年来，通过项目实施，生产商品材 15000 立方米，林农实现经济收入 1304 万元；生产非规格材 24147 吨，价值 241.47 万元；生产薪材 91480 吨，价值 958 万元。实施间伐 1.43 万亩，抚育 4.37 万亩，人工促进封山育林 4 万亩，林分改造 0.26 万亩。

（二）**林业生态明显改善**　通过中德森林可持续经营项目的实施，推动全县森林资源质量大幅提高，生态环境明显改善。森林覆盖率从 2009 年的 45.51% 提高到 2017 年的 57.16%。

（三）**社会效益明显转变**　8 年来，金沙县项目区项目总投资 1076.81 万元，为社会提供就业岗位 40 个，实现务工收入 320 万元，社会认可度和群众满意度得到很大提升。另外，由于金沙县林业局在中德财政合作贵州省森林可持续经营项目实施中卓有成效的工作，其项目办负责人被德国 GFA 咨询公司聘请为林业咨询专家，到湖北省钟祥、安陆、宜城、谷城和保康等县（市）开展湖北德国复兴银行林业贷款第三期项目技术咨询，指导项目县森林经营方案的编制、实施等工作。

■ 德国专家赴金沙县三欣林业专业合作社进行调研

三、经验及启示

（一）制订好年度工作计划是搞好项目工作的基础 制订项目年度工作计划，是项目《实施计划》对项目工作的要求。从 2011 年开始，金沙县项目办利用每年 2 月编制年度工作计划的机会摸清项目施工欠账，理清工作思路。在编制工作计划的过程中，根据《费用与投资计划》和年度工作任务分项目管理和森林可持续经营两部分，分别制订各项费用的使用范围、支出预算和要达到的工作效果。

（二）落实参与式工作是项目工作的关键环节 参与式森林经营是以人为核心，鼓励农民参与制定森林经营方案，参与森林经营委员会的活动，真正成为林业生产的主人。参与式经营有助于从项目一开始就向林户通告信息，发动他们，并使其负起责任，为每个森林经营单位确定一个共同的、长期的森林经营目标，并选定能够为林户采纳的、合适的营林措施；为社区确定最适合的符合群众意愿的森林经营组织；及时发现、避免和解决可能会限制或危及项目成功实施的潜在冲突；避免森林的非法利用，保护森林。

（三）选好经营主体责任人是做好项目工作的组织保证 村"两委"负责人是村级各项工作的主要负责人。除村"两委"负责人外，森林经营委员会其他委员是协助村"两委"负责人抓好项目工作的中坚力量，是森林经营单位项目工作的"操刀者"。

（四）公开、公平、公正、透明是做好项目工作的可靠方法 作为中德财政合作的森林可持续经营项目，公开、公平、公正、透明是项目工作方法的精髓。森林经营单位是项目的实施单位，在项目实施过程中，森林经营单位自主决策、自主管理、自主施工、自主监督是森林经营单位的职责和权益所在。作为项目管理单位的县项目办，要做到对森林经营单位目标任务公开、补助标准公开，公平、公正地对待每一个森林经营单位，在力所能及的范围内针对不同的措施任务做好技术、经费支持，最大限度地发挥森林经营单位的能动性。

（五）抓好项目培训是做好项目工作的前提条件 引进近自然理念的森林可持续经营项目不管从理念、工作程序、措施、管理上都有别于国内项目，这些都需要从理论上和实践中反复培训，它是一个"培训—实践—发现问题—培训"不断重复的过程，只有经过不断的培训，才能推动项目工作迈上新台阶。

（六）抓好档案管理是彰显项目成效的途径 项目工作涉及的领域广、信息量大，各个方面产生的工作痕迹是项目后期经验总结的基础资料。在项目实施过程中不断收集、整理、归档与项目有关的视听资料是项目工作重要的一环。

（七）注重项目管理是项目工作的抓手 衡量项目成功与否的指标就是从德方提款报账的多少和是否形成了一套容易推广的工作方法及技术体系。在项目工作中，在符合项目《技术指南》的前提下，措施设计要以投资标准就高不就低、施工难度就难不就易作为参考依据。将任务完成情况与行政管理费、保护费用、林道建设指标挂钩，是做好项目工作的抓手。从 2012 年起，金沙县项目区的行政管理费、森林保护费用和林道建设指标的多少与实施任务的完成率挂钩，以保证森林经营单位最大化发挥自己的主观能动性。

学习国外理念　推进森林持续经营

——金沙县石仓国有林场森林可持续经营建设实践

廖祥志

一、基本情况

金沙县石仓国有林场位于金沙县境内的平坝镇、岩孔街道、石场乡和桂花乡交界处的石仓山脊，海拔在 1000～1460 米。全场辖 7 个工区，总面积 1.3 万亩，区内气候温和，降水量充沛，土壤主要以砂页岩发育而成的黄壤土为主，境内分布着 20 世纪 60 年代和 90 年代营造的杉木和柳杉纯林，林内散生有桦木、檫木、山杨、漆树等阔叶树种。20 世纪 90 年代营造的杉木和柳杉林，因为营造后未进行过抚育间伐，林分密度过大，林木生长受到严重影响，有的地方林木已开始枯死，这种林分结构在金沙县具有一定的代表性。金沙县中德项目办的技术人员按照贵州省中德财政合作森林可持续经营项目（以下简称中德项目）的技术要求和项目费用与投资计划，将石仓国有林场作为建设示范基地实施建设，取得较好成效。

二、主要做法

（一）落实项目选址　经过中德项目办公室工作人员反复对全县范围内相对连片、面积较大、具有典型性的人工造林且具有代表性的森林地块认真进行比较筛选，最终森林可持续经营示范基地选择在金沙县石仓国有林场的石仓工区。石仓工区森林面积 0.37 万亩，其中成熟林 0.28 万亩、零星中幼林 426 亩、相对连片中幼林 519 亩，主要树种为杉木、柳杉纯林，均为 1995 年皆伐后造林，符合建设示范基地要求。

（二）科学编制方案　2013 年 5 月 26 日，中德项目办公室工作人员组成工作组，对示范基地进行实地穿越调查，根据不同林分结构进行小班分区，在小班内分别布设 100 平方米的 1～5 个样地进行林分主林层的调查，调查完成后，于 2013 年 6 月进行森林可持续经营方案 10 年规划。通过样方调查，林分平均胸径 12.2 厘米，其中胸径在 5～15 厘米的株数占 90%，大于 15 厘米的占 10%，平均密度为 172 株 / 亩。针对林分密度过大影响林木生长的实际情况，需对林分进行间伐，间伐平均强度为 42 株 / 亩，采伐蓄积量强度不大于 20%。设计中，除了通过间伐进行密度调整外，还要将胸径大于 15 厘米、干形好、枝叶茂盛、长势好、有培育前途的树木标注为目标树进行重点培育（目标树每亩不超过 10 株），对影响目标树生长的树木即干扰树进行伐除（这里讲的影响一般是指树冠在同一平面有较大重叠的情况）。为了促进针阔混交，对针叶林中的檫木、桦木、山杨、漆树等阔叶树种进行必要的保护。为鼓励经营者对中幼林进行间伐，项目规定对胸径 5~15 厘米的间伐给予 3 元/株的补助，对胸径大于 15 厘米的间伐则不给予补助。考虑到海拔较高（平均 1450 米）、风雪较大，林木容易受到风、雪灾害等因子影响，一次性采伐强度要小于常规强度，并规划在 2018 年进行第二次间伐，再次降低林木密度，为目标树和保留木留出更多的生长空间，保证单位面积培育出更多的优质木材。

（三）强化技术培训　金沙县中德项目办组织对林场场长、林场技术人员、标树人员和承包施工方的负责人、带工员、油锯手等骨干人员在实施小班内进行采伐木选树、标注、采伐技术和法律法规知识培训，尤其对采伐时减少对保留木、目标树及地表植被的破坏，更不能发生乱砍滥伐相关知识进行详细的培训。

（四）确定实施目标　2013 年 9 月中旬，金沙县林业局安排 2 名项目办人员和 2 名林场技术人员分成两个工作组进行间伐标树工作。由于林木密度大、杂灌丛生，给标树带来了麻烦，用 7 个工作日完成标树面积 519 亩，标注目标树 420 株（重点在胸径大于 15 厘米的林木中选择），标注采伐木 13597 株（其中胸径小于 15 厘米的 13009 株、胸径大于或等

■ 金沙县石仓国有林场间伐实施后

于 15 厘米的 588 株），平均每人每天标树约 500 株。标树人员在标树的同时，对采伐木的胸径、树高进行测量和统计计算，采伐蓄积量为 437 立方米，平均采伐强度为 16.7%，符合项目要求。

（五）组织按图施工　根据编制的森林可持续经营方案进行标树和采伐设计工作，金沙县林业局批准采伐林木蓄积量 437 立方米。批复后林场通过与施工方签订项目实施合同，明确了项目管理方和项目施工方各自的责、权、利及技术要求。金沙县林业局组成监督小组对间伐施工全过程进行跟踪监督，为间伐工作的顺利实施打下了坚实的基础。经过 12 人、28 天的辛苦工作，施工队完成了采伐木的伐倒、制材、集材、路边堆放等工序。经测算，每人每天可完成 0.81 立方米木材的采伐及集材堆放，采伐工人日均务工收入 110 元。

三、建设成效

（一）优化了森林结构　原来以杉木和柳杉为主的针叶纯林，通过森林可持续经营，培育出针阔混交林，改变了林分结构，改善了林木养分的循环作用。由于林木养分归还来源的主要途径是枯枝落叶，因此林木养分归还肥土作用的大小主要决定于林分枯枝落叶量和分解率。决定养分循环的因子是枯枝落叶腐殖质化和腐殖质的分解过程。阔叶树的落叶量大，叶子所含养分较丰富，而且分解比较容易。针阔混交林通过种间竞争和互补，在提

■ 金沙县石仓国有林场间伐实施前

高林木生长量的同时也改善了林分质量。

（二）丰富了森林生物多样性 森林生物多样性提高，通过间伐，柳杉、杉等针叶树减少了 20%，留出足够的空间为阔叶树生长提供了条件，物种更加丰富，丰富的生物多样性对涵养水源、保持水土、调节气候等都有重要作用。

（三）扩大了生态效益 实施示范基地在本次间伐后与未实施时同一地块进行对比，林分密度从原来的 172 株/亩降到了 140 株/亩，林分密度趋于合理，为保留的林木提供了更为广阔的生长空间，针阔混交情况得到改善，林木长势和森林的多功能作用明显提高。

（四）提高了经济效益 为社会提供 270 立方米规格材、134 吨非规格材，木材销售直接收入 11.5 万元。间伐过程中给农民工带来 3.9 万元的劳务收入。间接收入体现在未来森林收入的提高，根据固定样地监测成效初步分析，间伐后的林分平均径生长量可提高 40%，平均蓄积生长量可提高 30%。

四、取得的经验

（一）强化设计是项目成功的基础 对不同林分结构进行小班分区，根据小班的大小，在小班内布设 1~5 个 100 平方米样地进行主林层的调查，针对调查结果分析完成森林可持续经营方案编制。大多数情况下，森林情况非常复杂，如果在森林经营方案编制过程中所有因子都要考虑，并力求做到尽善尽美，就务必会给调查、设计和施工带来巨大的难度，人力、财力成本也会大大提高，就算在示范基地中可做到，也没有示范推广价值。因此，找到影响森林生长的主要因子和确定好主要培育对象成为森林经营的关键。按照中德项目的技术要求，本示范基地明确培育对象为 1995 年前后营造的杉木、柳杉形成的主林层（由于主林层下的杉木、柳杉、天然林和地被植物对主林层的生长影响不大，暂不作为经营对象），根据现场调查，将影响林分生长的主要因子确定为密度过大，近期经营措施确定为间伐。实践证明，这种方法易于操作，大大降低了森林经营的设计和施工难度，使有限的技术力量和资金都能用在刀刃上，建设成效显著，值得借鉴。

（二）强化目标树的选择是项目成功的关键 与国内抚育间伐只采伐老弱病残木（砍小留大、砍弯留直）的方法相比较，示范基地在经营主林层的基础上，引入了"目标树"的经营模式。目标树选择标准为胸径 15 厘米以上，树干通直无机械损伤，枝叶茂盛圆满，有生长潜力。"目标树"的森林经营模式有以下好处：一是目标树价值最高，培养潜力最大，选好、保护好目标树，森林可持续经营才能得以成功；二是目标树遗传品质好，保护好目标树，可使森林在自然演替中朝好的方向发展；三是通过对干扰树（对目标树生长有影响的树木）的采伐，可获得一定的收益，提高森林经营者间伐的积极性。实践证明，通过培训，森林经营者能在短时间内掌握目标树、干扰树、一般采伐木的选树、标树技能，这种森林经营方式在技术上和经济上是可行的。

（三）强化培训和监督是项目成功的有力措施 林木间伐是森林经营中一个难点和关键点，技术要求高、责任重大，稍不注意就可能出现乱砍滥伐的违法行为和人身安全事故。为了建好示范基地，金沙县林业局根据中德项目的成功经验，一方面加强内部培训和管理，另一方面加强外部监督。金沙县林业局在示范林建设之初，就对相关采伐技术人员进行了技术培训，让技术员掌握示范基地相关技术要求和选树、标树、伐树的技能。在施工之前，县林业局对技术员和施工单位的负责人、带工员、油锯手等进行了理论和现场操作培训，培训内容除采伐技术、采伐工具使用、安全注意事项外，还重点对相关的法律、法规进行了培训，使受训人员在观念、技术和法律意识上得到全面提高，避免施工过程中违法违规行为的产生。与此同时，县林业局委托项目办、林场等组成专门的监督小组，对施工过程进行严格监督和检查，及时发现和解决问题，确保施工按设计和标树的要求进行。2014 年初，经省级验收和外方专家监测验收，示范基地共完成间伐面积 519 亩，采伐林木 13597 株，修建林区运输道 2000 米，施工质量完全符合项目设计要求。

（四）强化资金管理是项目成功的保障　根据贵州省林业厅要求，为了确保示范基地的可推广性，其建设严格按照中德项目的投资标准执行。根据统计，示范基地总投入 8.28 万元，其中森林经营投入 5.08 万元，林道投入 3.2 万元。在森林经营投入中，设计、标树等投入 0.9 万元，伐木劳务投入 3.9 万元，管理监督等费用 0.11 万元 。平均每亩在森林经营上投入 94.56 元，没有超过中德项目的投入标准，与国家实施的中幼林抚育项目100～120 元/亩的投资标准相比较，项目具有可推广性。而林道投入作为森林经营的辅助和奖励措施，可根据林分及地理位置情况酌情决定。实践证明，示范基地采用的技术标准、投资标准和建设模式具有较强的操作性和实用性，示范效益明显。

（五）强化观念改变是项目推广的目标　通过示范基地建设，干部职工观念得到了改变，对森林经营有了信心，有了方向。在示范基地建设之初，石仓国有林场部分领导及职工对中德项目不了解，对示范基地建设没有信心，认为大面积的间伐肯定会造成森林的破坏，担心乱砍滥伐的情况发生，害怕承担相关责任，一直将施工现场作为禁地，不愿踏足一步。后来，通过对示范基地建设过程的观察和参观示范基地的建设成效，这些同志的观念在逐步变化，从反对到默认，再到赞同。示范基地在改变大家观念的同时，必然也给石仓国有林场及未来金沙县森林可持续经营林业生产带来新活力、新面貌和新的推广理念。

探索森林可持续　助推生态大文章

——大方县凤山乡羊岩村实施中德森林可持续经营成功经验

雷　江

　　大方县凤山乡羊岩村位于大方县东部，距县城 23 千米。该村涵盖 7 个村民组，总人口 1549 人，常住人口 1336 人，主要民族为汉族、彝族、苗族、白族等。2017 年，村民人均年纯收入为 6974 元。该村大部分农户均有山林，在中德财政合作森林可持续经营项目的支持下，该村林场组创建了森林经营单位（FMU），编制了森林经营方案（FMP）。林场组森林资源以 1965 年大集体时期种植的人工林为主，林场组种植树种为华山松和少部分 20 世纪 70 年代种植的杉木，含有少量自然生长的桦木。项目实施前，华山松胸径在 15～40 厘米，平均 20 厘米。由于初植密度较大，且从未开展过抚育间伐，中途又加上几次雪凝灾害，出现了部分林窗，林木分布不均，林相普遍较差，表现为部分区域林木密度过大，普遍在 1500 株 / 公顷以上，个别区域林分密度达 3000 株 / 公顷以上。由于从未开展过森林经营，林分立木蓄积量一般为 243 立方米 / 公顷。林内密不透风，林木树冠残破，枝桠枯死。杉木尤其严重，80% 以上的枝桠出现枯死。自然生长的桦木生长旺盛，普遍比杉木高 1～2 米，并且歪倒木较多，对杉木形成了压制，导致后者生长趋于停滞甚至濒临死亡。

一、主要做法

　　根据中德财政合作森林可持续经营项目要求，为了保质保量完成建设任务，让项目成果得到充分发挥，保证人民群众得到真正的实惠，各级各部门高度重视，扎实工作，主要做法有以下几点。

　　（一）抓机构建设，确保有人办事　羊岩村有 7 个村民组，由于林场组在全村森林资源相对较丰富，交通较为便利，再加上当初项目处于实验期，经县项目办和林业站讨论决定，选择了林场组作为项目工作开展的试点。纳入森林经营方案编制面积为 0.15 万亩，涉及 37 户村民，设立 FMU 代表共 4 人，由老场长袁明学任主任，其余 3 人为 1 名副主任和 2 名成员，成员均为普通村民，由全组林农大会会议选举产生。主任负责为 FMU 提供总体的行政领导及协调支持，4人均参与了 FMU 的日常运营和管理。财务管理方面，由 FMU 副主任进行总体管理，业务方面实行共同管理，通过会议形式讨论工作的安排。

（二）抓科学设计，确保方案可行　采用参与式林业调查方法，让 FMU 代表、农户与林业技术人员共同制定森林经营规划，编制森林经营方案，按审批的经营方案组织实施。制定了《凤山乡羊岩村中德财政合作森林可持续经营方案》，规划期为10年，对年度实施计划进行了明确安排。

（三）抓技术培训，确保实施到位　项目引进近自然的森林可持续经营技术，使近自然森林的发育朝着天然植物群落发展，使其向多树种、多层次的方向演变。在造林方面，排除外来树种，鼓励促进天然更新，推行营造混交林。实行针阔混交、阔叶混交、原有更新树种和新造树种混交，形成多样性的异林混交林，对林分的密度进行总体控制，根据林分的平均胸径选择最优的林分密度，不受到采伐蓄积量、采伐限额影响，充分发挥林分的自然修复能力，促进天然更新，提高林分质量。

（四）抓宣传发动，确保理念更新　项目采用参与式森林经营方法，引进德国近自然的森林经营理念，项目在信息传播、编制森林经营方案、采伐培育、检查验收等方面一系列与国内不同的技术和措施值得借鉴。在实施过程中市、县技术干部到森林经营委员会召开群众会，通过广播、宣传栏、宣传车、发放宣传资料等多形式、多渠道、全方位加强对可持续森林经营项目的宣传。配合参与式工作，7年来凤山乡林场 FMU 向林农发放《项目情况介绍》和《农户手册》100余份。

（五）抓成效监测，确保实施质量　每年配合贵州省项目办对项目实施进行过程管理，配合德国复兴银行专家对项目结果进行监测，实行全程跟踪和服务，对达不到技术要求的及时进行返工，并扣减相应面积。

（六）抓问题整改，确保实施成效　对贵州省审计厅审计或项目监测发现的问题，不论问题大小，均按《森林经营单位财务管理办法和森林经营管理章程》要求，及时进行整改，确保项目实施质量和资金安全。

二、取得的成效

（一）生态环境明显改善　中德财政合作贵州省林业项目实施后，森林质量得到了显著提升。通过抚育和间伐措施，林分密度得到调节，施工前后林相变化较大。目前，林木枯死枝桠很少，呈现出青山绿水的画面。林分结构得到改善，杉木林分中的霸王类桦木被剔除，其余桦木高度与目的树种相差不大，针阔树种之间基本实现平等竞争，林分结构趋于稳定。尤其杉木林分生长速度显著增加，目前整个林区华山松和杉木胸径在 15~30 厘米之间，平均 25 厘米。杉木胸径在 10~20 厘米之间，平均 15 厘米。林分平均立木蓄积量达到 280 立方米/公顷。

（二）林农收入明显增加　项目实施期间，37户村民的森林得到了合理经营，占全部农户林子的 100%；户均获得木材销售收入 2.57 万元，户均获得劳务收入 5942 元。全村木材销售收入 95 万元，项目劳务补助 21.98 万元，户均从项目中受益约 3.16 万元。除

■ 大方县凤山乡实施中德财政合作森林可持续经营成效

FMU 代表外，普通受益农户视股份情况以及是否参加出工劳动等情况收入在 0.25 万~5 万元之间。

（三）营林理念明显转变　过去几十年间，农户的生产活动以传统农业耕作为主，虽然在前期开展过以林下割灌除草为主的活动，但对林分质量的提升极为有限，也不符合近自然可持续森林经营原则。以前是栽植后放置不管，采伐时砍大留小，现在是以培养大径材为目标，主动、定期、及时地开展间伐活动。实施过程中，农户普遍接受了培养目标树、去除主林层竞争木的间伐理念，森林经营意识增强。项目实施后，20% 的农户学会了选择并标记目标树和竞争木。村民以前不懂采伐技术，不会使用油锯，现在 FMU 能够熟练操作油锯的人员达到 5 人，一般操作员有 8 人。

（四）参与意识显著增强　项目通过执行参与式规划和实施方法，尊重农户的知情权、参与权和决策权，保障 FMU 运行的公开透明，并第一次在羊岩村引入了公示制度。参与式工作方法促进了村民之间的互助合作，也增强了村民的参政议政意识，村庄民主监督水平得到了提升。

三、几点体会

（一）尊重群众意愿是项目成功的基础　项目通过召开村民会议以及上门宣传，保障农户对项目政策全面知情。FMU 在决策时充分尊重群众意愿，在项目实施过程中保障了农户之间的利益分配合理清晰。例如：分红和劳务报酬相结合，既保护了没有劳动力农户的利益，同时也给付出劳务的农户相应的回报。项目劳务补助发放之前，FMU 代表负责按农户的务工和之前商定的方案进行详细公示，确保了农户利益分配的公平、公正。项目执行过程的细致透明，换来了群众的理解、支持和全面合作。

（二）落实项目带头人是项目成功的条件　与以往项目只关注外业的一次性实施不同，也与少数大户创建的合作社不同，FMU 是持续性的非营利机构，成员涵盖 FMP 范围内涉及的全体农户。FMU 带头人的选择方面，由群众大会民主选举，甄选正直无私、有能力、有威望、年富力强、不外出打工的人作为 FMU 代表，这种方法确定的带头人德才兼备，既有群众基础，又有能力带领大家搞好森林经营。

（三）项目培训和监督是项目成功的重点　县项目办和乡镇林业站的充分培训、指导和监督是项目成功的重点。7 年来，大方县项目办到访羊岩村林场组 20 次以上，开展项目宣传动员，主持重要的参与式会议，开展营林规划、技术培训、检查验收、FMU 管理咨询，协助 FMU 拨款与资金兑付等；乡镇林业站到村、组指导 30 次以上，听取群众意见，提供技术指导，主持选树和标树工作，监督、指导现场施工。在县、乡林业部门长期的关心和指导下，FMU 能够坚持正确的管理模式，实施中遇到的问题得到及时解决，可持续森林经营理念得以贯彻和实施。

（四）林农增收是项目成功的关键　1983 年林业"三定"以来，农户除了在村寨附近及田边地埂采伐少量散生木之外，第一次从山林中得到木材销售收入，项目实施期间的木材销售额高于过去 30 年来的林木销售收入总和。项目实施在林分质量和经济收益方面的显著效果，也激发了农户对未来林业发展的期望和热情。

（五）加强管理是项目成功的保障　加强森 FMU 带头人的管理和有偿服务是项目实施的保障。FMU 带头人在项目实施过程中，需要投入大量的时间和精力，他们的辛勤付出必须得到项目的明确认可和补偿，这样他们才有长期的积极性，能够为项目服务，维护群众利益，维持 FMU 管理的公开透明。为此，项目为 FMU 带头人提供了日常管理费、成功实施的奖励、协助规划及实施组织过程中的误工补偿等。7 年执行期间，项目为羊岩村林场组 FMU 的代表们提供了人均 7311 元的误工补助及奖励，看似增加了项目成本，但是在这些 FMU 代表们的组织带领下，FMU 范围内的农户们才会协作配合，成功实践规模化的可持续森林经营，这一点具有重大的社会效益和行业示范意义，这样的 FMU 管理成本投入是绝对值得的。

引进先进技术，实现可持续发展

——黔西县近自然森林可持续经营间伐实践

王厚祥

一、基本情况

黔西县位于贵州中部偏西北、乌江中游鸭池河北岸，县域面积 2380.5 平方千米。全县森林面积 161.14 万亩，其中用材林 45.97 万亩、经济林 45.05 万亩、防护林 66.47 万亩、特种用途林 2.64 万亩、薪炭林 1.01 万亩；活立木蓄积量 477.01 万立方米。主要乔木树种为马尾松、杉木、柳杉、麻栎等，2017 年森林覆盖率 44.74%。过去主要注重于森林保护，没有开展行之有效的经营活动，造成大面积的森林过密，结构不合理，森林的多种功能得不到充分发挥。自 2009 年以来，引进了德国近自然森林可持续经营技术，开展了森林可持续经营。采取栽植、抚育、间伐（包括间伐 1 和间伐 2）的积极措施和自然恢复。在这些积极措施中间伐的难度最大，技术要求最高。本文就间伐的工作流程、经营成效及获得的经验进行阐述。

黔西县中德财政合作近自然森林可持续经营项目（以下简称项目）实施以来，共编制森林经营方案 24 个，完成森林经营面积 9.66 万亩，占计划任务（8.93 万亩）的 108.2%，其中采取积极措施 5.36 万亩（含自然恢复 2.39 万亩），一般性保护 4.30 万亩。采取积极措施共涉及 13 乡镇、32 个村、677 个小班，其中间伐 1 面积 1.27 万亩，间伐 2 面积 0.23 万亩，造林 0.01 万亩，抚育 1.46 万亩，自然恢复 2.39 万亩。

二、工作流程

引进德国近自然森林可持续经营技术，采用参与式方法，实施过程中尊重林户的意愿，注重实施的目的、意义、技术、方式方法的宣传，注重采伐技术的培训、质量监督、补贴的及时兑现等。

（一）成立经营组织　首先向乡镇、村传递项目信息。在乡镇、村表达项目的要求后，到村召开村民会议，宣传项目的目的、意义、实施流程、资金兑现方式等。在 80% 以上的村民同意参加项目后，成立森林经营委员会。森林经营委员会由村民选举责任心强、乐于为村民办事的有一定文化基础和管理能力的公民3~5人组成。

（二）**制订经营方案** 聘用林业专业技术人员进行规划设计，编制经营方案。技术员进行外业调查结束后编制经营方案。森林经营委员会委员和林户代表对经营方案进行审查，技术员按照审查意见修订后上报县林业局审批。在实施过程中严格按照经营方案执行，如有与实际不相符的小班需要改动，需要经过县林业局批准。

（三）**制订实施计划** 实施计划的制订自下而上进行。森林经营委员会根据自身的管理能力、劳动力状况向县项目办申请实施面积，县项目办对各森林经营委员会的申请进行汇总上报省项目办，省项目办下达实施任务计划。为与国内计划方式相衔接，年初下达初步计划，到当年8月，森林经营委员会估计全年可能完成的工作量，再进行上报，省项目办根据上报面积下达最终的年度计划任务，便于相关考核，减轻工作人员压力。县项目办根据采伐计划，向县林业局申请采伐指标，森林经营委员会在采伐前办理林木采伐许可证。

（四）**强化技术培训** 近自然森林可持续经营要求较高，要精准识别采伐木、保留木、目标树，采用降低不良影响的间伐方式。实施前必须进行严格的培训，使每个施工员掌握采伐技术。一是标树培训。间伐实施前要对目标树、采伐木进行标记，这是间伐实施的关键环节。技术员要深入实施现场，召集施工人员进行标树培训工作。标树人员要理解和掌握近自然森林可持续经营的理念，充分利用自然力，适当采取人为措施，促进森林向多树种和较为稳定的森林群落结构演进，用较小投入获取较大的收益。对干形好、生长势旺盛、可能培育成大径材的上层木标记为目标树。按照标记数量、种类进行统计，作为施工员补贴发放和采伐量的依据。二是油锯操作培训。油锯的操作培训是保障施工人员安全、降低采伐不良影响的关键。油锯的使用可以提高工作效率，但是，如果操作不当会对施工员造成伤害以至危及生命。油锯的正确使用，可以控制树倒方向，尽量减少对保留木、幼苗幼树、林下植被的破坏。油锯的操作培训包括保养维护和伐木操作两个方面。

（五）**跟踪检查督促** 在施工过程中加强检查督促工作。尤其是对第一次实施项目的森林经营委员会，在实施3~5天后，县项目办技术人员要深入小班进行检查。对于没有掌握技术方法的施工员及时地进行现场再次培训，对于实施达不到要求的及时进行整改，每隔3~5天进行检查督促，直到合格为止。

（六）**项目监测和验收** 森林经营委员会实施间伐结束后，县开展自查验收后上报贵州省中德财政合作森林可持续经营项目监测中心。项目监测中心对每个小班进行验收。检查验收首先确定路线，按一定的距离设置样地，检查实施的数量、质量、实施效果，最终对实施小班进行评价，作为发放补贴的依据。

（七）**实施样地监测** 为使项目成果获得科学的数据，黔西县设置了3对间伐样地。每对样地设一个未实施样地作对比，另一个按近自然森林可持续经营技术实施。经过观测，对比样地胸径平均生长量0.2厘米，实施样地胸径平均生长量0.4厘米。经过科学的监测，证明项目的实施促进了林木生长，效果显著。

（八）**按时兑现资金** 检查验收完成后，按照项目补贴标准，计算出森林经营委员会应得补贴额。森林经营委员会制作发放清册和考勤表进行公示，公示期内无异议的，到县项目办申请拨付补贴资金。县项目办在 4 周之内进行拨付。项目补贴资金的及时拨付，极大地提高了林户参与项目的积极性。

三、经营的成效

采用近自然森林可持续经营的理念，树种结构和林分密度得到调整，促进了林分的生长，林农得到了较大的经济收入，取得了良好的实施效果。

（一）林分结构得到调整　间伐分间伐 1 和间伐 2。间伐 1 是对平均胸径 5～15 厘米的林分采取的营林措施。由于过去没有及时采取抚育间伐措施，林分普遍过密，一般 3000 株 / 公顷，急需对林分采取间伐措施。通过间伐 1，林分密度、树种结构得到调整。例如，登高森林经营委员会 002 号小班，林分起源为 2002 年退耕还林工程营造的人工林，主要树种为杉木、楸树，树龄为 13 年，间伐前密度为每公顷 3149 株，郁闭度 0.90，间伐后林分密度为每公顷 1849 株，郁闭度 0.70，林木分布均匀，通风、透光，促进林木生长。间伐 2 是对平均胸径 15 厘米以上的林分采取的营林措施。这部分林分大多是 20 世纪 60 年代或 70 年代营造的人工纯林。造林以来没有开展过抚育间伐措施，林相紊乱、树种单一，林分的稳定性和健康状况差。通过伐除干扰木、被压木、病虫木，让伴生树种有充足的生长空间，促进保留木生长，森林健康得到改善。如莲花森林经营委员会 019 号小班，是 20 世纪 70 年代营造的马尾松人工纯林，树龄 36 年，平均胸径 15.8 厘米。间伐前每公

■ 黔西县莲花森林经营委员会近自然森林可持续经营间伐的木材

顷株数 1350 株，郁闭度 0.80，间伐后每公顷株数 960 株，郁闭度 0.70，阔叶树和天然更新的马尾松得到保护，进一步促进了目标树生长。

（二）林农收入得到增加　实施间伐 1.5 万亩，实现务工收入 187.2 万元，间伐木材 10594 立方米，销售收入 211.9 万元。例如，雨朵镇登高森林经营委员会 002 号小班，间伐木材 344 立方米，除林户自用外，销售木材 263 立方米，收入 17.1 万元，受益农户 57 户、141 人，户均收入 3000 元。为了以短养长、长短结合，鼓励森林经营委员会开展林下种养殖，实行多种经营，实现收入 72.8 万元。永燊乡打底森林经营委员会在间伐后利用伐桩种植中药材茯苓，收入 12 万元，平均每户增加收入 600 元。

■ 中德财政合作森林可持续经营首席专家胡伯特·福斯特先生（右三）在省、市、县相关人员陪同下在黔西县研究

■ 黔西县登高森林经营委员会中德森林可持续经营示范点

（三）脱贫攻坚得到加强和巩固　通过实施间伐，为当地农民提供就业机会 2.4 万个，实现项目区剩余劳动力就地转移。与国家精准脱贫有机结合起来，助推建档立卡贫困户 456 户、1368 人实现脱贫。例如，雨朵镇登高村有农户 310 户、1085 人，在项目实施前有贫困户 92 户、322 人，项目实施后，有 25 户、91 人因参加项目而甩掉贫困户的帽子，走上勤劳致富奔小康的道路。

四、获得的经验

通过 8 年来的实践，项目实施区的林业科技人员及广大的林户基本掌握了近自然森林可持续经营技术和实施方式方法，森林数量和质量得到提高，森林的多种功能效应凸显，林农参与森林可持续经营的积极性得到提高。

（一）**充分发挥群众的积极性**　项目的实施需要千家万户的参与。参与式工作贯穿项目的整个过程。从项目的信息传播直至规划实施、资金兑现等，都离不开群众的积极参与。通过召开项目宣传会、培训会，使群众掌握近自然森林可持续经营技术，懂得近自然森林可持续经营实施的方式方法以及好处，把爱护生态环境、促进森林健康、森林可持续经营变成群众的自觉行为。

（二）**制订森林可持续经营方案**　让青山常在、永续利用，实现森林可持续经营，充分发挥森林的多种功能，必须要有周密的计划、切实可行的方案。让林户知道什么时候需要保护、培育，什么时候可以间伐利用。为了经营方案有可操作性，一般每 5 年进行一次修订。

（三）**建立健全村级森林经营委员会**　在现行管理体制下，县、乡都有林业管理机构，村级没有林业管理机构或组织。为了让森林可持续经营落到实处，必须建立健全村级经营管理组织。村级经营管理组织是森林可持续经营的有力保障。

（四）**开展乡土人才技术培训**　县、乡林业管理部门事务多，精力有限。需要培训森林经营委员会技术人才，随时随地宣传发动群众、现场指导施工作业，保障近自然森林经营技术落到实处。

（五）**加强技术指导和施工监督**　县技术员要深入小班进行检查指导，实行全过程跟踪管理。特别是第一次实施项目的森林经营委员会，要在实施过程中及时检查，发现没有按技术要求施工的及时纠正，直至合格为止。对以经济利益为目的采伐目标树的，进行批评教育，累教不改的勒令停止施工。

（六）**做好财务管理，及时兑现资金**　每年的 1 月和 8 月进行检查验收。验收合格后，县项目办及时拨付资金。资金的及时兑现，提高了森林经营委员会及群众的信任度，极大地激发了他们参与森林可持续经营的积极性，做到取信于民。

（七）**建立经营管理档案**　森林可持续经营是连续不断的、长期的、艰苦的一项工作。建档立卡是可持续经营管理的重要手段。对管理、技术、财务等资料要分类整理，建立档案，保障森林可持续经营工作沿着正确的方向不断前进。

利用世界外援 助推生态建设

——毕节试验区实施"中国 3356"工程的成功实践

张　艳　阮友剑　王祖舜

一、项目由来

"中国 3356"工程是联合国世界粮食计划署和我国政府签订《贵州省纳雍、织金县通过林业和其他措施防治水土流失 3356 项目实施计划》（以下简称《实施计划》），以粮食无偿援助的方式帮助织金县和纳雍县通过林业和其他途径防止水土流失的一项生态建设工程，是毕节市林业历史上第一个外援项目工程。该项目于 1985 年 7 月提出项目申请，1986 年 6~10 月贵州省林业勘查设计院进行规划设计，1987 年 11 月 10~28 日，联合国世界粮食计划署对项目进行立项评估，1988 年 6 月 3 日经联合国第二十五届大会通过，并经粮食援助与计划委员会批准，1988 年 11 月 7 日我国政府和联合国世界粮食计划署签订《实施计划》，项目编号为"中国 3356"，1988 年 12 月 1 日正式启动实施。联合国世界粮食计划署无偿提供援粮 9.84 万吨小麦，国内匹配资金 2542.86 万元。项目区涉及 2 县、64 个乡（镇）、413 个村、51.1 万多人口。

二、实施成效

从 1988 年 12 月开工以来，经过 6 年的努力，织金、纳雍两县全面完成了我国政府与联合国世界粮食计划署签订的《实施计划》规定的各项建设项目。截至 1994 年 11 月，共完成造林 52.96 万亩，为计划的 103%；修筑农耕梯土 3.06 万亩，为计划的 102%；修筑乡村道路 101.5 千米，为计划的 101.5%；人工改良草场 30225 亩，为计划的 100.8%。该项目于 1995 年通过了联合国世界粮食计划署专家组的竣工验收。该项目已开始并将长期发挥其良好的生态效益，造福织金、纳雍两县人民，并为全市生态建设起到一定的示范和辐射作用。

（一）改善生态环境　通过造林种草、封山育林，使项目区森林植被大幅增加。项目区生态监测数据表明，"中国 3356"工程的造林已全部郁闭成林，为两县增加森林植被 6.64 个百分点，各地类水土流失状况发生了明显的变化，灌木林地造林后比造林前土壤侵蚀量减少 80% 以上。根据织金县黑土乡小流域观测结果，全乡林草覆盖率已由施工前的 8%

上升到 50% 以上，年土壤侵蚀量已由 19 万吨下降为 10 万吨以下，平均侵蚀模数由 5280 吨 /（平方千米·年）下降为 3128 吨 /（平方千米·年），生态环境有了显著改善。

（二）促进开发扶贫　一是直接获得粮食补助。"中国 3356"工程援粮 9.84 万吨，参与工程投入的农户平均每户可得粮食 1 吨以上。以织金县为例，参与项目活动的农户 4.4 万户、21.4 万人，平均每户获援粮 1124.5 千克，每人年均 46.24 千克，大大地提高了农民的粮食收入。二是提高了粮食产量。修筑石埂梯土动用土石方 135.77 万立方米（其中石方 84.27 万立方米），控制了水土流失，将"三跑"土变为"三保"土，在施工中填土炸石，截弯取直，新增耕地 1281 亩。据监测统计，项目竣工以来，增产粮食近亿千克，为解决农民的温饱做出了较大贡献。三是促进畜牧业发展。项目建立的 3 万亩人工草场为农户提供了大量优质牧草，促进了当地畜牧业的发展和农户增收。草场建设共有 5210 户参与，除户均可直接获援粮 318.6 千克外，增加了项目区农户畜牧业收入。四是促进了项目区经济发展。乡村道路的修筑接通了县内主要公路干线，不同程度地缓解了山区交通闭塞的状况，促进了农副产品的交流和山区经济的发展。一些原居住在穷乡僻壤的村民正沿新修的道路两旁建房或开店，有的购置了汽车、拖拉机搞运输，增加了经济收入。

（三）提高综合效益　一是大量援粮直接投放，不仅稳定了当地粮食市场价格，促进了农民增产增收，而且农民家庭耐用消费品有了明显增加。据织金县项目区的调查统计，农户购买家用电器等比项目实施前有了大幅度的增加。由于农民参与项目建设，掌握了一两门实用技能，在发展农、林、牧、副业生产过程中起到积极的作用。二是发挥了巨大的示范和辐射作用，大大鼓励了群众脱贫致富的信心，带动了地方经济和其他项目的发展。项目的实施，为毕节市实施长江防护林建设、退耕还林、天然林资源保护工程等起到示范

■ 织金县黑土乡"中国 3356"工程

和带动作用，有力推进了试验区林业生态建设。织金县 1991—2002 年连续 12 年受到贵州省委、省政府表彰为"造林绿化先进县"。

三、主要做法

（一）**强化领导责任** 各级领导高度重视"中国 3356"工程的实施，1989 年 10 月 9 日在织金县召开项目推进会议，及时总结经验，会上明确市、县、乡党政一把手亲自抓工程，要求务必把"中国 3356"工程列入党委、政府的重要日程，抓紧、抓好、抓出成效。省、市、县领导多次带领工作人员到项目区具体检查指导，多次召开会议研究部署工作。织金、纳雍两县及原区（乡镇）党委、政府的主要领导亲自挂帅，领导和组织项目实施。

（二）**强化机构设置** "中国 3356"工程是通过林业和其他方法控制土壤侵蚀的综合性生态建设项目，必须有强有力的机构统一管理、组织实施，并协调有关方方面面的工作。贵州省成立项目领导小组和专职办公室，毕节市成立项目指挥部及项目办，织金、纳雍两县分别成立项目指挥部，具体组织项目培训、施工、检查、验收和粮食发放、财务开支等，乡（镇）成立设施工指挥部，村设工程实施组。"中国 3356"工程从省、市、县、乡、村均建立了完整的组织保证体系，从而保证了项目的实施。

（三）**强化宣传发动** 由于粮援项目具有内外有别的特殊性和广泛的群众性，又主要是在贫穷落后的山区农村实施，为了使广大干部群众了解"中国 3356"工程，积极支持、参加项目建设，项目执行机构从一开始就利用一切可以利用的宣传工具和形式，广泛宣传"中国 3356"工程的内容、宗旨、意义。织金、纳雍两县就编印发放项目宣传提纲 6500 多份，召开各种会议 1950 多次，举办宣传专栏、墙报 5000 多个，播放电影、电视 200 多场，宣传人数 62 万多人次。与此同时，省、市的报纸、电台、电视台也多次刊载和播发"中国 3356"工程的消息，扩大项目影响。"中国 3356"工程可谓深入人心，人人皆知。

（四）**强化部门协调** "中国 3356"工程是综合性生态建设项目工程，涉及大量的粮食和配套资金管理、发放、点多、面广、工作量大，与农业、林业、畜牧、水利、交通、粮食、财政、审计、商业物资等部门都有联系，如没有各部门的通力合作和支持，是难以顺利进行的。项目实施期间，各有关部门把"中国 3356"工程作为贵州省的形象工程，作为分内的事情，给予积极配合，大力支持协助。省、市财政在资金极为有限的情况下，按时足额匹配资金；审计部门严格项目审计监督，按时提供对外、对内审计报告；财政、审计、交通、水利等部门还多次派人到两县具体帮助、指导、检查工作；粮食部门为项目提供了仓储设施，为项目的成功做出了贡献。

（五）**强化质量管理** "中国 3356"工程是国际援助项目，项目实施的好坏，不仅关系当地生态环境、农业生产条件和农民经济状况的改善，还关系到国誉、省誉，关系到今后联合国世界粮食计划署及其他一些外援对贵州的支持。因此，项目一开始执行，各级执行机构便提出了"高标准，严要求"、"只准搞好，不准搞坏"、"只能争光，不能丢脸"的要求，并贯彻至项目实施的始终。为了使项目有章可依、有章可循，根据项目《实施计划》的要求，结合项目实际情况，相继制定了《中国 3356 项目实施办法》、《中国 3356 项目造林技术规则》、

《中国 3356 项目修筑梯土规划设计方案》、《中国 3356 项目人工种草规划设计方案》以及《中国 3356 项目资金和粮财管理的规定》等办法、规章、制度，要求各级执行机构严格按章办事。对不按规章、不合质量要求的工程，责令返工。除县、乡进行检查外，国家、省、市还定期和不定期地组织力量进行抽查、核实，对出现违纪违法的，坚决按法纪处分。

（六）强化综合治理　山区的立体条件、气候与地型，以及山、水、林、田、路各生产要素是相互影响和制约的，必须因地制宜，相对集中，实行综合治理，进行优势互补，才能产生较好的规模效应，这是"中国 3356"工程实践中的深刻体会。纳雍县龙场镇以支村，过去常因生态环境恶化，山洪、滑坡、泥石流频发，使坝子中的 1995 亩良田常被洪水淹没，每年损失粮食 35 万千克以上，甚至淹没村寨，威胁村民生命安全。"中国 3356"工程在此片区进行综合治理，山上连片造林 3 万亩，山腰栽地埂树 14 万株，山下缓坡地修石埂梯土 2378 亩，砌石埂 293 条，全长 2.33 万米，修排水沟 16 条、谷场 10 道，并在水打沙壅的田坝中修筑长 3360 米的河堤。这些措施从根本上防治了该片区的洪涝灾害，有效地保护了农耕地 4600 亩，恢复扩大耕地 276 亩，粮食亩产由 1988 年的 120.5 千克提高到 1995 年的 300 多千克，群众的生活水平得到了显著的提高，取得了良好的生态、经济、社会效益。

四、取得的经验

实践证明，织金、纳雍两县利用联合国世界粮食计划署援助项目——"中国 3356"工程，认真组织实施，开展综合治理，是促进贫困地区经济发展，带领群众脱贫致富奔小康的有效途径。同时，它向世人表明，毕节市人穷志不穷，有能力完成国际组织援助的各种项目，而且取得了可贵的经验。

（一）加强领导和协作是项目实施的关键　项目涉及造林、种草和乡村公路修建等，每年要投入大量劳动力，工作量大、涉及部门多，没有强有力的领导和有关方面的通力合作，难于顺利进行。因此，市、县、乡、村一把手都亲自抓工程，分管领导具体抓，把项目列入各级政府重要议事日程和考核内容，调整机构，充实人员，对项目的管理实施发挥了重要作用。

（二）抓住重点和综合治理是项目实施的重要措施　织金、纳雍两县人多地少，水土流失严重，林粮矛盾突出，因此，从项目实行开始就执行"工程措施与生物措施相结合，农林牧相结合，长中短相结合，乔灌草相结合"的综合治理方针，以小流域为单元相对集中治理，因而取得了良好的生态、经济和社会效益。

（三）依靠科学技术，充分发挥科技人员的作用是项目实施的保证　项目实施过程中，贯彻了"以科技为依托，以工程促科技"的方针，先后多次邀请省内外专家、教授进行考察咨询，解决技术难题，建立科研项目，陆续开展了"苗木丰产技术"等研究课题，并建立了一套系统的综合评价体系，有效保证了项目的质量。

实施综合治理　改善生态环境

——纳雍县"中国 3356"工程成效显著

"中国 3356"工程自 1988 年 12 月 1 日至 1994 年 11 月在纳雍县实施以来，在县委、县政府的高度重视下，在有关部门及乡镇的大力支持配合下，各项目标均全面或超额完成，取得了预期效益。1996 年 8 月，联合国世界粮食计划署对项目进行了终结认证，认为该项目的实施圆满完成了我国政府与联合国世界粮食计划署签订的各项目标任务，达到了山、水、林、田、路综合治理的目的，是非常成功的。

一、主要成效

项目实施以来，累计建设苗圃 0.71 万亩，占计划数的 240.5%，培育营养袋苗木 100 万株；累计造林 33.92 万亩，占计划数的 115.7%，其中防护林、用材林、经济林、地埂树分别为 17.78 万亩、5.63 万亩、4.34 万亩、6.17 万亩；人工种草 0.76 万亩，占计划数的 100.8%；修筑梯土 1.26 万亩，占计划数的 104.7%；修筑乡村公路 25 条，总长 154.8 千米，占计划数的 258%；维护乡村公路 9 条，总长 68.5 千米；培训带工员 1931 人，占计划数（1425 人）的 135.5%；培训农民 6.03 万人，占计划数（3.9 万人）的 154.6%；培训项目管理人员（含县、区、乡、村管理人员）961 人（女 123 人）；累计投入援粮变价款和省、市、县配套资金 3032 万元。项目的顺利实施，使纳雍县生态恶化趋势得到有效遏制，极大地改善了生态环境面貌。

（一）项目实施改善了生态环境　通过项目的实施，截至 1996 年底，纳雍县项目区森林覆盖率由原来的 7.45% 增加到 20.65%，提高了 13.2 个百分点；项目区土壤侵蚀面积减少 20% 以上，土壤侵蚀量在原来的基础上减少 40% 以上。随着林木的逐渐郁闭，项目区内河流的输沙模数逐渐减少，河水的涨消过程趋于平缓，森林作为绿色水库调节洪峰径流、涵养水源、保持水土的功能日益显著。项目区 60 万亩农耕地、280 千米河流、350 千米公路、1198 个村寨、4.64 万幢建筑物得到不同程度的保护，项目区 9.94 万人、5.76 万头（匹）牲畜的饮水困难得到缓解。修筑梯土石埂、谷坊、拦沙坝、排水沟等工程措施与

■ 纳雍县张家湾镇"中国3356"工程

地埂树、牧草种植等生物措施相结合，有效地拦截径流，控制水土流失，起到了保水、保土、保肥的作用，使治理区下游2.73万亩良田好土得到保护。截至2017年，全县森林面积达到214.50万亩，森林覆盖率达到58.41%，森林蓄积量达到454万立方米，实现森林资源的"三个同步增长"。其中："中国3356"工程造林项目保存面积27.8万亩(不含地埂树)，蓄积量达78万立方米，项目的生态效益得到充分的展现。

（二）项目实施提高了经济效益 群众参与项目建设获得援粮补助，生活水平得到很大提高。与项目实施前的1988年农民人均纯收入196元相比，2017年项目区农民人均纯收入7295元，收入增长了36.22倍。种植桃、李、樱桃、花椒、茶树等经果林，农民受益明显增加。如新房乡长沟村村民荣德富种了450多株桃树，年收入1.2万余元。项目的实施，使纳雍县林草植被逐渐增长，水土流失得到有效控制。目前，工程造林长势良好，据专家预测，到2020年，项目区人均占有木材可达11.7立方米，人均产值可达7500多元。通过实施石灰改良、种绿肥培肥地力、改进耕作技术、推广良种良法等方法，加强项目农耕梯土使用效果，粮食获得大幅度增产，农民收入增多，项目经济效益显著。

（三）项目实施推动了社会发展 项目培训带工员1931人，培训农民60347人，培训项目管理人员961人（其中具有初中级技术职称的217人，占管理人员数的22.58%），培训生态效益监测记录员25人，全县有32名带工员被县科委评定晋升为农民技术员和技师，项目区参加项目活动农户81672户，投入劳动力123000个，直接受益356595人。项目的实施，使纳雍县在农业、林业、畜牧、水利等各方面技术、技能水平都得到很大提高，在后来的相关产业项目实施工作中，不仅起到了传、帮、带的实用技术推广作用，还奠定了坚实的各类人才基础。项目的实施，改变了纳雍县乡村公路的格局，打开了闭塞山区的大门，为山区物资交换、生产生活物品运输、林木抚育间伐、森林病虫害防治、护林防火、资源开发、经济发展等方面创造了良好的交通条件，促进了城乡交流，带来了显著的社会效益。

二、主要做法

（一）领导重视，逐级压实责任 在项目启动之初，纳雍县委、县政府领导高度重视，将项目列入县委、县政府重要工作日程，实行县、乡（镇）、村三级联动，建立健全机构。

成立了以县长为指挥长、分管林业的副书记和副县长为副指挥长的项目指挥部，办公室设在县林业局，县林业局局长兼任办公室主任。乡镇同时设立施工领导小组，具体负责项目的培训、实施、检查、验收、管护、粮食发放、财务开支等，把责任层层压实，把任务落实到山头地块。

（二）部门协作，助推工程进展 "中国3356"工程涉及大量的粮食及配套资金的管理和发放，项目实施期间，财政部门按时足额匹配项目资金，审计部门严格项目审计监督，按时提供对外、对内审计报告。财政、审计、交通、水利等部门多次派人到乡、村帮助和指导工作，乡(镇)组建工作组到村、组、农户，形成部门密切协作，县、乡、村齐抓共管，群众相互监督的良好工作局面。项目是以粮食折算资金直补到群众手中，稍有不慎，后果堪忧。为确保物资的规范使用，并使物资发放具有督促作用，实行每村每组每周进行公示一次，内容包括农户完成面积、领取补贴的数量以及不合格的面积等，使老百姓明明白白做工、认认真真干活，做到了公正、公平。项目实施几年来没有发生一起群众上访事件。

（三）创新机制，严把工程质量 一是加大宣传。县、乡、村分别召开动员会、群众会等，宣传项目实施的有关政策和技术要点，充分让群众积极参与，落实目标任务，做到家喻户晓。对于不愿参与的农户，落实专职干部带队入户做思想工作并确定任务完成时间；对于技术不规范、种植不过关的农户，安排技术人员亲自入户示范指导直到掌握各种相关技术要领。通过以上措施，有效提高了工程的进度和质量。二是严格奖罚。用工程质量作为兑现补贴的首要条件，"打坑栽植似棋盘"就是对其工程外观的描述，严格按技术要求和作业设计进行整地、打坑和植苗。对达不到技术要求的，不予兑现补贴，从而保证工程质量。三是强化社会参与。"中国3356"工程投入多、要求高、影响大，在项目建设中，纳雍县积极探索和推广招投标制，鼓励支持民兵预备役造林、农民专业队造林、大户承包造林等工程建设新机制，提高造林进度和质量。四是严把造林"六关"，即严把规划设计关、苗木采购关、整地关、苗木栽植关、检查验收关和抚育管护关。

（四）调整结构，提高综合效益 为达到"山上戴帽子、山腰拴带子、山下赚票子"的总要求，纳雍县在项目建设中积极调整林业结构，改变工程林种、树种单一及结构简单的弊端。在造林过程中，注重加大乡土种树、阔叶树种及优良树种造林的比例，使混交林比例达到40%以上，林分结构日趋合理。根据立地条件和土壤差异，按"因地制宜、适地适树、群众致富"的原则，山顶、山脊进行混交造林，高山平缓地块种牧草，山腰地块种经济（果、茶）林或地埂树，使林、果、茶、草相互补充。通过开展连片造林、山腰栽地埂树、山下缓坡地修石埂梯土、修排水沟等山区综合治理措施，有效地保护了农耕地，恢复扩大稻田耕地，提高粮食亩产量，群众的生活水平得到了显著提高。由此一来，使营造林由社会造林向工程造林转变，森林经营由粗放经营向集约经营转变，森林利用由单效益利用向多效益利用转变，特色经果林得到快速发展，经济效益逐年提升，示范效应逐年增大，最大限度确保工程效益。

（五）加强管护，巩固项目成果 俗话说"三分造、七分管"，为了保证已植苗木能够成活、成材、出效益，纳雍县、乡（镇）、村投入了大量人力、财力进行工程后期管理，出台多项工程建设管理制度和办法，保证了工程（特别是造林）成果的逐年巩固。一是狠抓管护措施，落实管护责任。县政府对乡政府、乡政府对村民委员会落实管护责任，层层签订管护责任状。以村为单位，从工程施工中发现有号召力、施工认真、有大局观的群众推选为管护员，确保栽一片、管一片、成一片。二是加强监督检查，严格兑现奖惩。对于安排部署的管护任务，县、乡成立督查考核小组。纳雍县政府制定了《中国 3356 项目工程管理及质量事故责任追究制度》、《中国 3356 项目工程林木管护制度》等制度，以制度管人，对因管理不力或巡查不到位造成林地失火、牲畜啃食破坏树木、人为破坏的相关责任人进行处罚，按照检查结果严格考核兑现。

三、几点体会

（一）强化领导，狠抓落实是关键 一是根据省、市、县统一部署和要求，纳雍县政府主要领导亲自带领财政、发改、林业、水利等有关部门和乡（镇）负责人对县境内水土流失严重区域进行实地调研，查清现状，确定工作任务和工程重点。二是立足县情，制定切实可行的实施方案。将项目任务落实到乡、村和山头地块，落实到造林主体，落实到责任单位。三是召开工作推进会。根据工作进度，县、乡（镇）政府不定期地召开由分管乡（镇）长及有关部门负责人参加的工作推进会，及时总结经验，吸取教训。四是认真落实领导责任制和部门责任制。做到各司其职，各负其责。

（二）创新机制，强力推进是基础 为确保任务完成，纳雍县按照属地管理和"谁造林、谁负责、谁所有"的原则，落实包保责任制。把"中国 3356"工程列入县委、县政府的议事内容，进行重点研究和部署。严格实行"一周一调度"制度，每周由各乡镇上报工程建设完成情况，县工程指挥部负责统计汇总，将完成情况报送县委、县政府进行通报，扎实推进工程建设进度和质量。

（三）搞好服务，提升质量是保障 为了给参与项目工程建设的群众及时兑现施工补贴，实行"一周一公示一兑现"的补贴制度。凡经验收合格的工程马上兑现，对部分偏远村组还可以根据群众自愿实行物资折算，由干部到农户家中结算。通过这些方式，极大地调动了广大群众的积极性和创新性，使工程进度和质量都得到了极大提升，为工程高质量、高标准完成提供了坚实保障。

（四）结构调整，群众增收是目的 工程围绕山、水、林、田、路同步施工，山头、山腰、山脚、交通同步治理，林、果、茶、草同植，充分调动群众参与的积极性和主动性，大部分农户都积极参与工程建设。通过工程的综合治理，使项目实施区域水打沙壅逐年减少，山绿水清渐变成真，人背马驮淡出视野，项目区群众经济效益倍增。涌现出一批从事造林绿化、茶叶生产、畜牧养殖、运输、建筑施工等行业的"领头雁"。工程实施还培训了各类乡土人才，为长江防护林工程、退耕还林工程等造林绿化工程奠定了坚实的人才基础。

第七章
媒 体 关 注

毕节试验区把宣传工作作为林业生态建设与社会紧密联系的纽带，创新宣传方式，加强与媒体沟通，大力开展生态文化和行业精神文明建设，广泛宣传林业生态建设的政策法规、成效做法，向社会传递尊重自然、爱护环境的生态文明理念。《人民日报》、《经济日报》等主流媒体对毕节造林绿化、湿地保护、国有林场改革、森林生态旅游、法治毕节等进行了正面宣传报道，树起了"绿色毕节"公众形象。

贵州毕节生态修复带动农民增收
——荒山秃岭变身"绿色银行"

郝迎灿

　　漫步在连片的紫薇园里，贵州省毕节市黔西县金兰镇青华村村民蒋博跟记者说起了往事："原来这上万亩山坡被垦得光秃秃的，石漠化严重。为了争水源，村与村、寨与寨之间打架冲突是常有的事。"路不通、粮不足、钱不够、水如油，以前的青华村也难怪成为一个极贫村。

　　2006 年，黔西县开始实施生态修复工程，村里按照"高海拔自然恢复，中海拔退耕还林，低海拔种经果林"的思路，种植经果林 3860 余亩，森林覆盖率从原来的 18% 增加到 82%。"现在再望去，全是绿，通村路、通组路全部硬化，走路不湿鞋，吃水不用抬，住在新农村，上网用 Wi-Fi。"蒋博说。

　　生态建设是毕节试验区三大主题之一。试验区成立之初，基数庞大的贫困人口和支离破碎的土地资源尖锐对立。"人多地少，林粮争地。20 多年前，60% 以上面积水土流失。"毕节市副市长李玉平说，1988 年，毕节森林覆盖率仅 14.94%，水土流失严重，生态环境恶化。

　　试验区建立后，毕节先后实施了退耕还林、天然林资源保护等 10 多项生态建设工程。"森林覆盖率从 14.9% 增长到 50.28%，水土流失面积从 16830 平方千米减少到 10342.54 平方千米。"毕节市林业局干部糜小林说，一增一减，试验区生态环境已经实现了从不断恶化到明显改善的跨越。

　　地退了，人到哪里去？扶贫，钱从哪里来？

　　在大方县小屯乡滑石村，柳杉挺拔，意杨繁茂，近 3 万亩人造林郁郁葱葱。可就在 10 多年前，这里还被戏称为"和尚坡"。"就像和尚的秃头，寸草不生。"村民黄朝先说，"2000 年，一场泥石流席卷滑石，带走 18 条人命。"

　　滑石人痛定思痛，25 度以上陡坡耕地全部退耕种树，一方面组织劳务输出，缓解吃饭压力，另一方面发展林下种养殖，"以短养长"务求长期发展。经过 10 多年不懈的生态建设，滑石村昔日的荒山秃岭变成了今天的"绿色银行"。"林下种植天麻 1000 多亩，冬苏 1.2 万平方米，养殖场养鸡存栏量 2 万多羽，人均纯收入去年达 6040 元。"黄朝先说。

滑石村是毕节的一个缩影。作为全国最贫困的地区之一，毕节在以生态修复为主的同时，更加注重林业生态建设，将其作为带动农民增收致富、脱贫攻坚的大产业来抓。截至 2016 年底，全市已发展经果林 331.25 万亩、林下经济 150 万亩，林业总产值达到 193 亿元。

2017 年 5 月 13 日《人民日报》

毕节之变

——披上绿毯子拔掉穷根子

万秀斌　汪志球　郝迎灿

时过芒种，小雨密织，海拔逾 2000 米的迤那小镇，气温还在 11℃上下。山雾氤氲，中海村的黄静披一件厚衣，漫步田垄，察看 800 多亩党参园，枝头已钻出嫩芽。

"只见大山不见树，只有石头没有地"，"七分种、三分收，苞谷洋芋度春秋"，黄静说，过去多年，不是这里缺粮，就是那里断炊。

开门是山，不妨换个路子"吃"山——贵州省党建扶贫三队入驻后，开出"药"方：改种药草。石头缝里种草药，每亩多收 2000 余元。2013 年黄静等 56 户群众联合成立合作社。如今的迤那，从村到镇，"万元户不稀奇"。

山占其九，余下一地还破碎陡险。整个毕节的地形地貌，都与威宁县迤那镇一般。"越穷越垦、越垦越穷、越穷越生"，森林覆盖率一度降至 14.94%，绝对贫困人口高达 65.4%，陷入"经济贫困、生态恶化、人口膨胀"怪圈——这曾是旧日毕节的真实写照。

绝境求生，何以图存？1988 年，国务院一纸文件，试验区应运而生，"开发扶贫、生态建设、人口控制"，毕节以三大主题破解三大难题。

山顶植树造林"戴帽子"，山腰退耕还林还草种树"系带子"，坡地种牧草和绿肥"铺毯子"，山下建基本农田收谷子，发展多种经营抓票子。"五子登科"是毕节对山的重新演绎。种到山尖尖，坏了生态，只收"一小箩"，现在改栽树植草，种得少反而赚得多。和谐出双赢。迤那镇的森林覆盖率从 23% 增至 38.2%，农民人均纯收入从 2935 元增至 6662 元。

树不砍了，草不挖了，人往哪里去，钱从哪里来？"甜味多，不辣。"金沙县西洛乡申家街村 70 岁的老人尚德渊抱怨在北京没吃好。前年，自家 2 亩 8 分（约 1867 平方米）地流转给台金生态农业园，他自己也到园区做起了管护，除了每亩千元的租金，每月还能领到 2100 元的薪水。

日子好过了，从未出过远门的老人 2013 年 9 月坐飞机去北京玩了 4 天，花了 7000 多块。"不心疼花钱，以前身上零票子，现在身上红票子。"

"毕节的'穷根'在于人多地少，一方水土难养一方人。通过工业化、城镇化转移农民，变'人口包袱'为'人力财富'。"市长陈昌旭说，毕节将发展的潜力瞄向工业。

卡车不用油，说来没人信——毕节"跳起来摘桃子"。位于毕节经济开发区内的力帆时骏振兴集团，卸下重卡的油箱，换成装天然气和二甲醚的气罐，运行成本比用柴油降30%。没有油气资源，企业却有信心发展清洁能源汽车，靠什么？靠生态工业。

立足煤资源优势，毕节以煤的清洁技术、资源深加工、产业园区建设等为重点，推动资源利用方式根本转变。工业从"两烟"（煤炭、烤烟）独秀迈向轻工业、装备制造业、新兴产业等"满树繁花"。

26年攻坚克难，毕节，这块科学发展的试验田"换了人间"：生产总值突破千亿大关，翻了44倍，农民人均纯收入增长18倍，森林覆盖率从14.9%上升到45%，少生人口165万人。

"26年探索，毕节试验区勇于做示范、探路子，实现了人民生活从普遍贫困到基本小康、生态环境从不断恶化到明显改善的跨越。"市委书记张吉勇表示，这是毕节交出的亮丽答卷。

8个县中6个是国家扶贫开发工作重点县，农民人均纯收入仅182元，水土流失面积达62.7%，森林覆盖率不足15%，每平方千米承载200多人……地处贵州乌蒙山区的毕节"人穷、地乏、环境恶"。

1988年，毕节试验区成立，以"开发扶贫、生态建设、人口控制"三大主题破解"经济贫困、生态恶化、人口膨胀"三大难题，敲开了这个贫困山区转型发展的大门。

二十六载光阴转眼过，如今的毕节，到底怎么样？让我们走进毕节。

后发赶超，产城同进变

变"人口包袱"为"人力财富"，城镇化率提高到31.7%

毕节市七星关区梨树镇保河村的聂祥仲正在自家的地里给梨树追肥。"以前为了多打粮食，村民开荒垦殖，水土流失严重，地里庄稼不长，石头疯长。"聂祥仲回忆说。

在毕节，人多地少，林粮争地。20多年前，60%以上面积水土流失。毕节之变，势在必行。

1988年，毕节试验区成立。

从生存与生态的"对抗"走向"共赢"是毕节的思路，念好"山字经"、打好"特色牌"，积极探索产业发展与生态建设、群众增收相互促进的新路子则是毕节的具体实践。

"这3亩黄花梨是我的'绿色存折'。18年前，县里提供树苗，让我们退耕还林，还在山腰修了配套水利工程，跑土、跑水、跑肥的'三跑田'变成了保水、保土、保肥的'三保田'。"聂祥仲说。

农业稳了，工业也在迎头赶上。说到底，把人从土地的束缚中解放出来，变"人口包袱"为"人力财富"，工业化和城镇化都不可缺。

远处山峦青，脚下绿草茵。大方县小屯煤矿是国家标准化建设示范矿井，采出来的煤炭不在矿区停留，而是沿着传输装置运送到一旁的大方电厂，变成电送到万千百姓家——

这只是毕节煤炭精细化开采的一个场景。

煤是毕节最突出的资源优势，远景储量超 1000 亿吨。但长期以来"一煤独大"、"遍地开花"式的开采导致资源浪费和环境损毁。"黑色煤炭，绿色开发，就地转化，吃干榨尽。工业转型升级就得拿煤炭产业开刀！"市委书记张吉勇说。

2013 年 11 月 26 日，毕节国家新能源汽车高新技术产业化基地获得科技部批准，而此前，这里已聚集相关企业 70 多家。而今，毕节早已跳出"两烟（卷烟和烤烟）独秀"、"一煤独大"的产业格局，正向轻工业、装备制造业、战略新兴产业等"满树繁花"迈进。

产业兴则城镇旺。立足小城镇的资源、地缘和产业基础，毕节以交通枢纽、旅游景观、工矿园区等为重点，努力打造"一镇一业、一镇一品"格局。目前，培育精品果蔬、中药材等产业基地 156 个，建设返乡农民工创业园 28 个；全市产业园区建成面积 68.7 平方千米，累计从业人数达 7.6 万多人；城镇化率从 1988 年的 6% 提高到如今的 31.7%。

"通过工业化、城镇化、劳务输出，引导剩余劳动力出山，毕节正在变'人口包袱'为'人力财富'。"市长陈昌旭表示，到 2020 年，城市规划区外的乡镇基本完成特色小城镇建设，建成特色示范小镇和幸福小镇 320 个，新增人口 60 万人，带动全市城镇化水平提升 8% 左右。

突破瓶颈，聚力民生

通车通路，发展农家乐，教育"两基"覆盖率达 100%

从黔西县城驱车向北不到 10 千米，一河穿村而过，两岸垂柳依依，农家翠竹迎风，这里是洪水乡解放村。

为了把这里打造成城里人休闲度假好去处，县里给项目、筹资金修通柏油路，动员群众建设黔西北民居。如今，这里农家乐生意红火，人均纯收入超 8000 元。谁能想得到，仅仅在六七年前，这里还是一个交通闭塞、农民人均纯收入不及 2400 元的三类贫困村。

"挑来两担水，累断两条腿"，行路难不仅仅是解放村曾面临的问题，也是整个毕节市农村基础设施建设滞后的缩影。

毕节实施"四在农家•美丽乡村"建设，仅一年，1800 万平方米院坝、3 万千米连户路得到硬化，124 万户、320 万人受益。

交通条件的改善不仅方便了百姓出行，也拓宽了农村产业发展和农户增收的渠道。纳雍县沙包乡天星村很早就开始培育经果林，但是苦于道路不通，只能"小打小闹"。"两个硬化"联通了该村的经果林种植基地和核桃育苗基地，樱桃、板栗、核桃得以及时外运。

如果把通村路、连户路比作毛细血管，那么铁路、高速公路则是一个地区发展的大动脉。截至 2013 年底，毕节全市铁路通车里程达 231 千米，在建 297.7 千米；高速公路通车里程 281 千米，在建 338 千米；飞雄机场建成通航，开通了 7 条航线。

扶贫先扶智，治贫先治愚。近年来，毕节市利用"多项改革、多重政策叠加"优势，走出了一条"穷财政办大教育"的快速发展之路。市委副书记胡吉宏介绍，毕节教育两基覆盖率达到 100%，人均受教育年限从 3.6 年提高到 7.8 年，"原来的人口包袱逐渐向人口红利转化。"

同心攻坚，雨润乌蒙

"同心工程"投入 250.47 亿元改善民生，138.1 亿元助推发展

"我以为再也看不见了，没想到外面大医院的医生免费给我治好了！"威宁县观风海镇 61 岁的秦石巧老人话里充满感激，她前年患了白内障双眼失明，没想到 2014 年 3 月，九三学社组织的"亮康行动"白内障复明手术让她重见光明。

这是统一战线实施"同心工程"推动毕节科学发展的一个缩影。20 世纪 80 年代，贵州毕节试验区成立，中央统战部、各民主党派中央、全国工商联等统一战线人士参与建设，形成了以"助推发展、智力支持、改善民生、生态建设、示范带动"为主要内容的"同心工程"品牌。

截至 2013 年，统一战线在毕节试验区实施"同心·助推发展"项目 160 个，投入资金 138.1 亿元。实施"同心·智力支持"工程 279 个，投入资金 1.27 亿元；培训教师、医务人员等 20 多万人次。实施"同心·改善民生"项目 258 个，投入资金 250.47 亿元。实施"同心·示范带动"项目 84 个，投入资金 3.7 亿元。

"我嫁给马正安时，一家四口挤一间茅草房，连苞谷饭都吃不饱。"赫章县河镇乡海雀村的张富英回忆，20 多年前，村子山高地贫，垦荒垦到山巅，水土流失严重。如今海雀村在台盟中央帮扶下，搞起了种养殖等特色农业，四面青山环绕，全村人均纯收入 5460元，森林覆盖率达 70.4%。

"同心·生态建设"项目投入 36.94 亿元，"中国 3356"工程、退耕还林等一系列生态建设工程得以实施，生态越来越好。

26 年来，全国政协、中央统战部、各民主党派中央、全国工商联领导 200 多人次深入毕节考察指导工作，组织 492 批、5390 人次的专家学者、企业家参与建设。

"毕节试验区的发展，离不开全国政协、中央统战部、各民主党派中央、全国工商联的长期支持和广泛参与，充分体现了共产党领导的多党合作和政治协商制度的巨大优越性。"贵州省委书记赵克志表示，"面对与全省全国同步全面建设小康社会的任务，试验区必须进一步深化改革，锐意进取，埋头苦干，同心攻坚，努力实现人口、经济与资源环境协调发展。"

2014 年 6 月 19 日人民网、《人民日报》

贵州毕节：石头上开出绚丽花

郝迎灿

毕节市超 90% 国土面积是山地丘陵，当地农民为了填饱肚子，曾向荒山荒坡要耕地，结果是越穷越垦、越垦越穷。2008 年，国家启动石漠化综合治理试点，7 年来毕节累计造林 117.32 万亩，种草 17.6 万亩，昔日的荒山秃岭，如今添绿增翠。

入冬以来的第三场雪，浸润着毕节市七星关区撒拉溪镇。虽然入眼满是枯黄色调，但石旮旯里，羸弱的刺梨树苗已悄悄抽出新芽。朝营村营冲组的韩贤志，顾不得头顶的小雨混着雪花，在石头窝里左右顾盼，查看着株株幼苗的长势。韩贤志脚下是石头，背后是石山。就在前年，他还在这样的地里播下苞谷种子，企盼着一年每亩几百斤（1 斤 =500 克，下同）的收成。

农民为填饱肚子向山坡要粮，结果越穷越垦、越垦越穷

韩贤志脚下的这种石头地，在当地并不少见。

在毕节，有这样的笑话：一位老农开垦了十几块地，天黑时发现少了一块。原来，那块地被草帽盖住了。这笑话虽有些夸张，但与毕节的石漠化实情高度吻合。

人地矛盾突出，是毕节农民生存、农业发展的最大问题。毕节户籍人口近 858 万人，国土面积 2.6 万余平方千米，其中超 90% 是山地丘陵，在如此恶劣的自然条件下，平均每平方千米还要养活 319 人，是全国平均水平的 2 倍有余。

"农民为了填饱肚子，向荒山荒坡要地，结果是越穷越垦、越垦越穷。土壤越翻越薄，到头来只剩下光秃秃的石头，石漠化愈演愈烈。"毕节市石漠化管理中心主任金宇说，2005 年全国第一次石漠化监测结果显示，毕节石漠化总面积达 6500 多平方千米，几乎占全市国土面积的 1/4。"开荒开到天边边，种地种到山尖尖"让毕节陷入"森林—耕地—裸岩"的逆向演替，被联合国专家定论为不宜人居区域。

为破解经济贫困、生态恶化、人口膨胀的生存怪圈，1988 年 6 月 9 日，毕节开始大规模治理石漠化。2008 年 3 月，毕节石漠化治理迎来重要时间节点——国家启动石漠化

综合治理试点，毕节 8 个县（区）全部被纳入试点范围。

"石漠化综合治理，固土保水、涵养水源是首要，必须始终坚持优先恢复林草植被，重建石漠化土地森林生态系统。"金宇说。据统计，自 2008 年工程启动实施以来，毕节累计造林 117.32 万亩，种草 17.6 万亩。昔日的荒山秃岭，如今添绿增翠，在不毛之地渐次铺开了一片片绿色生态植被。

根据 2011 年全国第二次石漠化监测结果，毕节市石漠化土地面积减少到 5984 平方千米，比 2005 年净减少 542 平方千米，年均缩减率 1.4%。这相当于每年减少 12 个杭州西湖面积大小的石漠化区域。而到目前，据毕节市石漠化管理中心数据，全市石漠化土地面积进一步下降到 5400 平方千米左右。

发展林下经济，生态修复和群众脱贫致富两不误

"石漠化是人为原因导致的水土流失、基岩大面积裸露，如果采取封山育林的极端手段，通过自然恢复是可行的。"金宇说，"但要同时解决老百姓的温饱问题，就势必要探索一条实现生态修复和群众脱贫致富的双赢路子。"

不种粮食种水果，韩贤志在朝营村是第一个"吃螃蟹"的人。

"我家的土地被纳入石漠化治理范围，改种刺梨、核桃，一亩有 500 元的补贴，树苗免费发下来，我栽到自家地里还有劳务费，这样的好政策当然不能错过。"韩贤志在 2011 年一下子拿出 17 亩地中的 13 亩种上了刺梨、核桃。

前几年不到挂果期，没收成怎么办？村里又成立了养殖专业合作社，韩贤志拿土地入股，搞起了林下养鸡和种草养牛、养羊。虽然刚刚走上正轨，韩贤志去年就有了 2 万多元的收入，"比过去种苞谷强多了"。

撒拉溪治理石漠化走的是一条"经果林—林下养殖—动物粪便提高地力"的良性循环的路子，在治理石漠化面积 1600 多公顷、项目区森林覆盖率提高 20% 的同时，当地的农民人均纯收入也从 20 世纪末的 500 余元提高到 2014 年的 4000 余元。

从大方县城向南驱车不到半小时便到了羊场镇羊场村。在蒋云明的中药材基地里，山间石旮旯间栽满了中药材。53 岁的蒋云明从 1986 年开始自己摸索种中药材，"过去这 5 亩多石旮旯地，种苞谷只能收 600 多千克粮，家里穷得叮当响"。

把开发扶贫和石漠化治理等生态建设结合起来同步实施，既富裕了民生又恢复了生态，毕节试验区数百万名农民从中得到了真正的实惠。

呼唤新机制，资金扶持和各项政策形成合力

"从总体上看，毕节市石漠化面积减少，程度减轻，石漠化扩展的趋势得到遏制，但石漠化防治形势依然十分严峻。"金宇说。

形势严峻，不只是还有近 6000 平方千米的石漠化面积等待治理，在过往石漠化治理的工作中暴露出来的问题也亟须解决。

比如资金问题。据金宇介绍，中央按照每平方千米 50 万元的标准进行拨付："不同地

区的石漠化表现程度不同，按照先易后难的原则，这些钱首先被用于潜在和轻度、中度地区的治理，而重度和极重度地区的治理成本至少要200万元。"

按照规定，省、市两级还要按照10%的比例进行配套，但这些配套资金实际上并不能足额到位。"毕节欠发达、欠开发，财政困难，这些配套资金只是下发一部分。"一位基层干部告诉记者，"中央资金到县财政后，并不能及时针对石漠化治理项目足额拨付到位。"

此外，各方面的力量不能整合形成合力。"同为生态建设，林业、农业、水务、扶贫办等多个部门都掌握有各自的一批项目、资金，但管理并不统一，难以形成合力。"毕节市扶贫办副主任付立铭说，"比如同一块荒坡，如果被纳入退耕还林项目，头5年可以领到每亩1500元的补贴，而如果被纳入石漠化治理项目种上经果林、中草药，这一补助只有500元。"付立铭认为，做好石漠化治理，关键还在干部观念、认识的转变，关注资金落实的同时，应多考虑怎样将项目做好。

记者了解到，针对招投标来的苗木质量不佳问题，已有多个区县在进行新的机制探索。威宁彝族回族苗族自治县从2010年起把营造林项目承包给中标公司实施，工程种植完工和管护期间，由县石漠化中心组织相关人员分6次对工程进行检查、验收，直到达到验收标准后按比例支付资金。

付立铭建议，相关项目的实施要更多地进行市场化的运作，"引入龙头企业带动实施项目，细化考核标准，讲数量也要讲质量，把落脚点放到成效上来"。

2015年2月22日《人民日报》

誓让荒山起松涛

——记贵州省大方县原马场区委书记刘安国

吴秉泽　王新伟

初秋，车行至贵州省大方县西南部的对江镇大山村，满目苍翠，松涛阵阵。

"这都是刘老书记的功劳。不是他带领我们植树造林，哪有今天的好生态。"望着无尽的林海，大山村党支部书记姜武说，当地百姓在享受生态红利时，始终没有忘记当初的领头人——刘安国。

刘安国，1932年出生于大方县对江镇大山村罗家寨组，1953年加入中国共产党。1965年，33岁的刘安国根据组织安排，到大方县马场区（1991年改为马场镇）任区长。

当时的马场，由于大跃进时期大规模毁林开荒，森林成片被毁，致使洪灾肆虐，土地日益贫瘠，群众广种薄收，青黄不接。

报到次日，刘安国就扑到了田间地头了解情况，随身携带的笔记本上画满了各种只有自己能看得懂的符号，上面记的全是他对当地建设的设想。

治水必先治山，治山必须种树。刘安国明白，"只有让树木山上扎根，泥沙才不会乱跑，好上良田才保得住"。先做样板，再有辐射，刘安国把目标瞄准了马场区公所背后的毛栗坡，想在这里建一片示范林。

听说要在毛栗坡造林，时任马场区委书记的刘世晶连连摆手说："从我当大队书记时就在上面种树，这么多年过去了，哪里有一棵活着的树苗？"

搭档不认可，群众也不支持，他们都认为刘安国是异想天开。但这些都没让刘安国泄气，他反复与刘世晶沟通，给群众讲道理："毛栗坡虽然地皮薄，但只要肯下功夫，方法得当，树苗就一定能成活。同时，毛栗坡地处马场的核心地带，弄好了，对全区的造林绿化工作将起到重要的引领示范作用。"最终，在刘安国的坚持下，全区干部职工进军毛栗坡，先开荒、后砌坎，顺坡随形，平成梯土，水流不走，天旱不着，树苗成活率得到保障。

看着刘安国的方法靠谱，原本观望的群众觉得有希望，纷纷抢种，在次年春节前就完成了树苗种植任务。毛栗坡造林的成功，让各地看到了信心。到1984年刘安国从马场区委书记的岗位上离开时，已带领群众先后建成 10 多个林场和茶场，总面积超过 2 万亩，曾经的荒山披上了绿装。

1981 年的时候，刘安国回大山村探亲时看到因大规模毁林留下的光秃秃荒山，心里很不是滋味。经年累月的雨水冲刷，使得山上的泥土流失殆尽，难找到一棵像样的树木。山坡也被洪水撕裂成一条条深沟，地里的石头越来越高，庄稼越长越矮。

大炼钢铁时，时任公社书记的刘安国砍树最积极，觉得自己有责任归还。"家是我们败的，得由我们自己来重新建起来。"他暗下决心，一定要让家乡的"光头山"披绿挂翠！

因当时还需工作，刘安国只能动员乡亲们植树，但因资金缺乏，只能在小范围内栽种，成效有限。

1984 年刘安国"退居二线"，回到村里决心带领村民绿化荒山，他找到村里的 4 名党员，说服他们共同承包了村里的罗家寨、刺莓岭、马头边 3 个村民组的荒山，并筹资 500元购来杉树和柳杉种子，自行育苗。为了让村民放心，刘安国等人还与村民立下契约：造林成功后，产生的效益 70% 归荒山入股者，30% 归刘安国等 5 名承包人。

刘安国还投入了所有积蓄，每月 95 元的工资，除了维持家庭日常用度外，全部用于造林。刘安国的举动感动了越来越多的群众，先后有 800 多名村民参与到植树造林中来。

1989 年，刘安国正式退休，随之全身心地投入到植树造林中。在刘安国的带领下，当地群众累计完成造林 20 余万株，29 个山头披上了绿装。刘安国将这场造林运动产生的成果命名为"八五林场"。1997 年，在造林贷款还清后，刘安国与最初的 4 位承包人商议后宣布，放弃他们手中 30% 的权益，树木收益全部归村民所有。

刘安国始终牵挂林场，经常深入林间巡查，直到近两年因双腿病痛才不得不终止。虽已过耄耋之年，子女也都在外地，但刘安国仍坚持住在大山里，每天看着茫茫林海，"心里感到踏实"。

如今，这些刘安国当年带领村民种下的小树苗已经长成参天大树，对江镇森林覆盖率也从 1985 年的 31% 提升到 2016 年的 51%，周边 10 余个村寨的生活环境因此得以改善。

2017 年 9 月 14 日《经济日报》

海雀的一棵树

——贵州毕节海雀村老支书文朝荣的故事

蒋 巍

砰的一声，大自然放下一块雄奇壮美的高原，贵州！

见到彝族老支书文朝荣，一张黝黑脸膛刀刻斧凿，一双凛然威目正气逼人。一座雕像，一尊雄魂，与各族人民化为一体。凝立，眺望，沉思，诉说。

老人与历史——苦在前头

云雾缭绕，奇峰连绵，山路弯弯，深谷流泉，风光如画……

开窗见美景，出门临高峰。其实，很多自然美景后面都隐藏着历史的愁容：贫困与艰难。"天无三日晴，地无三尺平，人无三分银。"石头山，羊肠道，浅表土，漏水地，小块田，存不下的雨水哗哗流进深不可测的地下溶洞。一个字就可以概括贵州的历史：穷！几千年来秦皇汉武、夜郎君主、土司酋长，无论怎样的英雄，都没能拔掉贵州大地盘根错节的穷根子。20世纪80年代，改革春风吹到这里的时候，一户农家分得六块田，绵绵细雨中，女儿和父亲兴冲冲上山数田，女孩扔下斗笠，用手指点着，数来数去却只有五块。另一块呢？父亲笑眯眯地说，在你的斗笠下面呢。女孩哭了。这是一个传说，却从侧面反映了贵州各族人民的苦和穷。

何人何时能拔掉贵州的穷根子，成了穿越千年的历史悲问。中国共产党执政后，这份渗透辛酸和血汗的考卷放到了所有共产党人面前。正如穿着补丁棉裤的毛泽东在进京前夜所说，我们进京赶考去了，这是一场"大考"。

曾经，苦与穷、泪与血，造就了烈火怒潮般的革命贵州。

文朝荣小时听老辈人讲过，被数十万国民党军队围追堵截的红军路经这里时，死伤累累，疲惫不堪，一声"打土豪分田地"却喊亮了穷人的天！乌蒙山下，赤水河畔，乡亲们世代传唱着一支悲伤的歌谣："买上一尺遮羞布，肩膀要当脚板磨！"红军来了，他们的歌一夜之间变了："最后一碗饭，送去做军粮；最后一尺布，送去缝军装；最后的亲骨肉，送儿上战场……"贵州数万名各族儿女呼号着参加了红军，仅毕节地区就有五千多人入伍。

新中国成立后，毕节没出一位将军——他们大都战死了，活下来的没几个。1937 年全面抗战爆发以后，贵州出兵六十五万多人，他们穿短裤、踏草鞋、戴斗笠、背大刀，冒着漫天风雪远征到上海、武汉、南京，直至缅甸，死拼到底。日本鬼子曾惊呼，在淞沪战场上，中国的"草鞋军"把上海变成了"血肉磨坊"。

战争，以尸横遍野、血流成河的巨大牺牲证明：历史是人民创造的，人民是国家的真正主人！那时的共产党人，每人都懂得这个大真理。所以，他们制定了"为人民服务"的立党宗旨，制定了"三大纪律八项注意"的铁律……

文朝荣记得，毕节解放不久，身穿军装的工作队进了赫章县的海雀村，一个大胡子老八路笑呵呵地告诉他："娃儿，我们在邻村办了个小学，你可以去读书识字了。"他急哭了，用彝语说："我家没钱啊！"

"不要钱！"

于是，这个十多岁的光脚娃爬山越岭，在油灯下读了三年小学。因为生产队急需记工员，他不得不终止了学业。请记住，从共和国草创之初到改革开放中期的数十年间，贵州山村绝大多数学生娃都是光脚走进校门、走出校门的。"流连故乡水，万里送行舟"，无论我们走出大山多远，娃儿赤脚翻山的苦，父母拿不出学费的泪，破麻布裹着的课本，还有父老乡亲期待的目光，都不能忘，忘记就是背叛！

海雀村是苗族和彝族的聚居村，文朝荣成了新中国成立后村里第一个文化人，第一个会说普通话，第一个识文断字，第一个读红头文件，第一个铁心跟共产党走的人。距离赫章县城近百公里、藏在大山窝里的海雀村曾被称为"苦甲天下"，全村海拔两千三百米以上，长年过着刀耕火种的日子。坡田薄土，苞谷只长半米高，结一个小棒子，村民戏称田鼠也要跪下才能啃到。一年四季，家家户户一季苞谷三季野菜，许多人家连盐巴都买不起。男人们衣衫褴褛，女人们的裙子烂成了麻条。霜雪满天的冬季，四面透亮的"权权房"（窝棚）里，乡亲们钻草铺、盖秧被，和牲畜们挤在一起睡，为的是老黄牛的呼吸可以带来些微微的暖意。六十二岁的村民王学芳告诉我，他十三四岁时还没穿过裤子，那年月"山上只要没毒的都找来吃，大便像小便一样稀"，"一袋炒面、十个鸡蛋就可娶回一个媳妇"。

政府发一次救济粮或衣物，海雀村就得大哭一场。村民要，干部也要，"狼多肉少，分不下去啊！"村委会上，火爆脾气的文朝荣说，这是救命粮，不能搞平均，不能撒芝麻盐儿，"救命粮一定要给那些最穷最饿的人吃"。他铁青着脸，逼着干部让。那时没有计划生育，好些人家都有四五个娃，最多的有九个。谁家都吃不饱，谁都让不起，村干部蹲地大哭。文朝荣吼道："我带头！咱别忘了，红军打仗时干部冲在前头，现在干部要苦在前头！"苗族老奶奶安美珍家几个月不见粮食粒了，锅里只有一点野菜，而且发了霉。文朝荣来了，"砰"的一声把一袋苞谷放到地上——那是他让出来的救济粮。老奶奶活过来了，活到今天，九十三岁了，瘦小、结实、驼背，像半截老树根。去年家里杀了两头四百多斤（1 斤 =500 克）的猪。就这样，文朝荣吼了四次"干部要苦在前头"，喊了四次"我带头"，先后让了四次救济粮，让得老婆哭孩子叫，让出一个皮包骨的铮铮硬汉，让出一个响当当的共产党员，让出一个温暖人心、凝聚人心的村支部书记。这件事上了当年的《人民日报》。

千年穷困，十年浩劫，一穷二白的贵州旧伤未愈又添新伤，各级干部们灰心丧气，束手无策。海雀村成了全县有名的填不满的"大深坑"，政府愁，干部怕，路途远，村民多年没看到干部的身影了。1984年，数月的大旱和低温让毕节地区的饥荒愈发严重。1985年5月29日，新华社记者刘子富走访了几个县后，又来到赫章县海雀村。文朝荣沉痛地对他说："我领你去看看村民的穷日子吧，我这个支书干得不好，不争气啊！"两人转了三个村组、十一家村民。这里的赤贫和饥饿让刘子富深感震惊，一篇报道急电中央：

贵州省赫章县各族农民中已有一万两千零一户、六万三千零六十一人断炊或即将断炊。安美珍大娘瘦得只剩枯干的骨架支撑着脑袋。她家四口人，丈夫、两个儿子和她。全家终年不见食油，一年累计缺三个月的盐，四个人只有三个碗，已经断粮五天了。苗族社员王永才，全家五口人，断粮五个月了。走进苗族大娘王朝珍家，一下就惊呆了，大娘衣不蔽体，那条破烂成线条一样的裙子，一走动就暴露无遗。见有客人来，大娘立即用双手抱在胸前，难为情地低下头。

……记者在海雀村一连走了九家，没发现一家有食油、有米饭的，没有一家有活动钱，没有一家不是人畜同屋居住的，也没有一家有像样的床或被子，有的钻草窝，有的盖秧被，有的围火塘过夜。由于吃得差、吃不饱，体力不支，一天只能干半天活。这些纯朴的少数民族兄弟，尽管贫困交加，却没有一个外逃，没有一人上访，没有一人向国家伸手，没有一人埋怨党和国家，反倒责备自己"不争气"……

数天后，即1985年6月4日，刊有这篇报道的《国内动态清样》放到中央政治局委员、书记处书记习仲勋的写字台上。这位出生在穷困陕北的老革命家、红区创始人之一，一定读得很激动也很沉重。老人做出如下批示："有这样好的各族人民，又过着这样贫困的生活，不仅不埋怨党和国家，反倒责备自己'不争气'，这是对我们这些官僚主义者一个严重警告！！！请省委对这类地区，规定个时限，有个可行措施，有计划、有步骤扎扎实实地多做工作，改变这种面貌。"

批文电传贵州。1985年7月24日，刚刚就任省委书记几天的胡锦涛指示相关部门以最快的速度，紧急调拨大批粮食和救援物资，星夜兼程运进毕节各县。海雀村欢声如雷，那里的炊烟有史以来第一次变得如此饱满、温馨，飘散着米面苞谷的袅袅香味。同时，胡锦涛亲自赶往赫章县等地，走访了许多村寨。看到那里到处是秃山野岭，土地贫瘠，人民生活极度贫困，他的心情十分沉重，笔记本上记满了密密麻麻的数据和干部群众的意见。结论是明确和严峻的：靠救济解决不了贫困，让山绿起来，让土肥起来，让水留下来，才是脱贫致富的根本大计。这是一个悄悄的重大的启程：科学发展观思想就这样在毕节大地上起步了。1988年，经国务院批准，以"开发扶贫、生态建设"为主旨的经济社会发展系统工程——"毕节试验区"宣告成立。

贵州，终于踏上一个前所未有的伟大进程。

老人与时代——走在前头

"开发扶贫、生态建设、人口控制"的科学发展观思想迅速传遍贵州大地，老支书文朝荣的心里像打开了一扇门，霍地亮了！1986年春节前的一天，他在村干部会上提出，要发动村民上山义务种树。大家怀疑老支书的脑壳儿进水了，周围几座大山全是光秃秃的"和尚坡"，都绿化了要干几辈子啊！文朝荣说，我们的山本来是绿的，为什么现在成了秃山？为什么我们的田亩越来越薄？粮产越来越低？为什么我们穷得穿不上裤子？因为我们世世代代把树砍光了当柴烧，再这样下去，子孙后代连树长什么样都不知道了。

村民代表会上阻力更大，许多人七嘴八舌叫："不行！山上有我们很多地，粮都没得吃，种树能填饱肚子吗？"

文朝荣说了一个很朴素的道理：山上有林才能保山下，有林才有草，有草才能喂牲口，有牲口才有肥，有肥才有粮。我们必须豁出去，坡地本来打不了多少粮，干脆种树！

有村民站起来大喊："我们的女人裙子都烂成麻条了，让她们光屁股上山啊？"

文朝荣说："亏你还是个爷们儿呢！把你的裤子给女人穿，你找块麻布围上就行了！"

村民们哄地笑炸了场。

几天后，无论情愿的还是不情愿的，无论骂娘的还是抹眼泪的，个个破衣烂褂，草鞋斗笠，都让文朝荣轰上了山。那些亲手把自家地刨了的村民，像死了亲人一样跪在地头直掉泪。但不管怎样，哭归哭，骂归骂，许多年来文朝荣一直铁骨铮铮，苦在前头，办事公道，大家都服他，信任他。上山时，文朝荣走在前头，老伴和三个大孩子跟在后面，小女儿扔在家里托付给老人，常饿得哇哇哭喊爹妈。工地上，有老大娘饿昏了，有男人累倒了，有孩子冻哭了，有很多人动摇了，文朝荣黑着脸教训干部："天大的难，地大的难，干部带头就不难！"可眼看村民累成这样，他能不心疼吗？文朝荣风风火火跑下山，把家里的一点点存粮倒空了，把二女儿文正巧准备坐月子的一百多个鸡蛋"偷"来了，又跑到区政府含泪要救济要支援："要是山上饿死累死一个，我这辈子都活得不安宁啊！"区政府很感动，吃的穿的都送来了，村民们举着锹镐，用苗语、彝语、汉语，一起跳脚高喊"区长万岁！"这时候，文朝荣默默站在一边，默默抹着眼泪。我们的父老乡亲，多知道感恩啊！

山高路陡，天天饿着肚子爬山谁都扛不住。为节省体力，春寒之夜，村民们经常围着篝火，盖着烂衣，睡在星星底下草窝里。连续四年，衣裙越来越破了，胡须越来越长了，三个春节大年夜，村民们都是在山上过的，喝的是山沟水，吃的是洋芋（马铃薯）、苞谷菜团子。苗族、彝族的青年男女围着篝火载歌载舞："太阳出来照半坡，哥和妹来栽树多。哥在前面挖坑坑，妹在后面盖窝窝。"那热闹景象，仿佛一个来自夜郎国的古老部落凯旋，出现在当世……

海雀村史无前例的"栽树运动"（当时还没有"退耕还林"的说法和政策），就这样以愚公移山的精神轰轰烈烈地坚持下来了。这是全省第一个自发、自觉、自费的"村办绿化运动"，应入贵州史记。1986年，海雀村造林八百亩。接下来的三个大冬天，有经验也有自育的树苗了，又展开更大规模的造林大会战。经统计，四年间海雀村共造林一万三千四百亩。进入 21 世纪，国家制定了退耕还林优惠政策，村民们能得到补贴粮款，积极性更高了。十多年拼下来，周围几座石山秃岭变成了郁郁葱葱的林海，绿化率由原来的百分之五提高到百分之七十以上，人均拥有林木十五亩，全村每年享受退耕还林补贴二十四点八万元，林业价值达四千多万元，人均五万多元。这是村民义务造林得到的"意外横财"。

还有一件大事，记挂在老支书的心头：计划生育。他痛切地体会到，村民极度贫困，是自然环境造成的，也是人多地少形成的。村民越穷越生，越生越穷，形成一代代的恶性循环。他大会小会、苦口婆心搞动员，可村民们怕"开肠破肚"，吓得一听计生人员到村就满山遍野躲，好多孩子都是"超生游击队"在山洞密林的"运动战"中横空出世的——出了娘腹一声哭，落地睁眼见天空。

千年习俗，乡野痼症，少造人比多种树还难。老支书知道，这项国策要执行到底，干部必须走在前头。他动员只有一个男娃的大儿子文正全率先节育，给全村树个榜样，小两口哭了几次躲了几次。老支书说："我是村支书，说话连你都不听，哪个还愿意执行？"文正全和媳妇揩干眼泪，领回了全村第一个"独生子女证"。从夜郎国到共和国，这是海雀村开天辟地的一件大事，很震撼。后来文朝荣的二儿子文正友生了一男一女，也节育了。

老支书有底气了，脚板咚咚响，到了有两个女儿的苗民王兴全家。

"你要是再生个男娃，亲不亲，爱不爱？"他问。

"自家的儿，能不爱吗？"王兴全抽着烟闷头说，他知道老支书上门是"黄鼠狼给鸡拜年——没安好心"。

文朝荣拎起他家的小半袋苞谷糠粒儿说："再生个娃儿，就给他吃这个？你爹妈生了你兄弟姐妹七八个，哪个过好了？哪个能养老？你爹最后是饿着肚子走的，后事是我给办的。娃多嘴多，越多越穷，这个道理你应该想得通。"一通话说得王兴全心服口服，节育了。

海雀村几个村寨很分散，分坡隔谷。那以后，文朝荣夜夜提着马灯挨家做思想工作，有人劝他用村委备的手电筒，他说："电池四角钱一对呢，一个来回就用完了，舍不得啊。"

中国改革办了两件最伟大的事情：物质生产由"计划性"转为"市场化"，人口生产由"市场化"转为"计划性"。从多造林到少造人，老支书坚定不移地走在前头，起了表率作用。21 世纪以来，海雀村没发生一例政策外生育，这在少数民族村落，是开了一代新风。

——"地膜覆盖"、"定向移栽"等多项科技种田的技术和种子引进来了，老支书带头试种示范，苞谷亩产从两百斤蹿升到五百斤。全村二百零八户人家开始了杀猪过年的好日子……

——1985 年，村小学的权权房快塌了，五个读书娃又变成放牛娃。老支书卖了家里的牛，带头捐款捐物，动员全村翻盖了新小学，木板当课桌，石头当坐凳，交不上学费的村里垫付，不送娃娃读书的罚款。2009 年，海雀村开天辟地出了两位大学生王光全、王光祥，全村像过盛大节日，载歌载舞敲锣打鼓，一直送到山路口……

——海雀村地处高坡，人畜饮水要从深谷挑上来，一条扁担、一个猪槽子，从秦皇汉武时候一直用到 21 世纪。老支书带人上山到处钻洞找泉，胶鞋磨破了两三双，骨头磕碰得鲜血横流。终于，一条管线直下，家家吃上了"自来水"……

如此尘封千年的艰难环境，仅靠老百姓的肩膀硬扛是扛不动、搬不走的，需要党、政府和社会各界的支持与帮助，需要党的群众路线和干部的脚步真正打通"最后一里路"。许多年来，来自省、市和中央的滚滚暖流不断涌向毕节试验区，涌向海雀村。在中央统战部的部署下，远在北京的台盟中央对口帮扶海雀村，十多年来，他们动员社会力量投入八百多万元，把这个古老村寨变成了赏心悦目的"花园村"。粉墙乌瓦，花树成行，文化中心，超市商铺，还有小学操场上高高飘扬的五星红旗和如花朵一般的孩子们……

老人与海——干在前头

《老人与海》是美国作家海明威的一篇小说，说的是一位性格倔强的老渔夫，在大海风暴里与一条巨大马林鱼搏斗不休，当他终于把鱼拖回码头时，这条大鱼被鲨鱼吃得只剩了一副骨架。老渔夫所获无几，他的奋斗精神却给人以极大的震撼和激励。大海的风浪与考验成就了那位坚忍不拔的老渔夫，大山的险峻与磨砺成就了贵州的彝族老支书文朝荣。

老支书有不离身的三件宝：镰刀、背篓、笔记本。2000 年，五十九岁的老支书退休离任，又当选了"名誉支书"，按国家规定不拿村干的津贴了。可老人依然还像在任上，天天拎着镰刀，背上背篓，揣上小本子，四处爬山巡看他最心爱的华山松、马尾松林子，检查三个护林员的工作。每天两次，来回数十里(1 里 =500 米)，"出门天不亮，回家月亮上"。在村里遇上什么事了，还要说几句，吼几声。村民都把他当"老革命"一样敬着爱着，说话都听，听了都办。有趣的是，老支书教育人的水平日见提高，发火骂人则是改了再犯，犯了再改，而且只用苗话和彝话——普通话一向是用来开会的——骂也听着亲切。

2013 年春，劳苦一生的老支书病倒了，前列腺癌，动了手术。眼瞅着身体越来越弱了，老人家要求家人扶着他上山再看一次林子。走不动了，儿子便背起他。蓝天丽日下，漫山坡的林海青翠苍郁，花草芬芳，松香扑鼻，斑斓的翠鸟在枝头快乐地歌唱。老人动情地抚摸着一棵棵高大笔挺的华山松，像爱抚自己的孩子。"以后你们要护好这片林子啊，"他对身边的村干部和儿子说，"这是全村老百姓的心血汗水，也是子孙后代的传家宝啊，我死了也会惦记的……"说着，老人泣不成声，泪水纵横。

那是他心中一片永远的绿海，老人与海，永不分离！

2014 年 2 月 11 日，七十三岁的彝族老支书文朝荣与世长辞，全村失声恸哭，天也哭了，寒风呼啸大雪纷飞。安葬的日子选在农历正月十五，天寒地冻，白雪皑皑，周围几个村子的数千名老百姓都赶来了。大家强烈要求，每村出八个人，一村抬一程，都送送敬爱的老支书。跟在后面的人群排起了绕山过谷的长队，泪水哭声洒了一路。九十三岁的苗族老奶奶安美珍走不了远道了，在路口拦住灵柩，老泪纵横说："老支书，你累了一生，这回好好歇吧……"

风雨兼程数十年，一个彝族老农民，一个村支书，面对困难"苦在前头"，勇于改革"走在前头"，投身建设"干在前头"。文朝荣在人民心里走成一个路标，站成一尊雕像，活成一座丰碑！中组部追授文朝荣为"全国优秀共产党员"，贵州省委书记赵克志专程到海雀村考察，高度评价了文朝荣的事迹和贡献，省委号召全省干部"远学焦裕禄，近学文朝荣"。文朝荣一生"艰苦奋斗，无私奉献，愚公移山，改变面貌"的伟大精神，如今已成为全省干部和四千多万各族人民心中长久回荡、铿锵有力的座右铭。

其实，文朝荣的精神代表的就是"贵州精神"。贵州很穷，贵州又很富——这里的人民具有超乎寻常的吃苦耐劳、坚忍不拔的奋斗精神。这里的"文朝荣"不止一个，而是千百个。

——大方县红岩洞寨地处高山坡，下河提水有五百米深。苗族村支书杨明旭号召全村上山开凿悬崖，把山头泉水引进村，村民们热烈响应，呼啦啦上了工地。没想到一次爆破死了三个人，所有村民都打退堂鼓了。杨明旭不吭声，每天用一根绳子把自己吊在悬崖上继续凿，那孤独的锤声叮咚叮咚响彻山谷，敲击着村寨的心扉，十天、二十天、两个多月过去了，终于有村民忍不住了，哭着嗓子喊："老支书是为我们好！不能让老支书一个人干，不怕死的跟我来！"历时整整五年，水渠凿通了，杨明旭将第一瓢水，含泪洒在牺牲的三个村民的坟头上……

——胡索文，一个老农民，年轻时家里困难，没有蒸饭家什，他跑到林子里偷伐了一棵小杉树，挨了公社批斗，他不得不亡命天涯。第二年回到村里，老婆跑了，地也没了。胡索文只好在山林里开了一块荒地度日。这时候，他想起了那棵小杉树，觉得很痛苦很内疚，决定"种树还债"。三十年过去了，胡索文独居山里，从壮小伙儿变成弯腰老人，整整种了四百多亩杉树林。临终前，他把全部林地捐给了国有林场，说"这是我欠国家的……"

——杨文学，行走在贵阳的"背篓"，靠卖力气挣了十二万多元，回到家乡打算建新房。老父亲说，咱村出山路不通，你还是给大家修条路吧。修了半截没钱了，杨文学又背上背篓，村里二三十位青壮年齐刷刷站出来说："我们跟你一起去背！"这支"背篓军"悲壮地踏上了征途，杨文学和村民们"背条大路回家乡"的壮举轰动了贵州，也感动了贵州……

——青年农民李进进城打工，靠勤劳和诚信当了小包工头，攒了五十万元。想到小时读书难，他想为家乡捐建一所希望小学。可父母还住着茅草房，他问父母，这笔钱为老人家盖新房还是捐建小学？父母说，我们才五十多岁，还能干活儿，给村里孩子们建小学吧。五十万元全捐了，一所崭新的希望小学昂然崛起……

在贵州，这样的人物和故事不胜枚举，他们都是"文朝荣"，都是高山上的一棵松，大地上的一面旗。他们的胸怀像大海一样辽阔广大。他们的决战意志像大海一样涌动不息。他们用汗水足迹，在大山里书写着"老人与海"的壮丽人生。

2014 年 3 月，全国人大二次会议上，习近平总书记听取了贵州代表团的讨论发言。之后，他重温了老一辈革命家习仲勋 1985 年的批示，并动情地说，毕节曾是西部贫困地区的典型，那里的发展变化有重要的示范作用。历史经验告诉我们，干部一定要看真贫、扶真贫、真扶贫，才能使贫困地区群众不断得到实惠。

改革已经成为中国的常态，成为中华民族不可动摇、不可阻挡的必由之路。在贵州，老支书文朝荣艰苦奋斗、改天换地的精神，正在激励各族人民奋发图强，向着幸福安康的美好生活呼啸猛进；在中国，海雀村变为"花园村"的壮丽史诗，将更大规模地书写下去。

那时，落地生根的"中国梦"，一定是一片花海啊！

2014 年 8 月 18 日《人民日报》